现代**生猪**养殖场 场长基本素质与管理技能

王京仁 李淑红 王 奕 于济世 曾经营 著

中国农业出版社

北 京

作者简介 ZUOZHE JIANJIE

王京仁，男，汉族，中共党员，湖南邵阳人，湖南文理学院教授，执业兽医师，研究方向生猪疾病诊治及保健。先后任湖南省新邵县种畜场场长；湖南省邵阳市渔牧饲料厂副厂长；湖南省邵阳市水产科学研究所副所长、所长、书记；湖南邵阳市农业学校高级讲师，教研室主任，校学生科副科长，校办公室主任，就业指导科科长；常德师范学院（现为湖南文理学院）生物系副教授，教研室主任；湖南文理学院生命与环境科学学院教授，副院长。

担任动物科学专业"动物诊断技术""动物疾病学""动物繁殖学"；生物科学专业、农学、动物科学专业"网络及多媒体技术训练"等课程的教学工作；"动物疾病学"湖南省名师空间课堂主持人。近年来主持及参与国家、省级、院级科研课题21项。主持湖南省科技厅项目4项，动物学湖南省普通高校重点实验室开放基金项目和湖南省教育厅高校科研项目6项，主持常德市科技局项目11项。主持教研教改课题3项。参加国家自然科学基金科研项目2项，参与国家肉牛疾病控制子项目、省教育厅科研项目5项。在《湖南农业大学学报》《中国畜牧杂志》《湖北农业科学》等多种刊物上发表学术论文100余篇。出版《特种野猪养殖与疾病防治》《生猪健康养殖与管理实用技术手册》《生猪中草药饲料添加剂与中兽医诊疗技术》专著3本，编写《专业户养猪实用技术手册》（常德市农业科技特派员丛书）和《常德市畜禽养殖技术规程》；曾获湖南省大中专学生志愿者暑期文化、科技、卫生"三下乡"社会实践活动优秀指导者，湖南文理学院科技工作先进个人、市级优秀特派员、常德市 12396 优秀专家。指导学生获得大学生"挑战杯"科技制作竞赛奖励 6 项，其中省级三等奖 2 项，校级一等奖 2 项、二等奖 1 项。

积极参与国家三区科技服务与省市农业特派员工作。先后在邵阳市大祥区，常德市石门县、安乡县、德山开发区担任农业科技特派员，在湖南惠生肉业有限公司、湖南省汉寿泰湘农牧业有限公司、湖南安乡盛旺生态生猪养殖场、湖南九峰实业有限公司等负责养猪技术服务，新增生猪养殖效益 12 亿元以上，先进事迹多次被省市相关媒体报道。

主要社会（学术）兼职：教育部高等学校动物医学教学指导委员会委员；国家肉牛产业技术体系疾病控制研究室科学家团队成员；国家精品资源共享课评审专家；省自然科学基金评委，常德市"十百千"人才工程第一梯队成员；国家"三区"科技人才，省市级农业特派员，常德市 12396 专家团成员；常德市畜牧兽医专家团首席专家；中国畜牧兽医学会会员；湖南省畜牧兽医学会会员；湖南省动物学会常务理事，常德市畜牧兽医学会理事。

李淑红，女，汉族，九三学社社员，山东禹城人。湖南文理学院教授，执业兽医师，研究方向生猪疾病诊治及保健。2015 年 10 月至 2019 年，湖南文理学院第四届学术委员会委员。湖南省自然科学基金项目评委。2015 年 11 月至 2020 年 11 月，武陵区政府重大行政决策专家咨询委员会专家委员。主要工作业绩及获奖情况：主要承担动物科学专业"动物解剖生理学""动物药理病理学""动物生产学""动物育种学"及生物科学专业"人体及动物生理学"等课程的教学工作。自 2000 年 9 月以来主持及参与国家、省级、院级科研课题 15 项，在《中国畜牧杂志》《家畜生态学报》《中国畜牧兽医》等学术期刊上，以第一作者署名发表科研教研论文 100 多篇。参编专著 4 部，教材 1 部。主持湖南省普通高等学校教学改革研究项目 2 项，主持湖南文理学院校重点教改课题 2 项。2010 年主持湖南省精品课程"动物生产学"。2016 年获湖南省高等教育省级教学成果奖三等奖，排名第一；2015 年获湖南文理学院教学成果一等奖，排名第一；获湖南省高等教育学会教学管理专业委员会 2013 年学术年会优秀论文三等奖，排名第一；2012 年被评为湖南省优秀实验教师、湖南文理学院优秀实验教师；2012 年获湖南文理学院教学成果二等奖，排名第一；2011 年被湖南省教育工会评为湖南省芙蓉百岗明星；2010 年获湖南省高等教育省级教学成果奖三等奖，排名第一；湖南文理学院教学成果一等奖，排名第一；2009 年获湖南省教育教学改革发展优秀成果奖二等奖，排名第一；获湖南文理学院 2007—2009 年度教学质量优秀奖。获湖南文理学院 2007—2009 年度科技工作先进个人。2006 年学校记三等功一次并多次被学校嘉奖。2019 年指导学生参加全国第三届生命科学大赛获国家二等奖，2017 年指导学生获第十二届"挑战杯"湖南省大学生课外学术科技作品竞赛三等奖，2013 年指导学生获第十届"挑战杯"湖南省大学生课外学术科技作品竞赛三等奖，2006 年指导学生获湖南省第七届"挑战杯"动感地带大学生课外学术科技作品竞赛三等奖。指导大学生课外学术科技作品竞赛获校级一等奖 2 项，二等奖 3 项，三等奖 1 项，优胜奖 2 项。指导大学生获优秀毕业论文 5 篇。

王奕，女，汉族，中共党员，湖南邵阳人，在读博士。湖南文理学院教师。2013 年本科毕业于西华师范大学，2016 年硕士毕业于华东师范大学。研究方向计算机信息技术在动物生产中的应用。

于济世，男，汉族，中共党员，湖南常德人。湖南惠生农业科技集团总裁。1967年10月出生，1985年7月参加工作，1990年1月加入中国共产党。曾任常德县（今为常德市）三中教师、校团委书记，常德市鼎城区委组织部干部、副科级组织员，常德市鼎城区河洑乡乡长，常德市武陵区南坪乡党委书记、东江乡党委书记，武陵区农村工作办公室主任、党组书记，芦荻山乡党委书记。2006年7月起先后担任常德惠生肉类食品有限公司总经理、湖南惠生肉业有限公司总经理、香港联交所主板上市公司惠生国际执行董事兼行政总裁。先后获得商务部首批肉品检验师教师资格，中国肉类协会16位"有影响力企业家"称号，湖南农业大学硕士生校外导师资格等荣誉。现工作单位湖南惠生农业科技集团是中国肉类协会理事单位、国家高新技术企业、湖南省农业产业化龙头企业、湖南省食品联合会副会长单位、湖南省肉类协会执行会长单位、湖南省兽医协会常务理事单位。著有《猪肉与小人书》散文集等作品。

曾经营，男，汉族，湖南衡阳人。现任湖南惠生农业科技集团养殖运营中心主任。从事畜牧养殖30余年，先后在零陵农校、东进农牧、深圳农牧、邢记食品出口公司、湖南鑫广安等公司工作。猪托邦公司创始人。资深行业专家，凭借扎实的管理技术功底和多年实战经验，2014年组建了一支50余人的实战经验丰富、技术过硬的专业团队，致力于服务中国广大的畜牧养殖企业；在全国服务过近百个规模猪场托管项目，帮助每一个猪场取得优异的经营业绩，获得行业一致的高度好评，其服务的项目曾接受中央电视台的专题报道。2002年荣获深圳龙岗十大外务杰出青年，2011年荣获湖南鑫广安十大感动人物，在江西畜牧兽医杂志等期刊上发表过《猪鞭形鞭虫病》《传染性增生性回肠炎》等多篇案例文章。

著　者

王京仁　湖南文理学院

李淑红　湖南文理学院

王　奕　湖南文理学院

于济世　湖南惠生农业科技集团

曾经营　湖南惠生农业科技集团养殖运营中心

白 马 湖 优 秀 出 版 物 出 版
常 德 市 农 业 生 物 大 分 子 研 究 中 心　 等　 资助
湖 南 惠 生 农 业 科 技 集 团
2021年度市科技创新发展专项(科技特派员)

时代需要合格的生猪养殖场场长

湖南惠生农业科技集团总裁　于济世

《现代生猪养殖场场长基本素质与管理技能》一书顺利出版，令人欣慰，令人惊喜。翻阅这一页页散发着油墨香的书本，阅读一行行熟悉得不能再熟悉的文字，我突然有一种好像就在养猪场工作的感觉，似乎就是在养殖场里面与场长一起沟通交流，就是在养殖场食堂的餐桌上与员工大碗吃饭大口喝酒，就是在栏舍里面与王京仁先生、曾经营先生等观察各类猪只的生长情况，熟悉的场景历历在目。在此，我对本书的出版发行表示最衷心的祝贺！

2007年末，惠生公司董事会计划开展生猪养殖业务，随后我开始面试生猪养殖场场长，十几年里我与王先生、曾先生及其他同事面试了100多位生猪养殖场场长应聘者，其中有很多优秀人才，有的已经成为我的终身朋友。但面试过程中我们也觉得大部分的应聘者当时的素质与技能离胜任生猪养殖场场长这个岗位还有差距；有一些应聘者如愿当上了惠生公司的生猪养殖场场长，成为我们的同事，在后来的工作管理过程中也觉得如果他要胜任场长这个职位，素质与技能还需要培训和提高。十几年里我与王先生、曾先生等对惠生公司的生猪养殖场场长进行过多种形式的培训。王京仁先生是有心人，他把相关培训与管理生猪养殖场场长的内容保存记录下来，经过几年细致、认真的整理，加上著者们的进一步编撰完善形成了这个书稿，实属不易。

生猪因为习性温驯，肉质鲜美，我们的先人在茹毛饮血的时代发现其可以家养，便"拘兽为畜"，开始养猪。千百年来猪肉成为我们人类摄取动物蛋白的主要肉食品种。在近代以前，中华民族的养猪生产与猪肉加工都是处于世界前列的，鸦片战争以后我国的生猪养殖规模、技术水平与人均食肉量逐步落后。改革开放以来的几十年，中国的生猪养殖从单家独户的散养逐步转变为现代化规模养殖，发展到现在每年的生猪养殖总量与猪肉产量均超过世界的50%。现在我国的生猪产业处于快速转型升级过程中，特别是2018年我国发生非洲猪瘟以来，这个速度还在加快，生猪的市场价格在这三年时间里坐了一趟历史上从来没有的"过山车"。三年里各路资本争相涌入养猪投资，很多知名的规模养殖公司都在拼命扩张养殖产能。风口来了，猪真的飞起来了吗？我认为，风再大猪也是飞不起来的。不是有钱就能够养好猪；也不是有理论知识就能够养好猪；更不是有一个好的营销策划或者有一款什么手机软件（APP）就能够养好猪。养好猪必须要有具备养猪情怀的农业投资者，要有会养猪的新型职业农民，要有能够养好猪的农业大环境，更关键的是要有一大批有素质与管理技能的合格的生猪养殖场场长。

我国现在生猪养殖场的整体环境有待提高，养殖场工作、生活条件比较艰苦。养殖场的工作人员绝大多数是农民工，长期在养殖场工作的人自称为"下里巴人"。一个人要全面熟悉规模养殖场的所有工作流程与工作技能非常不容易；要在一个相对封闭的环境里管理好自称"下里巴人"的农民工更不容易；要想每年都给投资养殖场的股东创造利润就千难万难了。这本书在这些方面给读者、目前在担任养殖场场长的同仁、将来想在养殖场当场长的有志之士带来了一些方法和启迪，也能够给投资生猪养殖场的股东与管理养殖场场长的高级管理人员一些必要的提示和必备的基本知识。

现在我国个体养猪户已占少数，现代化规模养殖场数量逐年增加，因此现代化规模养殖场就必须要有现代管理者。做好生猪养殖场场长的工作，需要多方面的知识，需要很长时间的磨炼，需要我们与时俱进。将来我国的生猪养殖发展到完全智能化、农业大环境完全实现现代化后，养殖场场长与养殖人员的角色会发生彻底改变，场长与员工每天能够正常上下班，能够正常度假休闲，会比在城市的高楼大厦里面上班的白领还要令人羡慕，到那时这本书里面的相关知识期待着与时更新，期待这"阳春白雪"的时代尽快到来。

现在我们这个时代还是需要合格的生猪养殖场场长，还是需要读一读这本书，尽管书里面还有一些不足之处。

是为序！

2021 年 6 月于常德德山

中国是世界上最大的生猪生产国和猪肉消费国，生猪屠宰和猪肉消费占全球总量的50％以上。随着生猪生产纳入国家安全战略，畜禽饲料全面禁抗，生猪期货上市，传统养殖业经过非洲猪瘟疫情的横扫，中国生猪产业已进入高科技、高投入、高风险的时代。散养明显减少，转型升级大势所趋，优化区域布局，加快产业链布局转型升级，促进现代化、集团化、专业化、智能化养殖模式快速形成，一大批高水平现代养猪场快速崛起。据农业农村部2020年8月统计，年产生猪500头以上的养猪场由年初的16.1万个增加到17.8万个，特别是2019年12月17日以来，自然资源部、农业农村部联合下发了《关于设施农业用地管理有关问题的通知》，畜禽养殖设施用地可以使用一般耕地，也允许建设多层建筑用于养殖。随着市场的巨大变化和养殖业的快速发展，有很多痛点和堵点需要解决，现代生猪养殖场场长的基本素质与管理技能问题，已经成为阻碍养猪业发展的主要瓶颈。

本书是一本提升现代养猪场场长素质与管理水平的专著，是产学研用校企联合的成果之一。全书介绍了猪场场长培养与提升、猪场人才培养、猪场经营管理、猪场生产计划制订、猪场生产成本与绩效管理、生猪饲养管理、猪场设计与建设、猪场防疫、常见猪病诊治等九部分内容。本书由王京仁组织统稿，参著第一、二、三、四、九章；李淑红参著第六、七、八章；于济世参著第一章，曾经营参著第九章；王奕参著、校对第三、五章。该书作者中既有养殖专家，又有企业家。他们专业优势互补，融合了企业专家的智慧和丰富实践经验，理论结合实际，技术先进实用。本书不仅涉及养殖场人才的选拔、培养与管理，场所的经营与管理，还涉及猪的生产与饲养管理，可供从事现代养猪场管理者和生产者参考，也可作为养猪场场长、畜牧兽医站、生猪养殖专业合作社等基层工作者的参考书，对指导现代生猪生产具有重要意义。本书遵循科学性、先进性和实用性的原则，取材广泛，内容丰富，通俗易懂。在撰写过程中，参考了许多原始文献，选用了许多刊物、单位、作者实用经典有效的管理与生产资料，在此一并表示最诚挚的感谢。

本书的出版得到了湖南省 2021 年度"三区"科技人才项目，2020、2021 年常德市农业生物大分子研究中心开放课题，常德市 2020、2021 年度科技创新发展专项（科技特派员项目），湖南惠生农业科技集团，湖南文理学院"十四五"校级生物学应用特色学科、桃源县惠本饲料有限公司、湖南省石门县皂市镇九华猪场、沅陵县鑫达牲猪养殖专业合作社、湖南文理学院动物健康养殖研究所、湖南文理学院白马湖优秀出版物出版等的大力支持和资金资助。

书中疏漏和不当之处在所难免，敬请专家读者批评指正。

著　者

2021 年 4 月于常德

CONTENTS | # 目 录

序　时代需要合格的生猪养殖场场长
前言

目　录

目　录

第 一 章

场长培养与提升

目前，一个中等规模的现代化养猪场场长的年薪大多为 10 万～20 万元，相关专业的大学生需要培育 3～5 年才能成为场长。一个大型养殖企业负责人的工资一般为 20 万～50 万元，要成为大型养猪企业负责人需经过养猪场场长等岗位培育 5～10 年。中国有 2 000 多个现代化的养猪场或万头以上的大型养猪场，完全有能力胜任的场长屈指可数。部分场长定位不清，职责不清；有些场长素质和水平不高；有些企业缺乏对场长规范的监督与考核。现代养猪场人才短缺已成为制约我国现代化养猪业发展的瓶颈。要发展现代养猪业，必须找到一个业务能力强且管理经验丰富的猪场场长。只有在一个管理良好、业绩出色的养猪场工作过的优秀人员，才能成为猪场场长合适的人选。对于现代猪场场长，必须从场长的领导力、场长应具备的基本素质、场长能力的拓展等多个方面进行培养与提升。

第一节　场长领导力的培养

领导力是决定领导者领导行为的内在力量，是实现群体或组织目标、确保领导过程顺畅运行的动力。场长是现代养猪场的主心轴，既是猪场的主将与首要领导者，也是猪场重要管理者之一，必须从用人能力、思想传播能力、指挥能力、沟通协作能力等方面进行修炼。

一、用人能力的修炼

用人能力的修炼主要体现在授权能力、激励能力、培养下属能力三大方面。

1. 授权能力　领导的关键是用人，用人的关键是授权。领导者适度授权，做到"大权集中、小权分散"，在"控"与"收"之间游刃有余，在"有为与无为"之中体现领导者对全局的隐形调控。这样既能分身有术，又能充分历练下属的各项能力。

领导授权时，只有对授权人员充分信任、理解和支持，允许在目标实现的过程中有充分的灵活性，才能发挥最大的效用。领导者应该把权力授给优秀的主管及下属，让他们参与管理与决策，形成"聚沙成塔"的力量。有效的授权方式是注重行为的结果，同时关注管理的细节。领导者的成功在于最大限度地提高下属的权力和能力。只有"人"与"权"匹配，授权才能完全有效。工作中常用的授权方式有目标授权、完全授权、不充分授权、灵活授权、有限授权、渐进授权和引导授权。

领导者是决策者，当团队在实现组织目标的使命过程中碰见超乎计划的危机和困难时，必须具有当机立断快速处理的能力。这就要求场长自身拥有对预期的评估和防患意识，同时在遇到紧急决策的时候能够胸有成竹地利用各项决策方法和工具，及时化解风险。把具体任务分派出去，用更多的时间和精力来处理棘手的问题和紧急情况。

领导者通过命令追踪、有效反馈、监督进度、全局统御等方式，掌控一切资源，进行授权的有效控制，掌控团队成员的行动和举止，让广大成员能完全接受自己的价值观并依附在团队周围，服从团队各项规范，有效推进组织目标的实现。

2. 激励能力　常体现在领导过程中，通过激励下属员工的动机及内在动力，鼓励朝着所希望的目标采取行为的心理过程。需要产生动机，动机决定行为。激励是创造个体需要的条件，激发个体的动机，使之产生努力实现组织目标的行为过程，是一种心理上的支持，通过制订奖励措施，把握激励时机、激励频率、激励程度、激励方式，鼓励人主动工作，达到充分发挥激励的效果。

工作中根据马斯洛的人的五个需求进行激励，不同的员工采用的激励方式是不同的。现实中，常采用物质与精神激励相结合、正激励与负激励相结合、内部激励与外部激励相结合的方式，以实际工作绩效为基础对员工进行激励。如视下属为亲兄弟；好员工是夸出来的，及时肯定与赞扬是最有效的激励；赞美与认可比金钱更为员工所需要。

3. 培养下属能力　培养下属并不是让他们全盘接受自己的想法，而是要让团队中的成员各抒己见，将大同小异的想法都表达出来，防止形成"群体思维"，影响团队的停滞不前。因此，要求管理者在培养下属时，营造一个宽松的环境，鼓励员工形成自己的想法，挖掘员工的潜力，发挥他们所长。

场长培育下属，要讲求方式和方法。一要把自己定位于教育者，重点放在传授知识、培养能力、挖掘潜力、传递企业文化方面。二要将随时教育与言传身教结合起来，把教育融入日常管理工作中的每个细节，并穿插一些亲身经历更容易拉近与员工关系，间接传递企业文化，同时树立威信。三要适当授权，让他们逐渐参与决策与管理，在明确责权利的基础上，给予机会与舞台，让下属学会主动思考，提高工作技巧，创造性地解决工作中遇到的难题。四要培养下属执行力，培养每个人按质按量完成各自工作任务的能力，追求做事干净利索，快、准、好，形成有效执行的工作态度，才能出色完成任务。五要培养下属竞争意识，引入竞争机制，通过实施树立榜样、末位淘汰、危机教育、团队竞争等措施，"淘"出人才，形成良好的竞争意识，提高下属的技能和效率。六要培养下属的归属感，让他们充分认识自己在猪场的责任，明确"场兴我荣，场衰我耻"的真正含义。七要培养下属成本意识，在每个养殖环节，都要想方设法，减少浪费，经常想想有什么办法可以节省成本。八要培养下属的职业素质。要经常运用自己的管理技能和专业技能，通过观察、教学、分享、讨论、考核等不同的培训方式，提高下属的素质和才能，不仅让他们知道要怎么做，更重要的是知道为什么要做，从而实现养殖知识与操作技能的同步提升。九要培养下属商人意识，培养敏锐赚钱的感觉。十要及时指导与强化，对下属工作中出现的问题，实时指出不足，及时肯定并认可成绩，加以奖励与表彰。即使是口头的语言表扬，对下属来说也很宝贵。

二、指挥能力的修炼

一个正确的指挥指令包括执行目的与标准（数量、质量与要求）、执行人、执行时间、地点与实施手段、完成方式与考核方法、注意事项六大要素。一个指令至少应该包括工作内容、完成标准、完成人和完成时间四项内容。指挥分解总目标时，要分解成下属能独立完成的子目标，这是体现管理者能力的一项重要指标。要求能独立操作，如不能，还需继续分解，直至能独立操作。

一个缺乏监督的指令是无效的指令。因此，发布指挥指令时务必注意，指令需重点突出，言简意赅，不可面面俱到；注意陈述指令时，要重结果、轻过程。对有经验的人员实行目标管理，对没有经验的人员实行过程管理。管理的效果体现在让平凡的人做出不平凡的事；注意指令必须具有一定的稳定性，不能朝令夕改；注意指挥与监督相配合。

三、沟通协作能力的修炼

沟通是人与人之间思想和信息的交流，是集体活动的基础，是人必不可少的基本能力，包括沟通信息、沟通思想、沟通感情。只有通过及时有效的沟通，才能达成共识的意见和统一的行动步伐。有效沟通是管理绩效的保证，是组织与成员互相理解的前提。沟通可以消除分歧，化解矛盾，促进共识，形成全力。

常见的沟通方式有口头或书面、正式与非正式、个体与群体等。按沟通的方式可分为上行沟通、下行沟通、平等沟通。选择不同的沟通方式，获取的效果是不一样的。如不方便当面沟通，可采取发短信或邮件方式，但一定要电话沟通，配合视频沟通效果更好，因为视频可以同时展示肢体语言。一般来说，身体语言占55％的交流效果，语音语调占38％，内容占7％，所以说在沟通效果上怎么说比说什么更重要。让领导与下属，甚至和全体员工共同决策和参与管理是一种较好的沟通形式。领导团队的过程就是沟通、沟通、再沟通的过程。调查表明，工作中主管约有60％的时间在与人沟通，高级主管沟通的时间达80％。与下属进行广泛的沟通可以提高经济效益30％以上。虚心的人常善倾听，骄傲的人常打断说话。场长必须给人留下严肃而亲近的感觉，主动与下属交谈，冷静听取不同意见。工作中，通过加强学习，提高修养；运用恰当的语言形式，善于倾听，沟通更易成功。当员工不明白自己的意思时，不要先责怪他们，而是首先反思自己的沟通方式是否有问题；与人交流时，要保持乐观的态度，多用鼓励的话语，避免先入为主的消极思想；谈心时要注意对方，用心去理解对方的对话，不要东张西望，心不在焉。

协作是指各部门之间、个人之间在目标实施过程中的协调与配合。合作越来越广泛时，为了实现目标，需要获得的外部支持和配合。它一般包括资源合作、技术合作、信息合作。通过合作，把个人力量与集体力量结合起来，才能达到生产活动的预定目的。彼此配合进行同一生产的协作，有简单协作和复杂协作两种基本方式。现实中，多通过组建团队，重视团队利益，建立信赖关系，寻求支持与配合，相互反馈合作信息等措施，以此加强协作。

四、思想传授能力的修炼

场长应是演讲大师，通过演讲宣传传达公司养猪人的思想和理念；是牧师，通过不断地布道，使员工认同公司、场所文化。"登高望远"是场长思想观念的延伸。不善于布道的场长，其成功是难以想象的。布道最重要的是确定目标，其次才是实现目标的方法和内容。

场长应布道员工最关心的问题，如场所未来是什么样子？如何实现未来？我的未来是什么样子？如何实现我的未来？我能得到什么？

第二节 场长应具备的基本素质

猪场管理工作中会产生或多或少的矛盾，出现不同程度的棘手难题，能否顺利开展工作，解决矛盾与难题，场长是关键。现实中有的场长定位不清晰，责任不明确；有的场长综合素质不高；有的场长技术与管理水平有待提高。本书结合成功场长的经验，提炼总结出场长应具备的"十商"素质。

1. 志商 即从事生猪养殖的意识。作为养殖场场长，他不仅要志愿投身养猪业，还要对员工进行感染和培训，加强行业意识的培养，提高团队在养猪行业的"志商"。通过养殖行业意识的培养，许多养猪人完成了从被动就业到主动就业的转变，实现了愿意从事行业工作的高志商的转变。

2. 德商 即社会公德与职业道德。场长应具备向上、向善的社会公德和忠实、负责、诚实、吃苦耐劳、尊重、宽容的职业道德。事实上，对养猪业先天性挚爱者很少，而受后天的影响和激励者较多。只有以本行为业、热爱本行的人，才能不懈努力、顽强拼搏。因养猪行业投入大、风险高而效益升降不定，场长更需要忠诚、负责；再加上养猪环境相对一般且需长期坚守，员工幸福指数和社会认可度有待提高，所以管理更需要尊重与宽容，更需要吃苦耐劳和用心专一。场长的责任担当，更需要"心"与"力"的融合，更要有热情、集体观念、忠诚度、使命感、理想信念和活力，才能促进自身能力的发展。德不配位，必不长远。

3. 情商 即管理的软实力，体现在感知与控制情感、良好沟通、团队引领和稳定、融入团队生活的能力上。情商强调对环境、团队、道德的认知，是对情绪的一种察觉与善用，包括善于感知自己的感情和捕捉他人的感情。体现管理的方圆之道，用制度管理人、用利益激励人、用交流团结人，就必须发挥人的长处，包容人的短处。研究表明，成功者 20％靠智商、80％靠情商。成功人士大多属"又红又专"的人，即情商与智商高的人，才是场所所用之人。蒙牛公司的牛根生说，如果把企业中"企"字的"人"去掉，这家企业也就"止步"了，这表明人的管理在猪场管理中同等重要。在现实中，方向比努力重要，能力比知识重要，生活比学位重要，情商比智商重要。场长是猪场的领导，负责场所的高效运转，规范管理能力，理应懂得管理的方圆之道。沟通、协调与处理人际关系尤有讲究，凡事要讲团队效应，注重员工情感发展。场长应能顾全大局，委曲求全，适应环境，控制不良情绪，稳定员工工作情绪，建立良好的群众基础，拥有高情商是场长不可缺少的重要素质之一。

4. 智商　即获得专业知识与科技技能的能力。场长应懂技术，会操作，刻苦学习，善于预测，不断学习管理知识、财务知识、建筑知识、计算机应用知识、机电设施知识等。大多数场长既是管理者，更是工作的领导者，兼具员工、培训师、管理者三重身份，没有现代养猪知识很难征服大众。场长必须具备全面技术能力、培训授课能力和丰富的养殖实践经验，特别是产房、配种舍、妊娠舍的实际经验。场长必须具备最新的养猪和防疫理论知识，不断学习，边学边问。同时要具备较强的计划管理和数据化管理能力，善于应用并观察现场实际和养殖数据分析手段，发现和纠正养殖中的相关问题，不断提高学习创新能力。

5. 财商　善经营者善分利益，善管理者善分报酬。场长在鼓励员工取得好的生产成绩的同时，也要向上级争取奖励政策，增加员工的相应报酬，大家一起赚钱。同时养殖场的上级部门要付给场长一定的财物支配权、采购权和报酬分配权。要严格按照生产指标、责任制计算员工工资与奖金。管理中既不能随意发放奖金，也不能随意提高工资，更不能降低工资。决定工资标准时，要让员工一伸手就可以达到，即使有人员工资的差别，也要在生产水平与工作效果的高低上产生差别。在疫病暴发时期，各饲养阶段工作人员报酬差距不要太大。

6. 逆商 即对打击的承受能力，也就是人在逆境中面对挫折，不屈不挠，保持乐观的能力。逆境包括疫病打击、人言可畏、领导同事的不理解等。面临严重的急性传染病威胁，需封闭式现场管理时，要疏通大家的情绪，肩负起上级的问责和下级的不满，同时还要推进消毒、隔离、注射、拌料、兑水、淘汰、掩埋等加班工作；此时工作量空前增长，而待遇有可能因疾病发生而降低。此时，由于员工不稳定，场长必须面对挫折，坚持到最后，铸造场长坚强的抗压能力。

7. 胆商 即勇于挑重担，敢于碰硬，果断拍板决策，善于抓住机遇。

8. 心商 即善于心理调整，以正能量感染他人。猪场考核的压力就是一种心理刺激和心理压力。不仅有较高的刺激度，且须做到刚柔并济式管理，才能使养猪场朝着正确的道路前进。场长必须面对生产中的困境，在困境中获得脱颖而出的机会，寻求突破口，敢于面对生产成绩考核的压力，只有加强考核才能分出优劣；要敢于面对生产和疫病状态的突然变化，果断推进新技术和新措施，提升生产成绩；要敢于否定过去的管理经验，勇于接受行业和同事的新知识和经验，树立并保持竞争意识；要敢于承担责任，敢于奖功罚过，不徇私情。由于养猪行业压力巨大，环境欠佳、场地封闭、生活单调，作为场长更要和员工一道，化压力为动力，在困难中寻求幸福，在单调中寻求快乐与丰富的生活。

9. 健商 即身心健康的程度及控制力，是指对个人所拥有的健康意识、健康知识和健康能力的全面反映。毛泽东主席主张"身体是革命的本钱"。无论一个人成就多么突出，没有健康的身体都等于零。猪场所有员工必须注重标准化生产操作，不仅要防范常规疾病发生，更应预防人猪共患传染性疾病发生，做好自身防护。场长既要提倡艰苦朴素、勤劳勇敢的精神，又要反对操作不防护和鲁莽违规的行为；同时，提倡注重卫生，改善环境，做好防蚊蝇和灭鼠工作，构建安全健康环境。

10. 灵商 即人的灵感、灵光，是建立在后天已获取知识和经验基础上的感悟，是人的终极智慧。养猪人不断总结养殖经验，不断感悟，创造了许多"江湖聪明绝招"。作为场长既要鼓励同事和员工进行"绝招"的真假鉴别，更要激励实践性创新，包括技术创新、运营创新和设施创新，还要倡导管理创新，提高团队的"灵商"，立足本场，走"低成本增效益"的创新之路。

第三节　场长能力的拓展

作为场长，猪场的领导者兼管理者，必须从两个维度加强拓展。维度一是调整场长的认知与定位，维度二是拓展场长的能力。

一、场长认知的调整

认知，即人们认识事物时获得知识和应用知识的过程或者信息加工的过程。在认识客观世界、获得外部信息相同的条件下，不同的人接受和应用这些信息、加工与转化的能力是有区别的，得出的处理办法也不一样。这取决于如何认知自我的能力。认知表现在"确定与不确定"组合中。"在确定中看到不确定，在不确定中找到确定"，坚信机会一定会有的，可能性是存在的，从而做出正确的行为选择，这需要场长在日常管理工作中不断调整自己的认知。

1. 共处危机的不确定性　当遇到挑战和危机的时候，不仅仅需要正视它、直接面对它，还必须有能力去认知它，寻求解决方案。因为当外部环境不能改变时，只能处在这个环境下，所以只能充分发挥主观能动性，改变自己，与危机相处。

2. 坚定自我发展的信心　优秀场长与一般场长是有区别的。一般场长认为市场好的时候是做得好，市场不好的时候则是市场不好，所以没做好；而优秀场长则认为市场好的时候，做好了是这次市场带来的结果，但当市场不好的时候，反而鼓励自己，要面对挑战，坚定信心，当作展示管理能力的最佳时机。优秀的场长其实是在逆境当中成长起来的。

3. 让员工保持活力　让员工快速进入工作状态的方法，一是严格执行国家的奖励政策规定，二是让员工保持活力。只有灵活调整、瞄准明确方向、锁定预定目标、不断调整心态，才能保持工作的活力，推进目标的实现。

4. 让自己进入稳定状态　面对危机，场长要有非常好的心理稳定状态，帮助企业、猪场战胜危机。因为场长的稳定状态决定团队组织的状态。场长要有自我调整的稳定心态。稳定的心态是由同理心、平常心、积极心和信心共同决定的。同理心是设身处地、将心比心，面对遇到的挑战和困难，心里可能会相对稳定些。平常心（修心）是专注于正在做的事情，不用想很远、想太多，安心去做正在做的事情。新希望创始人刘永好常说：凡事往好处想，往好处做，就有好结果。这是积极心的体现，是非常重要的一种自我调适心态。信心是能够对自己做出正确的评价后产生的一种坚定的自我信任感。要时刻培养自己的积极心态，让情绪更加稳定，不能消极，不能大起大落；让工作更乐观、自信，不论收入的增降、岗位的异动，还是遇到挫折，工作中均应充满力量；让工作、生活、为人更积极主动，兴趣盎然地生活；让自己的承受力加强，增强抗压能力，维持自己的稳定状态，积极向上，勇往直前。

5. 不确定的是环境，确定的是自己　先做强自己，再接受挑战，与变化的环境共舞。如华为公司任正非总裁面对美国的无理打压，坚强地说，最重要的是做好你能做的事，美国政府的所作所为你也无法控制。

二、场长的定位

作为场长，正确定位很重要。首先要给自己一个非常准确的定位：我是场长，为了猪场的发展，实现企业与自己的远大目标，凭自己的责任感、使命感、工作热情、学历、经验、能力、敬业，去经营好场长这个岗位。通过坚守岗位，明确场长的任职要求，履行场长的岗位职责，在这个岗位当家做主，进行中层管理。

（一）任职要求

场长的总责：负责猪场人、财、物的整体运行；负责种猪及商品猪的饲养管理；负责养殖从业人员的合理配置和管理；负责养殖场成本控制及管理；负责执行上级交办的其他任务。

1. 具备高度的事业心、责任感　一个称职的场长，必须以自己高尚的人格魅力去影响人、带动人、征服人，小事讲风格、大事讲原则，处事果断及时，不滥用职权、不谋取私利，充分发挥团队的力量。

2. 具有较强的计划、组织、指导及市场竞争控制能力　组织落实生产工厂化（按计划、全进全出），管理制度化，考核指标化（工资保底不封顶等），技术规范化。市场竞争归根到底是人才竞争，尊重人才、爱惜人才、培养人才、引进人才是场长必备的能力。

3. 具备全面的知识结构　一般具有畜牧兽医、动物科学等相关专业背景，熟悉配种、妊娠、产房、保育、育肥各阶段养殖生产流程，掌握各阶段的实际操作技能；有全面过硬的专业技术和丰富的管理经验；懂法执法。工作中，具备及时发现问题、分析问题、解决问题和处理突发事件的能力。

4. 具备大胆的改革创新意识　创新是一个民族的灵魂，也是一个场所发展的源泉。改革并落实竞争上岗、优化组合、规范管理、公开考评，挂牌带星上岗、"岗位技能＋绩效"工资考核等系列管理与考核机制。

5. 具备高瞻远瞩的市场经济意识　市场是一只无形的手，决定着猪场的兴衰成败。因此，研究市场、分析市场、把握市场应成为场长工作的重要内容之一。

（二）岗位职责

1. 负责养殖场的全面有效管理　管理的目的是执行场所的生产计划，确保超额完成生产指标，保持养殖场均衡生产。有效管理时须注意，理想的猪场应采用"孤岛式"管理；注重目标管理、监督管理与过程管理相结合；及时总结与指出问题所在；以身作则，树立榜样。修炼有效管理的 16 个方面阐述如下。

（1）管理好自己的时间。充分利用自己的时间，减少非生产性工作所占用的时间。

（2）促成努力产生必要的成果，重视自己对外界的贡献。

（3）把工作建立在优势上，充分发挥员工的优势，充分利用上级、同事和下属的优势。

（4）精力集中于目标管理、监督过程管理。

（5）善于做出有效的决策。每一个决策都要全局考虑。

（6）管理者不能重蹈覆辙，犯同样的错误。

（7）掌握每一位员工的背景、性格、习惯、需求、态度及优缺点。

（8）尽可能采用不同方式与员工一起过生日并参加员工家中的大事。

（9）管理人员必须认真考虑和斟酌自己所说的每一句话，适合在什么场合说，怎么说，有没有什么影响。注重沟通，沟通中最重要的一点就是语气的控制。你用不同的语气说同一句话，会收到不同的结果。"我命令""你必须"等粗鲁的词语应该谨慎使用。养成每天说好话的习惯，比如"干得好！辛苦了！谢谢！"等；及时指出下属员工的过错，并给出整改期限和具体检查的时间。职务越高、态度越谦虚，形象就越高大，就会有更多的人服从。如果漫不经心，目中无人，大大咧咧，那么员工也会涣散，凝聚力不强。

（10）只对下一级的直属交代事项，不跨级指挥，除非情况特殊。

（11）接受上级领导检查后，要立即向直属上司报告，让其理解检查指导的结果。

（12）在分配工作或分配任务时，多花时间与下属或员工沟通，多了解他们对工作的想法，让他们充分认识到工作的重要性及意义，激发他们内心执行的愿意；尽可能多思考，给予他们更多的空间发挥；分配任务时，要强调目标完成的数量与及时性，不需要给过程太多的要求与限制。

（13）形成并完善人力培养体系。场所要设立下属和员工的晋升通道，让符合晋升条件的员工能顺利晋升。

（14）设置绩效管理体系。奖励先进，鞭策后进。设立多级考核与工资晋升方案，实现员工公平客观地实现工资升级。

（15）营造猪场团队氛围。沙子没有水泥的注入注定只能成为一堆风吹即散的散沙，注入水泥后便可筑起摩天大厦。没有凝聚力的团队恰似一盘散沙。由于规模猪场人员众多，流动性大，管理者采取经常与员工沟通，及时解决困难，营造快乐的工作氛围等办法，对凝聚团队的力量，稳定人心，留住更多优秀的人才，加强团队的凝聚力来说，至关重要。

（16）增加团队正能量。招聘新员工时场长宜亲自面试，对态度和能力的考察同等重要；给予合理的薪资、绩效，谨慎高薪聘请新人；定期总结生产成绩，表扬优秀，鞭策后进；定期交流，让下属员工备感关注；帮助提高生产成绩，成绩好、绩效高，做事更顺利；紧盯年初生产目标，多宣传优秀事迹、正面新闻，多讲统计数字，营造猪场正能量，发现场内出现负面舆论时，及时出来澄清和纠正。团队正能量增加，管理就越容易。

2. 抓紧安保工作 每周必须对场所的关键部位进行安全检查，确保养殖场各生产环节、各部门岗位严格按照生产操作程序执行。

3. 组建和管理猪场团队 全面开展团队建设，建立合作、紧张、文明、安全的工作和生产氛围。保持良好的沟通和合作，保证养殖场内部生产指令的畅通和各生产环节的密切配合，以人为本，快乐养猪。

在安排工作时，要以团队为出发点，对主动做好事的员工及时表扬。当工作未能顺利完成时，场长应能承担责任。不能在上级领导面前罗列下属的缺点，要用不同的领导方式展示自己的管理能力和专业能力，带领员工一起工作，让员工信服。团队的管理应做到以下九点。

（1）企业场所文化管理 营造猪场场所文化，是场所管理的重要内容。要为员工提供学习与发展的平台，促使员工认同场所文化，达成远大愿景，有成就自我的使命感。用事业激励人，用文化凝聚人。有效的场所文化管理，可以加强员工的执行力和主人翁精神。

（2）员工执行力管理　场所好的管理制度与生产操作规程，若没有人去执行或执行不到位，都等于一张白纸。因此，提高员工的执行力，让工作顺利开展是团队管理的重要环节之一。

（3）股份制管理　成功的一个重要因素是实行全员股份制。如广东温氏猪场的员工管理很成功，他们倡导"温氏食品，人人有份"。

（4）人性化管理　大北农集团董事长邵根火主张集团同事之间互称"老师"，大家都是创业伙伴。猪场的管理，不是依靠人来管理人，也不能总是责骂员工，而是要依靠制度、规章来管理，最好是员工自己管理自己，强调自发的个性管理。

（5）奖惩与激励制度管理　要发挥每个人的最大能动性，制订奖惩与激励制度是最好的办法。可采取在生产指标绩效工资方案中的基本工资栏目中增设浮动工资栏目，即生产指标绩效工资，对超指标员工进行奖励。以机制激励人，以绩效考核人。

（6）组织机构、岗位设置及职责分工管理　要注重组织结构，岗位要科学合理。责任分担要在各阶层的管理分工上明确，原则上由场长负责。具体工作由专人负责，分工协作。下级服从上级，重点工作协同开展。重大事项由场领导小组集体研究决定。

（7）生产例会与技术培训管理　定期检查、开展生产总结，开展技术培训。

（8）流程化管理　全场员工必须非常清楚自己所做的工作内容和特点，明确每周工作流程，明确每天的工作。

（9）规程化管理　制订年度各生产线的任务是做好猪的生产，提高生产成绩的重要管理环节。细化技术操作规程，加强各生产环节细节管理，关注生产的关键控制点，实行规程化科学饲养管理。

4. 督查生产线　经常对一线生产进行监督检查，随时掌握和了解生产过程中的紧急问题，做到及时知道，及时解决。发现问题容易，解决问题难。在成本不增加或少量增加的前提下解决问题，这是考验一个场长合格与否的关键因素。只为成功找方法，不为失败找借口。每天找哪些事件突破，可以突破，可以创新，然后用脑子想想，有无改善革新的新方法。

5. 加强成本的控制管理　包括水电、燃料、饲料、药品、疫苗、物品消费、维修材料等，提出商品订购计划，做好月内汇总工作。经常反省管理范围内的人、时、地、物有无资源浪费或者被有效利用。计划时，要多参考他人的建议与意见，借鉴经验与智慧，做好协调工作；在实施前，一定要有计划，让下属充分了解计划的内涵，达到人人知晓的目的。

6. 严格执行兽医卫生防疫制度　做好最基本的消毒工作，落实各项生物安全措施，做好常规免疫工作，定期实施疾病检测，是养猪场防病的根本，也是确保猪场无重大疫情发生的前提和基础。

7. 关心员工工作及日常生活　主动了解员工工作情况，掌握思想动态，随时与大家沟通，给予指导和建议。为员工提供舒适的工作和生活条件是激发员工工作积极性的前提。比如大北农种猪场员工吃住全免，娱乐设施齐全，如图书馆、篮球场、卡拉 OK 室等。在办公室工作的员工要记住每个员工的生日，送生日蛋糕祝贺他们的生日，食堂加菜摆桌，以示重视。

8. 做好评价工作　贯彻各项规章制度和岗位责任制，做好员工的季度和年度评价。

9. 主持养殖场的培训和示范　接纳和安排新员工的培训，每年培训两名以上的部门主管，为在建的猪场储备合格的管理人员。营造会场培训时的安静环境，以提高培训效率。

10. 对场所进行安全检查　通过开展岗前安全培训、安全生产教育和事故应急预案培训、组织安全技术考核，结合开展"安全生产标准化建设"和"安全文化建设"活动，定期对员工进行人身安全教育。对于场所生产岗位中潜在的风险、危险因素，要组织员工加强风险识别，制订防护措施。定期开展安全生产活动，总结交流生猪安全生产经验，定期检查生产设备、消防设施、防护用品、急救设备等是否始终处于良好状态，教育职工正确使用和维护，预防火灾、中暑和中毒事件的发生。

三、场长能力的拓展

(一)能力

能力是需求与环境之间的桥梁。能力通过需要而形成，随欲望而产生。也就是说，你的需要多大，那么你的能力就会多大。

观察优秀的场长会发现，他们拥有高超的技巧和有效的工作技能，真的是因为他有很强烈的解决问题或处理事情的愿望，促使他想方设法去解决问题、克服困难，从而获得超强的能力。能力随欲望而提升。一个人天生很厉害，能力很强，说明能力确实有天赋的因素，但是影响能力更重要的一个部分是称之为动态性的能力，即后天学习得到或者后天训练积累所得到的。原则上讲，大部分人的能力其实是差不多的，但是为什么经历 10 年、30 年、50 年后会发现，经历的时间越长，人和人的差距拉得越开。其实很大的原因在于在动态性能力获取方面给自己提出的欲望需求够不够高，如果没有更高的需求，这种能力就有可能下降。

(二)拓展能力内涵

1. 能力是一种可能性　工作中，千万不要急于说没有能力做好这件事情，因为能力是一种可能性，只要愿意，能力可能超出你的想象。回顾各自的成长过程，定能证明它的正确性。场长不管遇到任何问题，请先不要说不，要先看有没有可能找到解决问题的方案。

2. 能力是知行合一　工作中，必须把知道的、学到的知识转化为实际的行动。克服想得多、做得少，说得多、做得少的通病，能力就会被显现出来。遇到的所有的难题，只要愿意去做，它可能就会有方案解决。

3. 能力是韧性，是坚持，是快速地行动　工作中，没有快速行动的习惯，能力难能呈现出来。如果不去坚持，不去克服困难，能力也不会被呈现出来。对场长来讲，不要说一定做不到什么或者说没有能力去做那件事。反过来，有没有能力去做这件事，能不能做好这件事，其实真的不取决于别人的评价，也不取决于自己是不是天赋上具备这个潜能，而是取决于愿不愿意去行动，愿不愿意去不断地挑战，去超越自我。如果能做到，能力定会不断丰富与拓展。

在非洲猪瘟发生的时代，会遇到很多困难、很多的问题，实际上是以前没遇到过的，如果认为根本不能做到，也没办法去面对，那的确可能就做不到，就解决不了。但是如果认为有能力，愿意去面对，并且认为可以做到，那有可能真的就能做到，找到顺利解决问题的方案，愿意尝试，能力定会超过想象。

养猪场的管理是责任感很强的工作。每天的工作都要仔细，注重细节，注重规范管理，注重科学养育，重视员工的执行力。作为场长，只有把员工的利益与成长结合起来，注重人文关怀，善待员工，引导和培养员工的认同感和归属感，才能充分发挥自己的积极性。人稳定了，猪就容易养了。只有充分发挥下属员工的积极性和责任感，才能使养猪场效益最大化，企业才能发展壮大。同样，猪场场长必须把人的管理放在第一位，通过团体建设形成凝聚力和执行力，正确认识和定位自己的作用，才能管理现代的生猪养殖场。当然，场长的培养离不开以人为本，离不开细致的管理，离不开系统的专业基础知识教育，离不开良好的社会环境，更离不开企业及上级部门的支持关怀。养殖企业应积极为场长发挥专业特长，植根于养猪事业，创造更多有利的环境，创造和谐的工作氛围，完善合理的分配制度，帮他们解决后顾之忧。

第 二 章

猪场人才培养

人才资源是第一资源，是现代养猪场的核心资源之一。猪场在快速发展的过程中，必须营造有利于人才培养的环境和体制，才能充分调动和发挥各类人才的积极性、主动性和创造性。面对激烈的人才竞争形势，应抓住人才选拔、培养、激励等重要环节，创新人才工作机制，创造良好局面，吸引更多的优秀人才，聚集到生猪产业中来，共创精彩养猪大业。

第一节　人才选拔与培养

一、人才选拔

人才选拔是根据组织意图和岗位特征，按照人尽其才，才尽其用，将合适的人安排到合适的岗位上的原则，在现有员工中发现人才、挑选人才的一种内部晋升或重用优秀员工的管理机制。将选拔的人才纳入重点培养的人才计划中，实施重点培养。选拔人才时，必须选拔对工作忠诚度高的员工，他们对生活和工作节奏、猪场文化、经营理念和价值有更深的了解，并为其提供更多的脱颖而出的外部交流学习机会，同时安排经验丰富的管理或技术专家来帮助指导他们尽快适应新的岗位，为猪场的发展贡献力量。

二、人才引入

人才引入是为注入新知识、新思想、新观念，针对性引进知识面广、思路新的养殖人员。场长应该引导他们尽快建立自己的业绩，得到大家的认可，并为之提供一个试用过渡期，让他们了解场所文化、经营理念、价值观，适应生活和工作节奏，重建人际关系，引导他们与时俱进，不断适应新的环境，接受场所经营理念和文化理念。引进人才要适度，注重质量。对通过不断跳槽以获得不同场所的核心技术或客户资源，借机提高身价的这类"人才"，要注意鉴别、警惕与慎用。

三、人才储备

人才储备是通过联合办班或额外招收的方式，从学校相关专业的大中专毕业学生中招收一定数量的学生，通过系统评价、考核、筛选，而适当储备高层次、高学历人才的一种方法。大中专学校的实习生和毕业生，具有较好的专业知识，发展潜力大，思维活跃，对生产知识、操作技巧、生产操作规程等可以良好地执行，且易接受场所文化的熏陶，是场所文化和经营管理理念的义务讲解员和传播者。现实中还可通过 QQ 群、员工推荐、人才市场招聘等方式进行人才储备。选拔、引入和留住人才，是养猪场始终坚持的人才储备途径。

第二节　人才激励

一、提炼目标

激励是人力资源的重要内容，是刺激人行为的心理过程，即组织和个人采用适当的奖金形式，提供工作环境，辅助行为规范和处罚措施，通过信息沟通来激发、引导、保持和规范组织及个人的行为，使之努力去完成组织的任务，以有效地实现组织及个人目标。有效激励能激发人才的热情，增强工作动力，产生超越自己和他人的欲望，并将潜在的巨大内驱力释放出来，为实现组织任务、场所生产指标奉献自己的热情。

目标可为创造成功提供方向。场长确立目标时，必须遵循以下原则，才能产生高水平的激励效果。目标必须明确而具体，要有明确的时间期限和明确的结果。为创造一个激励的气氛，目标必须是具体的，既可给员工提供一个衡量结果的标尺，又可提供明确的目的感，促使他们去制订一个具体方案，并持之以恒地去追踪锁定的目标，加以实现。无论从事何种工作，首先要确定工作目标，只有目标在前面召唤，才能有动力前进。有了一系列明确的预期目标，才会将一系列日常活动转变为一项重大使命。一个善于提炼目标的场长是鼓励和帮助员工们建立集体和个人目标的人。激励员工不再是场长一个人的责任，员工们必须一起迎接挑战，让自己也分担起激励的责任。无论是好是坏，无论成功或失败，都应将精力和时间引导到一个坚定的目标上。只有结合自身和职业的特点状况，做到目标明确，才能向着目标一步步地去迈进，最终实现目标。

（一）目标应该宏大

一个宏大的目标，能催人奋进。研究表明，挑战目标的水平越高，实现目标的概率越大。因此，场长应善于设计宏大目标，率领员工，不断挑战，为实现宏大目标而努力奋战。

（二）目标必须合理而现实

合理而现实的目标，最好把它分解成几个较小的目标。当员工意识到他们可以实现时，他们就有信心去实现宏伟目标。只有用心寻找新方法，快速完美地完成工作，才能创造实现目标的新机会。胜利者和失败者之间的分水岭是胜利者努力达到最佳状态，满怀热情和信心朝着目标努力，从不放松，最终实现目标。

二、目标提出挑战

要实现目标，必须尽最大努力激励员工去迎接挑战。只有接受挑战，并为挑战所激励，才有可能获取成功业绩的机会。

三、目标培养自信

（一）自我激励

工作上，通过自我激励实现目标。一旦你决定这样做，就应该立即振作起来，不断地鼓励自己，训练自己，控制自己，坚信"不管多难，都能做好"，那么你就可以成为一个更完美的场长。根据调查，几乎100％的员工希望自己的工作表现能及时得到领导的认可和鼓励。如果这种期望长期得不到领导的回应，就会变成绝望和失望。因此，场长应关注每一位员工，及时肯定工作成绩，这对于充分发挥激励作用，是非常重要的。

（二）合理用人

合理的用人方式，是实现目标的重要方法之一。场长应根据猪场特点、生产模式，将人才放到适合的工作岗位上，各司其职，进行有目的的培养，才能充分发挥主观能动性，实现人才为我所用的目的。人才的发挥离不开场所搭建的平台和同事的合作，离不开长久的坚持。坚持就是胜利。胜利是站起来的次数多于被击倒的次数。面对挫折与失败，不要认输，不要跳槽。失败的本质是暂时还缺乏成功的条件，永远不会成为定局。世界上最怕"认真"二字，无论从事什么工作，都要认真细致，能做好的，一定做到最好，能达到100％，决不达到99％。

（三）培养敬业精神

敬业就是尽心尽力，认真，努力，一丝不苟，责无旁贷。敬业不仅能提高工作效率和质量，还能树立高尚的人格。工作中要时刻扪心自问，如果每件事都能做到最好，就要努力达到更高的层次，不要心甘情愿地停留在一般层面。要学会在各种工作环境中磨炼自己，让自己有毅力，这样才能在遇到突发事件时保持清醒的头脑，做出一番成绩。对员工来说，只有做能实现他们人生目标和理想的事才有乐趣，才能激发积极性。因此，场长应采取各种方式，培养员工的敬业精神，如现场会议或宣传栏要经常宣传员工的先进事迹，注重敬业精神的培养。

四、目标是衡量进步的工具

目标的进展及完成情况直接影响员工的激励效果。进展良好，员工会因具有业绩感而受到激励；如果进展不佳，场长应及时指导员工改进工作方式与方法。在目标的实施过程中，要注意量化。没有量化，就没有效率。量化既是效率产生的关键技术手段，也是效率实现的衡量标准。在量化管理中有三个要素，时间量、数量和质量。时间量主要是指完成任务的时间，数量是指完成任务的数量，质量是完成任务的标准。这三个要素相互依存，如同三维空间中确定一点位置时的三个坐标，缺少任何一个都会出现偏差，影响到准确性。工作中，要善于分解工作任务，要把工作目标任务的相关指标、方法和操作步骤、完成目标所要达到的标准清晰地告诉员工，把细节加入工作行动中。场长必须学会面向绩效和结果负责，必须学会生成和分析各种可以量化的指标。

五、人人参与

（一）做好计划

场长属于中层管理者，做好计划是重要工作之一。做一个能够把企业战略落地可操作计划，同时指导员工按照计划的要求，认真地从细节上、规程上把工作做好，至关重要。目标一经确定，尽量让每个有关的人都参与制订计划，给他们以责任心，从而更加负责。一个人如果参与了计划的制订，感觉到自己是主人，就会产生成就感、归属感。通过参与目标制订而让他们感到为之实现目标的重要性，人人参与，执行起来效率自然会高。通过具体化、阶段化、简短的计划安排，从细节到实际，不仅可以了解每天要做些什么，还可科学有效管理控制每一个目标，使每个目标安排取得的成果成为成功道路上的阶梯和里程碑。坚持计划的场长，都会取得明显的实施效果。执行计划是对场长意志品质与毅力的考验与挑战。

（二）管理利用时间

时间是一个非常稀有的资源，时间不会等人。管理时间是为了更好地利用时间。管理时间的钥匙是创建总列表，将当月、当周或当天要做的事情全部排列起来，进行目标切割。每月初列一张当月要做事情的清单；每个周日把下周要完成的事罗列出来；每天晚上安排计划第二天需完成的清单。每天晚上检查，对未完成的事情立即制订补救措施，逐渐养成"当天事，当天毕"的好习惯。管理时间的精髓在于区分事情的轻重缓急，设定处理事情的优先顺序。高效率的场长都以分清事情的主次统筹规划时间，把时间用在最有价值的事情上。召开有计划、有目标、有操作程序的有效会议。在掌控会议的过程中，场长必须按照解决问题的思路召开会议，不要将会议流为空谈。

（三）注重细节

对基层员工来说，细节决定成败。细节是对一个人综合素质最真实的考察，也是区别于他人的特点。优秀的场长，从不忽视工作中的每一个细节。因为注重细节，会显出神奇的效果，会提升人格，增强对目标管理的把控能力。

为提高目标管理细节的把控能力，场长应终生学习，注重"学习工作化，工作学习化"，做到边学边干，抓细节，强管理。同时也要注重不断创新，不断寻找新的解决办法。面对新情况、新问题、新矛盾，必须强化问题导向、目标导向和结果导向，注重细节，提出处理和解决问题的思路和方法，才能不断提高场长的管理能力。

六、目标激励

薪酬发放是目标激励的较好形式。薪酬主要由工资、奖金和津贴三部分构成，三者的比例要综合考虑不同岗位的差别。大多数猪场采用与目标挂钩的绩效工资代替工资，促使业绩优良者获得更多激励。奖金多与单项目标完成情况挂钩，津贴多与职级与工作年限挂钩，结合应用多种激励方式，建立科学的奖惩制度，达到目标激励的综合效果。如最通常的奖励方式是奖金，但奖金用作激励手段是有时间限度的，一般奖金激发的热情只能持续 30～60 d，然后就会消退。建议结合其他激励措施综合实施，如取消超长的工作时间，和员工共进午餐，赠送各类演出门票，参加部门晚会，赠送小礼品，在场所或本地报纸上表扬，令人注目地表示"谢谢您"等。

第 三 章

猪场经营管理

经营与管理是两个不同的概念。猪场经营是指在国家法律法规允许的范围内，按照市场的要求管理养猪场内外部环境，合理确定生产方向和总体经营目标，合理组织供销活动，以最大限度地减少人、财、物的消耗并使利润最大化。猪场管理是按照养猪场经营的总体目标，对生产全过程中的经济活动进行计划、组织、指导、调控、监督和协调。管理是决策，是对重大问题的主事权和决策权，是在领导决策范围内，按照做事的原则做事，管人的规律管人。

经营和管理是统一体，统一在生产管理经营活动中，它们是相互联系、相互制约、相互依存的两个组成部分。经营的重点是做决策，而管理的重点是执行决策。管理主要解决生产方向和企业目标的根本问题，偏重于宏观决策；而经营则是在企业目标确定后，如何高效组织生产，注重微观控制。搞好经营管理是取得经济效益的前提。管理者应该让每一个员工都了解自己的工作岗位、权利和生产目标，充分发挥自己的作用专长，愿意与场所共存。向管理要效益和通过管理创新来获取支撑，已成为行业的共识。养猪企业投入资金大，技术性强，风险大。为了正常运行，必须严格组织，完善管理。养猪场最大的两项支出是饲料成本和管理成本。饲料成本取决于饲料配方和科学饲养管理，而管理成本则取决于经营管理水平。因此，要把科学饲养管理和科学经营管理结合起来。实践证明，只有经营管理水平高，饲养管理水平才能高。只有搞好经营管理，才能合理使用好人、财、物，提高企业的生产力和生存能力。只有搞好经营管理，猪场才有能力更新设备，采用新技术，实行目标管理，参与激烈的市场竞争。

猪场经营管理主要包括生产计划的制订、养殖预算与决策、猪场生产管理。如生产计划（制订年度猪群生产计划、饲料供应计划）及规章制度的建立（按照《中华人民共和国劳动法》《中华人民共和国会计法》建立劳动管理制度、财务管理制度）；档案的建立与管理（生产记录档案、药物使用档案、财务档案）；生猪产业政策与生产补贴（合理利用生猪产业政策及生产补贴）；成本核算（明确成本开支范围及设置产品成本目录，计算成本及费用，记账方法及生产的主要经济效益指标及主要的技术指标）与效益化生产；市场预测和销售（与生猪价格、获取主要畜产品变动规律和信息渠道、市场营销的基本策略均有关）等。

代表猪场生产管理水平的 3 个指标：平均每头母猪年提供出栏猪数量（头）、全群料重比、平均每头出栏猪所摊药费。对万头猪场，出栏猪每提高 1 头，利润增加 200 元，年可增收 10 万元；全群料重比降低 0.1，若料价为每吨 2 500 元，又可增年收入 25 万元；头均药费降低 10 元，可增年收入 10 万元，累计增收 45 万元，而卓越场长对猪场的贡献远远不止这些。管理问题就是先解决管理模式问题，再解决员工管理问题，最后解决猪的饲养管理问题。探索和建立一套规范、实用、可操作的生猪生产管理模式，并加以复制和完善，比空谈更为重要。湖南惠生农业科技集团养殖营运中心所辖猪场生产管理模式非常成功，目前企业的 10 个种猪场和近 100 个现代化加盟猪场的生产管理就是在这个模式的基础上进行复制的，其生产业绩和经济效益也被公认为国内一流。

第一节　生产管理

猪场生产管理包括企业文化管理、人性化管理（为员工规划未来职业生涯、搭建成就自我的舞台；提高工资福利标准、晋级加薪、免食宿费、增加社保等；完善篮球场、卡拉OK室、图书室、免费宽带上网等娱乐设施）、生产指标绩效管理（由猪群管理、饲料管理、日常管理、财务管理组成，出台以生产线为单位的生产指标绩效工资方案，建立完善生产指标激励管理考核奖罚机制）、组织构架、岗位定编及人才机制、生产例会与技术培训。

一、猪场定岗定编及责任分工

（一）定岗定编

生猪养殖场的分工，就是要明确每个人的工作范围和标准，把责任落实到每个人，保证养殖场的安全有序生产。

1. 自动喂料给水的一类养殖场 基础母猪1 000头及以下，设场长1人，副场长1人，产房3人，配怀舍2人，保育舍3人，育肥舍6人，配种员2人，公猪饲养员1人，统计和库管1人，水电设备维护1人，炊事员1人，专职兽医1人，门卫兼办公区卫生清理1人，共计24人。

2. 自动喂料给水的二类养殖场 基础母猪2 000头（自动喂料、自动给水）左右，设场长1人，技术生产副场长1人，后勤副场长1人（兼），产房7人，配怀舍3人，保育舍4人，育肥舍15人，配种员3人，统计1人，库管1人，水电设备维护1人，炊事员2人，勤杂工1人，专职兽医1人，门卫兼办公区卫生清理1人，共计42人。

3. 自动喂料给水的三类养殖场 基础母猪3 000头（自动喂料、自动供水）及以上，设场长1人，后勤副场长1人（兼），技术生产副场长1人，配种员5人，产房14人，配怀舍5人，保育舍5人，育肥舍24人，库管1人，统计1人，炊事员2人，水电维护2人，勤杂工2人，专职兽医1人，门卫兼办公区卫生清理1人，共计65人。

一般来说，万头猪场定编21人左右。其中生产线16人，包含配种妊娠4人、分娩保育6人、生长育肥6人；后勤管理人员5

人。具体包含场长 1 人、生产线主管 1 人、配种妊娠主管 1 人，分娩保育主管 1 人，育肥主管 1 人。配种妊娠员 3 人，分娩员 3 人，保育员 2 人，生长育肥员 5 人，夜班 1 人，其他如物流主管、会计出纳、司机、维修工、保安、厨师、杂工等岗位根据实际需要设置 1～2 人。

（二）责任分工

以层层管理、分工明确、场长负责制为原则。具体工作专人负责；既分工又合作；下级服从上级；重点工作协同开展，重大事项通过场领导小组研究解决。责任分工见表 3-1。

表 3-1　责任分工

岗　位	职　责
场长	负责养猪场的整体工作；负责制订和完善各项技术操作规程及管理制度；负责管理后勤保障工作，及时协调各部门之间的工作关系；负责制定具体实施办法，落实和完成场所各项工作；负责监控现场生产情况，督查工作及卫生防疫，及时解决生产中出现的问题；负责安排全场的生产经营计划和物资需求计划；负责督查生产报表；做好员工思想政治工作，及时解决问题，做出决策，及时反映员工的意见和建议；负责整个场所生产成本的监控和管理；负责企业下达的各项经济指标的落实和完成；直接领导各生产线主管，通过生产线主管管理一线员工；负责每周或每月对所有生产线员工进行技术培训，定期召开生产例会
生产主管	负责生产线的生产管理。协助场长做好其他工作。负责实施操作规程、卫生防疫制度和生产线管理制度的落实；负责生产线的生产报表；负责猪病的预防和免疫工作。负责对生产线饲料、兽药等直接成本的监控和管理。负责执行和完成场长交办的各种任务；直接管理生产线主管，通过主管对员工进行管理
配种妊娠舍主管	负责组织人员按照饲养管理技术操作规程和周工作计划进行生产；及时反映本组存在的问题；负责生产的日报与周报；负责定期消毒、清洁环保工作；负责本组生产资料的计划、领用与清点；服从生产主管的领导，完成生产主管分配的生产任务，确保生产线按生产工艺操作；负责本组种猪的调运和调剂工作；负责公猪、后备猪、空怀猪、妊娠猪的预防注射

（续）

岗　位	职　责
分娩保育舍主管	负责组织人员按照管理技术操作规程和周工作计划安排生产；及时反映生产和工作情况；负责生产日报与周报；负责定期消毒、清洁、绿化；负责饲料、药品和工具的使用计划、收集和清点；服从生产主管的领导，完成分配的生产任务；负责空猪圈的管理、清洗、消毒；负责母猪和仔猪的转移和调整；负责接种哺乳母猪和仔猪的疫苗
生长育成舍主管	负责组织人员按照饲养管理技术操作规程和周工作计划进行生产；及时反映生产和工作情况；负责生产日报与周报；负责定期消毒、清洁、绿化；主管饲料、药品、工具的使用计划、领取和清点；服从生产主管的领导，完成分配的生产任务；负责肉猪出栏；负责生长、育肥猪的周转与调整；负责空猪圈的清洗消毒工作；负责生长、育肥猪的免疫
辅配饲养员	协助主管做好种猪的配种、转移和调整工作；协助主管做好公猪、空猪、后备猪的预防和注射工作。负责公猪、空怀猪和后备猪的饲养和管理
妊娠母猪饲养员	协助主管做好妊娠猪的转移和调整工作；协助主管做好母猪妊娠期间的预防注射工作；负责定位栏内妊娠猪的饲养管理工作
哺乳母猪、仔猪饲养员	协助主管转移临产母猪、断奶母猪和仔猪；协助主管做好哺乳母猪和仔猪的预防和免疫；负责2个单元乳母猪和仔猪的饲养管理
保育猪饲养员	协助主管做好保育生猪转群调整工作；协助主管做好保育猪预防注射；负责育肥猪的饲养和管理
生长育肥猪饲养员	协助主管做好生长肥猪的调运和调整工作；协助主管做好生长肥猪预防注射；负责生长育肥猪的饲养管理
值班人员	每天工作时间为：11:30—14:00，17:30至次日早上7:30。夜班人员负责值班期间猪场的防寒、保温、防暑降温和通风；负责值班期间的防火、防盗等安全工作，做好值班记录

（续）

岗　　位	职　　责
会计出纳员	严格执行财务制度，遵守财务人员的规章制度，未经领导签字批准的费用，不予支付；严格实行现金管理制度，认真把握库存现金的限额，确保现金绝对安全。做到日清月结，及时记账，输入电脑，协助企业的会计工作。负责计算并协助支付工资。负责出栏肥猪、淘汰猪等的销售工作。另外，协助后勤主管、生产管理人员进行物资采购。负责将相关数据及报表及时录入计算机，协助生产管理人员进行生产管理计算机查询工作；负责计算机的维护和安全，监督和控制计算机的使用，有责任保证各种生产、财务数据的安全和保密；协助场长和后勤主管接待外来客人；会计出纳接受企业和场所双重管理
驻场行政经理	服务驻地养殖场。负责洗消、隔离、环保、养殖废弃物处理，协调公共关系等。每个养殖场围墙外设办公、隔离场所，每场设立 3～4 个岗位。该办公生活场所需新建或就近租用民房，可作为进出养殖场人员的隔离及外围工作人员的生活场所。行政经理对驻地养殖场场长及生产主管负有监督责任。养殖场长对驻地行政经理有评价和指导义务。若场长和行政经理对某项工作出现争议，在不影响正常工作的情况下，两者均有向企业报告或请求处理的权利
水电维修工	负责水电维护工作；持电工证上岗；必须严格遵守水电安全规程进行安全操作，严禁违章操作；定期检查水电设施设备，发现问题及时维修处理；优先解决生产管理人员提出的仪器与设备维护问题，保证养猪场生产正常运行；水电维修工的日常工作由后勤主管安排，进入生产线工作应服从生产管理人员的指挥；不按专业要求操作，对出现的问题责任自负；如果不能及时发现隐患，并及时采取措施，一旦出现问题或影响生产，将追究经济责任
仓库管理员	物资进出仓库时，应进行计量、验收；所有材料应分类堆放整理好；每月盘点一次。账物不符的，查明原因，分清责任。失职造成损失的，追究责任；协助出纳和其他管理人员工作；协助生产线管理人员做好药品的储存和配送工作；协助猪场销售；仓库管理员由后勤主管领导，负责饲料、药品、疫苗等生产资料的储存和发放

（续）

岗　位	职　责
保安员门卫	负责治安保卫工作，确保养猪场有良好的治安环境；负责与派出所的工作联系；除巡逻时间外，在门卫室值班守岗。阻止社会闲散人员进场；阻止非生产人员进生产区域；阻止村民在猪舍附近放牧；到猪场寻衅滋事；阻止打架、赌博、吸毒；保护猪场财产安全；协助后勤主管、场长协调猪场与当地干群关系；严重问题及时向场部和派出所报告，请求处理
机动车司机	遵守交通规则，持证上岗；车辆必须存放在指定地点，场内车辆不得离开场内。特殊情况下需出场时，应征得场长批准；爱护车辆，定期检查，及时维护；安全驾驶，注意人车安全；严禁酒后驾车；不允许公车私办。除特殊情况外，所有机动车加油和维护必须在指定地点进行；场内用车由后勤主管、生产主管协调安排，场外用车由场长安排

（三）规程化管理

在养猪场的生产管理中，各个生产环节科学的饲养管理操作规程是养猪场搞好生产的基础，也是预防和控制猪病的重要保证。饲养管理技术操作规程有隔离舍操作规程、配种妊娠舍操作规程、人工授精操作规程、分娩舍操作规程、保育舍操作规程、生长育肥舍操作规程等。防病操作规程有临床诊断技术操作规程、免疫程序、驱虫程序、预防药和保健程序及卫生消毒制度等。

（四）流程化管理

现代化养猪场具有周期性和规律性，生产工艺、生产过程联系紧密，因此要求工作人员对自己的工作内容和技能非常明晰，每周的工作计划要明朗清晰。如哺乳期天数、保育期天数、各阶段转群日龄、全进全出空栏的时间等，都是固定不变的。这样，才能保证养猪场的满负荷均衡生产。1万～3万头现代化养猪场最适合的生产节律（或周期）是以周为节奏来安排生产。周工作计划见表 3-2。

表 3-2　每周工作日程

时间	配种妊娠线	分娩保育线	生长育肥线
周一	清洁消毒；鉴定淘汰猪	清洁消毒；断奶母猪淘汰鉴定	清洁消毒；淘汰猪鉴定
周二	更换消毒池、消毒桶（盆）消毒药液；接收断奶母猪；整理空怀母猪	更换消毒池、消毒桶（盆）消毒药液；断奶母猪转出；空栏冲洗消毒	更换消毒池、消毒桶（盆）消毒药液；空栏冲洗消毒
周三	挑选不发情、不妊娠猪集中饲养；驱虫、免疫注射	驱虫、免疫注射	驱虫、免疫注射
周四	清洁消毒；调整猪群	清洁消毒；去势；挑选僵猪集中饲养	清洁消毒；调整猪群
周五	更换消毒池、消毒桶（盆）消毒药液；临产母猪转出	更换消毒池、消毒桶（盆）消毒药液；接收临产母猪；做好分娩准备	更换消毒池、消毒桶（盆）消毒药液；空栏冲洗消毒
周六	空栏冲洗消毒	出生仔猪剪牙、断尾、分群、补铁等	出栏猪鉴定
周日	妊娠诊断、复查；设备检查维修；周报表	清点仔猪数；设备检查维修；周报表	存栏盘点；设备检查维修；周报表

（五）数据化管理

在养猪场的实际生产过程中，通过数据管理，了解经营质量；大数据带来的技术突破，将推动养猪场管理更加规范有效。

（六）智能化管理

随着 5G 信息技术的发展，养猪场的数字化管理已成为我国养猪业的发展趋势。基于 GPS 猪场生产管理系统、智能化母猪饲养管理系统的新型饲养管理模式受到养猪业的广泛关注。智能化养猪管理系统包括智能养猪子系统和信息管理子系统。该系统的集成不仅可以准确地进行饲养，及时监测和识别发情，将待处理母猪分开，而且可以对母猪信息进行数据集成并传送到养猪场管理人员的计算机上，提高了养猪场的管理水平和效率。采用射频识别（RFID）技术、计算机技术、通信技术，并利用智能控制技术完成系统的建设，利用 RFID 电子耳标对生猪进行自动识别，通过建立自动投喂系统采集生猪生产信息，并通过互联网输送到场所管理平台；信息管理子系统采用 B/S（浏览器/服务器）信息系统架构，将网络服务（webservices）技术应用于 RFID 智能生猪管理系统。操作员只需浏览器即可登录平台进行数据处理、管理和维护，大大提高了各养殖场的数据处理速度和安全性，提升了养猪场的智能化管理水平。

二、猪场计划管理

1. 搜集编制计划需要的资料与依据

2. 编制计划方法　①平衡法。②滚动计划法。

3. 猪场的主要计划

（1）配种分娩计划　根据全年的综合生产经营计划确定配种分娩计划。目前很多猪场已采用周日制生产，如年产 5 000 头商品猪的养猪场，一般饲养种母猪 300 头左右，母猪受胎率要求在 90%以上，全年配种 600 胎。平均每周配种 11～12 头，全年分娩 540 胎，平均每周分娩 10～11 胎。

（2）猪饲料供应计划　依据饲养操作规程确定饲料消耗指标，根据饲料消耗指标和各类猪的计划饲养量，计算饲料供应量。

（3）产品成本计划　现代养猪企业生产分生产线进行生产，产品生产成本也按各个不同的生产线定出本生产线的成本计划。生产线生产成本计划主要包括工资、药费、工具费、折旧费、管理费、饲料费、种猪费等。

4. 经营计划的实施与分析

（1）对比分析法　是把计划期内指标的实际完成情况同计划指标、前期指标和先进指标进行对比。计算方法：计划完成程度＝（实际完成数/计划数）×100％。

（2）因素分析法　是一种确定不同因素影响程度的分析方法，即对各项指标进行因果关系分析。

第二节　物资与报表管理

一、物资管理

建立购销台账，由专人负责。材料出入库要有凭证，货单要一致。不允许作假。药品、饲料、生产工具等生产必需品每月上报计划。各生产线根据实际需要领取物资，不浪费。爱护公共财物，否则按企业奖惩规定处理。

二、猪场报表

报表能直接反映猪场生产经营状况，是上级领导必阅材料之一，也是统计与分析指导生产的重要依据。各生产线主管要做好各种生产记录，做到准确无误。各生产线主管准确、如实地填写各种生产记录及周报表，呈交生产主管，查对核实后，送场部输入电脑。其中配种、分娩、断奶、转栏及育肥等报表应一式两份，建立一套完整科学的生产线报表体系，并用电脑管理软件系统进行统计、汇总及分析。监控全场各线生产的各类数据信息，统筹安排工作计划，进行种猪系谱管理和职工评优评先考核，提供一线临床资料和数据。报表的目的不仅仅是统计，更重要的是为分析提供临床数据，通过分析发现生产上存在的问题并及时解决问题。

常用的生产报表见表3-3至表3-15。

表 3 - 3　猪场配怀记录

栋舍号　　　　　月份　　　　　负责人

日期	期初存栏	已配母猪数量（期初：　　头）								待配母猪量（期初：　　头）				期末存栏（头）	备注
		配入	返情（不计算）	空怀调出	产仔调出	异常调出	死亡	淘汰	单项存栏	空怀调入	后备调入	断奶调入	单项存栏	单项存栏	

配怀员签字　　　　　　　　配怀主管签字　　　　　　　　场长审核

表 3 - 4　猪场分娩记录

栋号　　　　饲养员　　　　技术负责人　　　　时间

期初母猪数量（头）	转进死亡数量（头）	期末母猪数量（头）	母猪耳号	栏号	胎次	预产日期	产仔日期	产仔情况						转出情况			饲养员签字	技术员签字	备注
								健仔数（头）	弱仔数（头）	畸形数（头）	死胎数（头）	木乃伊数（头）	初生均重（kg）	转出日期	转出头数（头）	断奶重（kg）			

饲养员签字　　　　　　　　统计员签字　　　　　　　　场长审核

表 3 – 5　猪场保育生产记录

负责人　　　　　　　　　　　　　　　　　　　　日期

栋号	期初	本期增加		本期减少								期末		饲料消耗（kg）		
日期		数量（头）	重量（kg）	出售		死亡		转后备、育肥		内销、残次处理		数量（头）	重量（kg）	教槽料	保育前期	保育后期
				数量（头）	重量（kg）	数量（头）	重量（kg）	数量（头）	重量（kg）	数量（头）	重量（kg）					

饲养员签字　　　　　　　统计员签字　　　　　　　场长审核

表 3 – 6　猪场育肥生产记录

负责人　　　　　　　　　　　　　　　　　　　　时间

栋号	期初存栏	保育转入（头）	转入重量（kg）	其他转入（头）	转入重量（kg）	出售头数（头）	出售重量（kg）	淘汰死亡（头）	淘死重量（kg）	期末存栏（头）	饲料消耗（kg）		
日期											小猪料	中猪料	大猪料

饲养员签字　　　　　　　统计员签字　　　　　　　场长审核

表 3-7 生猪出栏（淘汰）申请

养殖场 申请时间

序号	生猪类别	头数（头）	均重估重（kg）	计划出栏时间	备注
1					
2					
3					
养殖场申请					
技术部审核					
调度员审核					
统计签字					

表 3-8 生猪转栏申请

申请猪舍 申请时间

序号	生猪类别	数量（头）	均重估重（kg）	转出栏舍	转入栏舍	计划转栏时间
1						
2						
3						
主管申请						
场长审核						
统计签字						

表 3 – 9　生猪调拨

销售单位

时间

序号	生猪类别	数量（头）	总重量（kg）	均重（kg）	备注
1					
2					
3					
场长审核					
调度审核					
收货签字					
统计签字					

表 3 – 10　采购申请

申请单位

申请时间

序号	采购货品类别	生产厂家	商品名称	规格	数量	现在库存量	上个月消耗量	备注
1								
2								
3								
场长审核								
技术部审核								
采购部审核								
统计签字								

表 3-11 采购饲料月申请

申请单位

申请日期

序号	采购饲料名称	领用猪类别	存栏数量(头)	猪群均重(kg)	计划成本(头·kg)	本月计划采购(t)	本月已入库(t)	到货日期
1								
2								
3								
4								
5								
6								
7								
8								
小计								
采购部签字								
技术部审核								
场长审核								
统计签字								

表 3 – 12　饲料领用

账号_____　　领用日期_____

序号	采购饲料名称	领用猪别	存栏数量（头）	猪群均重（kg）	本月计划领用（t）	实际领用量（t）	备注
1							
2							
3							
领用人签字							
保管人审核							
场长审核							
统计签字							

表 3 – 13　物品领用

部门_____

序号	领用日期	领用物品	领用数量	账号	领用人签字	备注
1						
2						
3						
保管人审核						
场长审核						
统计签字						

表 3 - 14 药品领用

部门

序号	领用日期	领用药品	领用数量	栋号	领用人签字	备注
1						
2						
3						
保管人审核						
场长审核						
统计签字						

表 3 - 15 疫苗领用

部门

序号	领用日期	领用疫苗	领用数量	栋号	领用人签字	备注
1						
2						
3						
保管人审核						
场长审核						
统计签字						

三、规章制度

养猪场的日常管理必须制度化。让制度管人，建立健全各项规章制度，如职工奖惩制度，职工请假制度，食堂管理制度，消毒更衣室管理制度，以及会计出纳、水电维修工、驾驶员、保安、仓库管理员岗位责任制等。

(一)员工奖罚条例

对符合下列条件的人员给予奖励：关心集体，爱护公共财产，提出合理化建议的员工；敢于在特定环境下行善的员工，敢于揭露坏人和坏事的员工；学习刻苦，业务水平高的员工；认真执行各项规章制度，遵守劳动纪律的员工；生产成绩突出，有重大贡献的员工。

对违反劳动纪律和操作规程，造成事故或者损失的员工；不爱护、损坏公共财产的员工；挑拨离间、无故寻衅滋事、搞分裂的员工；以权谋私、徇私舞弊的员工；贪污受贿、挪用公款、收受佣金、礼品的员工；盗窃、赌博的员工，给予警告、罚款甚至开除处分。

配合生产指标进行绩效考核：配种妊娠舍、人工授精站结合分娩率，实行实产胎数每增减一胎奖罚、每增减胎均活产仔数一头奖罚；产房、保育舍结合哺乳保育期成活率，实行每增减一头奖罚、转出重每增减1kg奖罚；生长育肥舍结合生长育肥期成活率每增减一头奖罚，结合出栏重每增减1kg奖罚的绩效考核制度。

(二)劳动管理

劳动管理就是对劳动者的合理组织和管理。为提高猪场的劳动生产率，应正确处理劳动力同其他生产力要素之间的关系；贯彻"按劳取酬"的原则，充分调动劳动者的积极性；合理分工和协作，发挥每个劳动者的特长；采用先进的生产技术和设备，扩展劳动能力。

(三)休请假考勤制度

休假制度：员工可每月休假，正常情况不得超休；正常休假由生产线主管、场长逐级批准，安排轮休；带薪假：婚假，直系亲属丧假，产假，人工流产假；法定节假日上班的，可领取加班补贴；休假天数积存多的由生产线主管、场长安排补休，报企业领导批准。

请假制度：除正常休假，一般情况不得请假，病假等例外；请假需填写员工请假条报批，否则作旷工处理；旷工扣薪，连续旷工者自动离职处理；员工请假期间无工资，因公负伤者可报企业批准，治疗期间工资照发；生产线员工请假实行审批制度。

考勤制度：生产线员工考勤由生产线主管负责，场长负责考勤生产线主管、后勤人员，月底上报；员工须按时上下班，迟到或早退 2 次扣 1 d 工资；有事须请假；严禁消极怠工，一旦发现经批评教育仍不悔改者按扣薪处理，态度恶劣者上报企业作开除处理。

顶班制度：员工请休假由主管安排人员顶班；主管休假由场长审批；场长休假由公司审批。各类人员休假前，搞好工作交接，确保工作顺利开展。有疫情需要封场，则不可正常休假，只能轮休。

（四）技术管理规程

猪场的生产技术管理是提高猪场经济效益的主要措施，涉及猪群结构组织、技术的规范化和猪场的技术资料积累等工作。通常包括公猪、妊娠母猪、哺乳仔猪、断乳仔猪、后备猪的饲养管理操作要点，同时考虑疫病防治、配种、饲料加工的具体技术要求。

1. 猪群结构　繁殖猪群一般由母猪、公猪、后备公母猪等组成，这些猪在猪群中所占比例即称猪群结构。

（1）哺乳仔猪　指出生到断乳期间的仔猪，多指 21～35 d 的仔猪。

（2）育成猪　一般指断乳到 4 月龄的幼猪。

（3）后备猪　指生后第 5 月龄至初配（8～10 月龄）前留作种用的猪。

（4）鉴定公猪（1.0～1.5 岁）　从第一次配种至与配母猪所产仔猪断乳这一阶段的公猪。

（5）鉴定母猪（1.0～1.5岁）　从初配妊娠开始至第一胎仔猪断乳的母猪。

（6）基础公猪　是经过体质外形、配种成绩、后裔生产性能等鉴定合格的1.5岁以上的留作种用的公猪。

（7）基础母猪　是经一胎产仔鉴定成绩合格后，留作种用的1.5岁以上的母猪。

（8）核心母猪　指从基础母猪群中选出的、具有较高育种价值的最优秀的母猪。

（9）育肥猪群　根据其生长阶段，又可分为幼猪和商品猪。

① 幼猪：指生后4～5月龄体重20～50 kg的去势公猪和未去势的母猪。

② 商品猪：是指出栏前1～2个月体重在50～110 kg的肉猪。

2. 猪群周转路线　见图3-1。

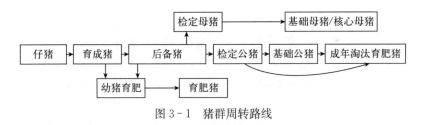

图3-1　猪群周转路线

（五）生产例会与技术培训管理

为了定期检查、总结、解决生产上存在的问题，每周确定一天召开生产例会和技术培训，由场长主持。针对性总结成绩，布置下阶段主要工作。一般生产例会1 h，技术培训1 h。为开好此会，会前生产线主管和主持人要做好充分准备，重要问题要准备好书面汇报材料。会上各生产线主管汇报、总结工作，提出问题；主持人全面总结上周工作，解答问题，统一布置下周的重要工作。生产例会可结合技术培训，一同进行。对于生产例会上提出的一般技术性问题，要当场解决，涉及其他问题或较为复杂的技术问题，会后及时上报、讨论研究，并在下周的生产例会上予以解决。结合生产实践强化员工培训，是提高员工素质、培养人才及提高生产管理水平的有效方法。

（六）食堂管理

食堂实行就餐制，不收现金；临时客餐在月底结算。食堂将每周在黑板上发布食谱，以供工作人员参考和监督。食堂应保持清洁卫生。周围环境和食堂应每周消毒一次。每次用餐后，应清洗餐具并消毒。厨师应穿工作服；食堂员工应态度友善，经常征求意见，不断提高用餐质量，避免与食客发生争执。食堂的财务应公开，相互监督，不得有欺诈行为。伙食费用应在每个月底结算，并提交给后勤主管、会计或场长进行审查。在每个月底，宣布领取的伙食费用总额，实际消费量和余额。购买和验收由两个人执行，即一个人购买蔬菜，另一人进行验收，两人签名认可，月底统一结算。出纳员负责领取、保存、伙食费，发放饭票等事宜；食堂人员工作安排由后勤主管负责，有事向后勤主管或场长汇报。

第三节 生物安全体系

企业健全生物安全制度，设立洗消中心，工作人员及所有运猪、运肉、内勤等车辆进出必须消毒。

企业与养殖生产相关的机构必须遵守养殖场、饲料厂、屠宰场的生物安全制度，进出车辆须定期检测。

企业、养殖场和饲料厂必须做好生物安全预案，建立预警响应和执行程序。养殖场围墙外生物安全由驻场行政经理负责，健全人员、物资及车辆登记备案制度。所有车辆须经过非洲猪瘟核酸检测，呈阴性后，清洗消毒方可进入养殖场，人员还须隔离 48 h 以上方可进入。所有物品须经过严格消毒方可带入，非必需物品无须带入场内。转运物品经紫外线 2 h 灭菌后方可进入生活区。建立日常巡逻制度，保障养殖场的生物安全和财物安全。养殖废弃物必须实行无害化处理。

养殖场验放车辆到指定停车位。所有进场人员在生活区洗澡消毒换衣隔离 24 h 以上方可进入生产区。生产区饲养员、工（器）具、物料不可交叉，专人负责公共区域动物转移、物料转移和消毒灭菌。水电、维护及其他服务人员进入不同栋舍前须换衣、换鞋且鞋底必须消毒，并消毒处理所需工（器）具。

饲料场需要对每批进厂原料、出厂成品检测非洲猪瘟核酸，保证阴性。进厂车辆、运料车必须经严格洗消，检测为阴性方可进入或运输饲料。人员进出养殖场、饲料厂必须检测非洲猪瘟核酸，呈阴性后，再消毒登记入内。

第四节　动物疫病防控体系

各场建立兽医室，明确专职或兼职兽医。

各场建立疫病档案。

定期检验检测，掌握疫病动态。

企业制订统一的免疫程序、保健方案，供各场实行；各场按实际情况，制订紧急情况下的防治方案，制订免疫程序、保健方案和治疗方案。

针对常见疫病，开展全员培训，提高防控意识和技能。

尽量应用中草药预防保健，少用或不用抗生素。

一旦发生疫情，由企业统一指挥，各养殖场按应急预案科学防治，果断处置。避免和减少重大疫病在养殖场的发生和蔓延。

第五节　统计采购报账体系

企业统一采购饲料生产与养殖生产相关的一切物品，生活物资按人核定，由各场自行采购。实行账务公开，公平透明。

统一采购物品包括工作服、消毒剂、疫苗、药品、工（器）具、设备、饲料原料、添加剂等。

各养殖场对供应物资有监督权，对供应商的选择有建议权。

财务报账日清月结，各养殖场按月度与企业统计部核算对账。

第六节　养殖预算与决策

通过养猪场的成本核算分析，可以发现管理中的问题，持续评估其自身的经营成果，挖掘出猪的品种和饲料配方的潜力，并可以寻找节省劳动力的方法。通过成本核算，制订改善运营的措施，并为养猪业的未来发展提出最佳计划。养猪成本包括仔猪费，饲料费，人工费，防疫和医疗费，房屋和机器设备的折旧费，零星设备的购置费，借款和占用资金的利息，销售费用，运费，水电费以及零星的死亡和损失费用等。此费用不包括大量死亡的意外损失。在计算成本时，有必要将每种费用分配给每头猪，以查看每种费用在成本中所占的比例。否则，很难弄清这批猪的成本构成。

（一）各项费用计算方法

1. 仔猪费　将整批仔猪的总支出费用除以仔猪总数，得出每头仔猪的平均费用。

2. 饲料费　把整批猪所耗的配合饲料、副产物和青饲料的实际用量，按购入单价计算出来，再相加，得出饲料费用总支出。用总支出金额除以整批出栏猪头数得出每头猪饲料费。

3. 人工费　按每头商品猪分摊人工费用。生产一批猪耗用工日数/出栏猪头数＝平均每头猪耗用工日数×平均每头猪耗用一个工日的平均工资＝每头猪分摊的人工费。

4. 折旧费　将固定资产如房舍、机具等设备的购入价/使用年限/当年出栏总头数＝每头猪分摊的折旧费。

5. 利息　把贷款及自有资金计息支出，并把利息打入成本。占用资金按借款利息计算出利息支出总额/全成本计算利息。

（二）成本计算包括变动成本及固定成本

1. 变动成本

（1）饲料费　占成本 60%～80%，必须关注原料价格，调整饲料配方，降低养猪成本。

（2）人工费　包括场所固定员工和临时用工费用等，因社会用工工资上涨，此项成本已逐渐增加。

（3）医疗费　包括医疗用品及其他医疗费用。

（4）母猪分摊费　[种猪账面结存单价×（1/8）]×生育胎数。

（5）其他饲养费　包括猪舍用具损耗、水电费及污染控制成本等。

2. 固定成本

（1）管理费　包括用人费、折旧费、修理维护费、事务费、税捐、保险、福利等。

（2）场务费　维持整个猪场正常运转的费用。

3. 成本核算流程　从生产成本开始计算到完成产品的总成本和单位成本。成本计算程序通常分以下步骤：

（1）审计生产成本支出　应严格审查各种生产成本的支出，根据国家、上级主管部门和企业的相关制度规定严格审查，防止各种浪费、损失等，并追究经济责任。

（2）确定成本计算对象和成本项目，开放产品成本明细表　根据企业生产类型和成本管理要求的特点，确定成本计算对象和成本项目，并确定成本计算对象，开放产品成本明细表。

（3）进行要素成本的分配　汇总发生的各项基本费用，编制各种基本费用成本分配表，按其用途分配计入有关的生产成本中。对于确认某个成本计算对象的直接工资，应直接记录在基本生产成本账户及相关产品成本表；对于不能确认某一费用，则应按其发生的用途进行归集分配，分别记入制造费用、辅助生产成本和废品损失等综合费用账户。

（4）采取综合费用的配置　为制造成本、辅助生产成本和废物损失等账户，月末使用某种分配方法分配，记录基本生产成本及相关产品成本表。

（5）进行完工产品成本与在产品成本的划分　通过要素费用和综合费用的分配，所发生的各项生产费用的分配，所发生的各项生产费用均已归集在基本生产成本账户及有关的产品成本明细账中。

在没有产品的情况下，产品成本明细账所归集的生产费用即完工产品总成本；在有产品的情况下，将产品成本明细账所归集的生产费用按一定的方法在完工产品和月末产品之间进行划分，从而计算出完工产品成本和月末产品成本。按照品种法，将产品品种设置生产成本计算单，分别归集各种产品生产中发生的各项直接材料、直接人工等费用耗费，对于辅助生产费用等，须先行在辅助生产成本账户中归集，月末采用一定标准、方法在不同受益对象之间进行分配。经过间接费用分配，某种产品生产中发生的各项耗费，全部归集在该产品生产成本明细账之中。如果月末该产品全部完工，则其账户所归集的全部费用就是其总成本，再除以产量，即单位产品成本。

（6）计算产品的总成本和单位成本　在品种法、分类法、分批法、定额法下，产品成本明细账中计算出的完工产品成本即产品的总成本；根据各生产步骤成本明细账按顺序进行逐步结转或平行汇总，才能计算出产品的总成本。以产品的总成本除以产品的数量，即可计算出产品的单位成本。

（三）月成本计算方法

一般每个产房饲养员，可负责管理 60 头哺乳母猪的日常管理工作；每个配怀饲养员，负责管理 120 头母猪；每个公猪饲养员（兼配种员），负责管理 60 头公猪；每个保育饲养员，负责管理 1 000～1 200 头保育猪；每个育肥饲养员，负责管理 1 500 头育肥猪。

以 10 000 头的生产线为例，该生产线基本母猪群 500 头，每年可生产 10 000 头商品育肥猪。养猪场实行联产计酬的目标责任制，与企业签署责任书，实行场长负责制。对完成目标任务的经考核计发工资，超额完成的按规定给予奖金，未完成者按规定给予惩罚。

1. 饲料

（1）教槽料　（计划上市数＋50％存栏数）×0.6 kg。

（2）哺乳料　月分娩数×哺乳期平均料量 $[kg/(头·d)]$×24 d。

（3）促情料　月计划配种数×2.85 kg/（头·d）×7 d×1.1 kg/d。

（4）怀孕料　怀孕母猪数×30 d（或 31 d）×平均料量（kg/d）。

2. 药物

（1）仔猪药费　（计划上市数＋50％存栏数）×6 元/头。

（2）种猪药费　基础母猪存栏数×5 元/头。

（3）后备猪药费　月存栏数×20 元/头（5 个月）。

（4）疫苗费用

3. 杂物

（1）每头母猪杂物费用　1 元/月。

（2）仔猪杂物费用　（计划上市数＋50％存栏数）×0.31 元/头。

4. 投资计算　500 头母猪场，年产 10 000 头育肥猪猪场投资计算，约需猪场用地 33.75 亩，猪场建设投资 1 000 万元，种猪投资 100 万元，流转资金 200 万元，总投资 1 300 万元，年纯盈利 220 万元，投资回报率 17％。

（四）猪场经济效益分析

1. 提高猪场的经济效益是开办养猪场的最终目标　猪场的经济效益直接关系到养猪场的生存与发展，常与猪的品种、饲料价格、市场行情、管理水平等因素紧密相关。根据财务报表，了解过去的一个月或一年的基本财务情况。如：本月盈利 10 万元，总销售收入 100 万元，总成本 90 万元等。要分析总结盈利因素是出售价高、生产成本降低，还是其他因素带来的，以及各盈利因素的占比。

影响猪场经济效益主要因素：

（1）科学管理　管理是首位的，拥有优秀的场长是办好现代化猪场的前提条件，包括人的管理也包括猪群的管理。只有做到科学管理，才能提高母猪的年产胎数、胎均产活仔数，才能降低饲料消耗，提高猪的成活率和生长速度。

（2）环境适宜　环境有大环境与小环境之分。大环境指养猪的形势、政策、市场等；小环境指猪场周边的局部环境，特别是防疫环境、环保环境等。环境要适合养猪。

（3）配方科学 配方科学是保证生猪饲料营养的基础。饲料是养猪业的关键，一般占生产成本的 60%～80%。合理使用饲料，降低饲料成本，对提高猪的经济效益起重要作用。猪场应按照生猪不同阶段的需求来确定使用的饲料品种与型号。猪粮比价则是影响猪场经济效益的重要市场因素。习惯上把活猪的价格与玉米价格的比称为猪粮比价，盈亏临界点为（5～6）∶1，养殖基本处于盈亏平衡；大于（5～6）∶1，市场一般是盈利，如果还亏损，说明猪没养好；低于（5～6）∶1，市场一般是亏损的，经营好的也许不亏或少亏。

（4）品种优良 品种选择至关重要，目前杜长大外三元杂交猪仍是大多数育肥猪场主选的品种。充分利用杂种优势，饲养瘦肉型杂交猪，以提高饲料转化率、提高胴体瘦肉率、提高出栏猪的售价。

（5）严防疫病 疫病控制是猪场的生命线。猪病问题归根结底是饲养管理问题，猪场饲养管理搞得好，疫病就少。控制猪场疫病的关键是改变传统观念，实现从治疗兽医向预防兽医、保健兽医的转变。

2. 猪场盈利水平分析法 头均效益分析法就是用出栏猪头均盈利水平来代表整个猪场盈利水平的分析法。其前提是把猪场的所有成本费用都摊到出栏猪身上，包括母猪、公猪、后备猪的成本费用都摊到出栏猪身上。通常现代化猪场满负荷生产后，连续计算 3～5 年，商品猪场出栏猪头均效益 50～100 元、种猪场 100～200 元是正常水平。由此算来，基础母猪 500～600 头，年出栏 1 万头的猪场年均利润 50 万～100 万元，种猪场年均利润 100 万～200 万元属正常水平。

简单计算公式：

育肥出栏猪头均利润＝总利润/出栏猪总数

总利润＝总销售收入－总成本。

总销售收入＝销售量（头数）×单价（元/头）

总成本＝饲料成本＋药物成本＋其他成本或

总成本＝初生仔猪成本＋哺乳期成本＋保育期成本＋生长育肥期成本

出栏猪头均成本＝头均初生仔猪成本＋头均哺乳期成本＋

头均保育期成本＋头均生长育肥期成本

3. 以万头猪场经济效益分析为例　某场 2005 年的数据整理结果为出栏猪头均成本 756 元，其中 536 元头均饲料成本、28 元兽药成本、192 元其他成本。一般来说，管理经营好的猪场，饲料成本应占总成本的 70％～80％，头均药物成本控制在 15～30 元。头均饲料成本 536 元，占总成本的 71％，说明该场直接成本控制较好。可将 28 元头均兽药成本按消毒药成本 9 元、预防药成本 8 元、疫苗成本 7 元、治疗兽药成本 4 元计算，说明猪场药费结构合理，治疗费用少，大部分药费都用在预防保健上。预防保健做得好，病猪就少。

出栏猪头均成本 756 元，根据生产实际可细分为头均初生仔猪成本 117 元，哺乳期成本 270 元，保育期成本 69 元，生长育成期成本 300 元。这种成本细分方法可以分析各个饲养阶段的生产管理水平。比如头均初生仔猪成本过高，说明间接费用过高，母猪、公猪、后备猪饲养费用过高，或母猪繁殖成绩过低。

母猪年均提供出栏猪头数（PSY）与全群料重比为猪场经济效益分析中两个不可忽视的数据指标。每头母猪年均提供出栏猪数，代表一个猪场的生产技术水平，它几乎囊括了所有的生产指标，如母猪年产胎数、分娩率、胎均活产仔、成活率，再看全群料重比，就可直接判定猪场的生产成绩和经济效益。一般猪场，母猪 *PSY* 在 20 头以上，全群料重比（即全场所消耗的饲料总重/同期出栏猪总重）3.2 以下。

第七节　绩效考核与激励

一、绩效考核与激励总则

企业按月度和年度考核各养殖场。企业每年根据市场行情，对养殖场生产计划与生产成本核准一次。按企业核准的生产计划指标，分解为经产母猪繁育指标、保育猪出栏指标、育肥猪上市指标和外围事务四部分。

依据企业规划的年度生产目标及各场的实际情况，分别考核出栏、存栏数量、经济效益与生产成本、养殖团队建设和社会效益。对养殖场经费实行基数包干，分解各项生产计划指标到场，建立以经济效益为中心的养殖场绩效考核奖惩体系，严格成本核算，保障食品安全和生产安全。

二、养殖出栏生猪成本包干指标

后备母猪培育成经产母猪，基数为每头 1 000 元；出栏保育猪，基数为体重达 15 kg，每头 400 元；出栏商品猪，基数为体重达 110 kg，每头 800 元（不含保育猪基数）。企业以不高于90％的成本，将经费基数分解到各养殖场。企业所属各养殖场固定资产的新增，其金额 1 万元以上的维修和维护，需报企业批准，费用由企业拨付；金额 1 万元以下小型维修及所需零配件资金由包干经费中拨付。生物资产新增由养殖场根据需要向企业提出申请，费用由企业拨付。因为企业投资或决策缺陷，导致养殖场、饲料厂受到行政处罚，相关经费由企业拨付。人为原因所导致的行政处罚，由各场（厂）负担。重大疫情导致年度任务和目标无法实现，包干经费无法满足支出，企业按制定的工资基数的80％核发员工工资；防控重大疫情所需要的额外经费由企业拨付。

三、生产成本参考指标（最终以实际核算成本为准）

饲料成本按每年每头母猪 1.1 t 计算，每吨 4 400 元，公猪料分摊；疫苗成本每年每头母猪 1 500 元、保育前 800 元、育肥 700元；每头母猪水电费用 100 元；每头母猪人工费用 1 000 元；每头母猪低值易耗品 100 元；每头母猪固定资产折旧 100 元；每头母猪生物资产折旧 1 520 元。经计算：

每头母猪财务成本 7 590 元×10％＝759 元。

育肥成本＝(120 kg－6.0 kg) ×2.6 kg/头×3 600 元/t＝1 037 元/头＋500 元每头母猪折旧＝1 537 元。

出栏 *PSY* 指标：具体依各场实际情况确定。一般 *PSY* 不低于 22，*MSY* 不低于 20。

利润考核：按年度将养殖收入减除固定资产折旧、财务成本、人力成本等生产成本的利润，提成 30％，作为养殖场的绩效奖励，并将奖励方案报企业批准后执行。

第八节 提升猪场管理执行力

一、管理执行力不高的原因

(一) 管理人才缺乏

猪场管理人员一般从生产技术专业人员中提拔，存在管理理论与实践知识的不足。管理知识大多来源于师父的言传身教或自己揣摩，不专业、不系统，欠完整。

(二) 专业化系统化的猪场管理理论缺失

工业领域、商品销售领域、工厂管理领域的管理书籍很多，而涉农管理书籍非常少，尤其涉及猪场管理的书籍更少。管理人员想学习管理知识，一时难以找到合适的管理书籍，主要靠长期的生产管理积累和慢慢的摸索实践，以提升各自的管理水平。

(三) 行业条件限制

猪场是严格防疫单位，尤其在非洲猪瘟发生时期，防卫措施十分严格，一定程度上限制了管理人员与员工外出学习和提高。

(四) 管理人员代工

有的猪场管理结构层次和责任划分不明，员工流动性强，管理人员代替下级顶替工作现象普遍，一定程度上造成了猪场执行力下降。

(五) 管理中存在的其他问题

一种是依靠潜规则做事，一种是领导一竿子插到底。前者存在规则遗传递减问题，执行力无从谈起；后者的问题是当领导离开时就玩不转，工作推不开。

二、提升猪场管理执行力的措施

（一）打造执行结构，明确管理结构层次

养猪场的执行力首先取决于执行结构中的职责划分。没有清晰的执行结构和执行责任，就无法谈论执行力。

（二）建立执行流程，规范执行

现代管理流程化、标准化已经非常普遍。由于猪场的生产具有迟滞性，现在的工作往往需要数月后才能体现效率。因此，猪场管理的执行流程要对目标进行分解，制订各个阶段相应的标准和工作流程。比如配种，标准化的操作是执行流程的重要组成部分，对母猪静立反应时间、配种时间、人工授精精液倒流的数量、配种后静立时间、21 d 前后返情比例、25 d B 超妊检、配种后阴户异常分泌等量化和标准化后，就可以强化执行流程。只有建立了目标分解的标准化、数字化、表格化，才能建立较好的猪场执行流程。

（三）用制度来保障执行

一方面指制度的可执行性，另一方面指执行制度的保障措施、落实制度的具体措施。很多猪场都有制度，但是制度没有结合猪场的实际情况，很多是借鉴和摘抄的，执行起来较困难。执行制度时，必须建立数字化、表格化的签单，必须有监督、责任分担等措施，制度才能真正被执行，这是执行的关键。

（四）用绩效考核来激发员工的内在动力

一些管理者认为猪场的绩效考核是产量。然而由于猪场管理的迟滞性，没有过程的跟进，难以实现理想的结果。不容置疑，场长必须加强对主管的管理。管理人员必须将目标任务分解为绩效考核可操作的具体分目标，对分目标的完成可实行过程控制，才可能保障任务目标向既定的结果目标方向发展。

（五）加强落实与检查，强化执行力

工业管理通过流程中的检查，落实强化执行。猪场管理大多通过领导关注，落实强化执行，导致执行力差异显著。"员工只做领

导检查的东西"，这是生产管理中常见的现象。要改变这种现象，必须推行检查的常规化、规范化。只有通过不断地检查、不断地改正不足，才能强化执行力。处罚人或事的时候，一定要有文字记录，并通知本人。执行一定要强调时效性，现场抓紧落实。

（六）强化培训与学习，反复强化执行以形成执行文化

重视培训与学习，是衡量企业执行力的标准之一。文化对团队的影响是潜在的，也是实实在在的。大家都这么执行，就会形成规范，强化执行力，注重限制和无形处罚。管理讲究明确，要指出下属干什么，怎么干，何时干完，成交与标准是什么等。培训与学习就是要明确执行的方式、方法、管理。其实检查督促的过程也是执行文化形成的过程。当然，通过执行操作，反复强化执行，也就形成了执行文化。对企业而言，行动养成习惯，习惯成就文化。养猪是传统行业，经营管理的重点主要针对成本控制与市场通道。打造好猪场管理的执行力，形成猪场的执行文化，有利于猪场在成本控制上居于不败之地。

第九节　营销管理

营销方式各种各样，多体现为传统渠道与网络营销渠道相结合。互联网作为新鲜事物，已经时时刻刻影响生活和思维，互联网或电商是一种思维方式或者生活方式，它的本质是产品思维、用户的思维、平台的思维，这是一种真真实实的价值。以交易为起点，让人体验到互联网的快乐，让互联网成为一个愉悦体验的平台。所有与生猪生产有关的东西，凡能在网上采购的，均可在网上销售。坚持召开周会，对一周的生产情况进行总结与分析。对采购部采购物品进行评价，促使采购的产品合格率达到100％。通过互联网，让价格透明化，不仅能降低猪场的采购成本，还能降低兽药企业的销售成本，减少其中的灰色部分成本，所以猪场要真正降低成本，开通互联网电商渠道，进行网上交易，让用户感受到一种实在的价值传递。

　　要实现生猪产品的网上交易，必须努力做到产品的标准化、服务标准化、线下体验和线上互动。在产品质量上，要顺应时代和客户的要求不断变化，尽量做到质量稳定，符合国家或企业产品标准；在服务上，企业要用服务的标准化来弥补，需要以客户为核心，时刻关注客户的感受和体验；就生猪产品交易而言，网上交易大多是通过线下体验和线上互动实现的，一般来说，线上的客户是感性消费，而线下客户多是理性消费。做好线下体验，需要通过线上服务和数据化对客户进行跟踪。网络营销的核心是关注交易背后的数据和信息，当数据和信息量足够的时候，能够更好地促进理性消费，想方设法，搞好营销管理。

第 四 章

猪场生产计划制订

　　现代化猪场合理的猪群结构、组成及周转是猪场均衡生产和提高效率的关键因素。在实施母猪批次化生产技术*周间管理的猪场，必须从猪舍设计、种猪选育、分群饲养、同期发情、后备种猪培育、猪场记录等一系列方面进行研究和相应调整，包括各种工艺参数的制订、存栏数和各类生猪存栏量的计算，是场长制订生产计划的重要依据和前提。

　　生产周期间隔的时间取决于猪场拥有能繁母猪的数量。猪场规模越大，生产周期越短。母猪发情周期为 21 d，是一周 7 d 的 3 倍。因此大多数猪场采用 7 的倍数为一个批次的生产周期。生产中常采用 7 d 制生产周期制订生产计划和安排生产管理，称为周间管理。

　　周间管理就是按照周生产节奏，将母猪分批配种、怀孕、分娩，商品猪分批饲养、育肥和销售的流水线作业，各生产环节全进全出的管理模式。猪场通过有效的周间管理，严整的工艺流程，各生产环节能按时完成任务并紧密配合，连续均衡有节奏地生产，能有效切断病原微生物在猪场的传播，使每批母猪生产日龄相近，抗

---

　　* 母猪批次化生产技术是指通过同期发情、定时输精、同期分娩等技术调控母猪繁殖周期，实现同一批次母猪"全进全出"且断奶、配种和分娩时间相同的猪场高效管理生产技术体系。也是利用一系列管理手段或者生物技术手段等，根据母猪群规模及实际栏舍数量，将猪群生产工作按照计划分群管理，将原先每天几乎都有的配种、分娩和断奶等连续工作集中在一个较短的周期内完成的生产管理体系。

体水平一致，大大提高猪场的整体免疫水平，并最大限度地利用猪舍设施，增强生物安全，提高生产效益。实际生产中常用年出栏育肥猪总数或拥有的基础能繁母猪总数，按 7 d 一个生产周期，计算制订生产参数、不同猪群的存栏数和占栏数。

第一节　现代化猪场猪群结构、
猪群组数的简单计算

各类猪群数量及其猪群组数是猪舍规划设计的重要依据。猪场采用 7 d 制的繁殖节律，故猪群组数等于饲养周数。

一、猪群结构与猪群周转

各类猪群之间的数量关系即猪群结构。基于各阶段猪生理需求的不同，将处于同一生理阶段的猪组成一个群体，集中饲养在相同类型的猪舍内，提供统一的饲养管理和相同的饲养环境。按从猪出生到出栏的过程，依次分为空怀配种母猪群、妊娠母猪群、哺乳母猪群、哺乳仔猪群、保育仔猪群、生长育肥猪群、公猪群和后备公母猪群。

现代化猪场一般按照猪的生理阶段和生产流程，将处于相同生理阶段的猪组成的群体饲养在对应类型的猪舍内，采用统一的饲养和环境管理，当猪群在该类型猪舍内度过了特定的生理阶段而进入下一个生理阶段时，将其转入与之适应的猪舍内饲养，原来使用的猪舍经冲洗消毒处理，作为下一批次猪群的饲养舍的过程，即猪群周转。按照生产流程，实施猪群周转可以为各特定生理阶段的猪群提供适宜的饲养环境，切断疫病传播，且能确定各种类别猪舍的最小建筑面积。

二、猪场生产工艺参数

猪场生产工艺参数包括繁殖节律（d）、仔猪哺乳期（d）、仔猪保育期（d）、母猪断奶至发情的时间间隔（d）、妊娠期（d）和繁殖周期（d）等。

繁殖节律（d）又称生产节拍，是相邻两群哺乳母猪转群的时间间隔。根据猪场规模的大小，繁殖节律有 1 d、2 d、3 d、7 d、10 d、12 d 制。繁殖节律变大，则猪群组数变少。规模较小的猪场一般采用 10 d 或 12 d 制；年出栏 1 万～3 万头商品肉猪的猪场则多采用 7 d 制；年出栏 5 万～10 万头商品肉猪的猪场，采用 1 d 或 2 d 制。按生产计划，在一定时间内对一群母猪进行配种，受胎后，则组成了一定规模的生产群，这样就保证了分娩后哺乳母猪的数量，而获得计划数量的仔猪。

生产周期即母猪批次化生产中的相邻两批母猪的分娩时间间隔（天数）。大多数猪场采用 7 的倍数为一个批次的生产周期。制订 7 d 制生产周期，有利于制订生产计划，也有利于建立有秩序的工作和休假制度。

三、饲养时间和猪群组数的确定

每一类别的猪群在所对应的猪舍内的饲养时间（d）与生产工艺参数相对应。猪群组数的计算可以按照公式（1）来计算：

猪群组数=［猪群在对应猪舍内的饲养时间（d）］/［繁殖节律（d）］

公式（1）

母猪妊娠期一般是 114 d，假定母猪在妊娠期的 107 d 转入分娩舍，即提前 1 周，且母猪在空怀配种猪舍内配种后原地观察是否成功受孕的时间为一个发情周期 21 d，则母猪在妊娠猪舍的饲养时间为 86 d（=114−7−21），则饲养时间约为 12 周（114 d 是母猪妊娠期的理论时间，实际允许有误差）。假定猪场采用 7 d 制的繁殖节律，妊娠母猪猪群组数为 12 组（=86/7）。同理，假定仔猪采用 21 d 断奶，哺乳母猪在分娩哺乳猪舍内饲养时间为 28 d（母猪在分娩前 7 d 转入，加上仔猪在分娩哺乳猪舍内饲养 21 d），则哺乳母猪群组数为 4 组（=28/7）。其他类别的猪群组数依次类推。若猪场采用的繁殖节律是 1、2、3、10、12 d 制，则将繁殖节律作为分母带入公式（1）。由于不同猪场采用的生产工艺参数可能不一样，同样可以将某一生理阶段的猪在对应猪舍内的饲养时间作为分子，繁殖节律作为分母计入公式（1）中，计算出猪群的组数。事实上，计算出来的猪群组数并不都是整数，但可以取整数，如计算结果是 4.43，则猪群组数可认为是 5 组。

四、猪群组数计算案例

（一）猪群数量组数计算案例一

以自繁自养猪场年出栏 1 万头商品猪为例计算。

1. 确定生产工艺流程

首先按照生产过程及猪的生理阶段，确定猪场的生产工艺流程（图 4-1）。

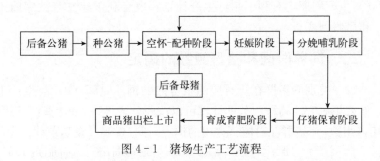

图 4-1　猪场生产工艺流程

2. 猪群结构计算

（1）年总产 1 193 窝数的计算　年出栏商品肉猪 1 万头的猪场，每头母猪每窝均产活仔猪数为 10 头，哺乳阶段的仔猪成活率为 90%，断奶保育阶段的仔猪成活率为 95%，育成育肥阶段猪的成活率为 98%。则猪场母猪年产总窝数按公式（2）计算，得到猪场的母猪产总窝数是 1 193 窝/年。

$$年产总窝数 = \frac{计算年出栏头数}{窝均产仔数 \times 各阶段的成活率}$$

公式（2）

即：年产总窝数 = 10 000/10 × 90% × 95% × 98% = 10 000/0.837 9 = 1 193

（2）每周转群头数的计算　每周分娩 23 头母猪数计算。猪场采用 7 d 制繁殖节律，1 年 365 d 计为 52 周，则每周有 1 193/52＝23 头母猪成功分娩。

每周妊娠 24 头母猪数计算。假定生产工艺参数中妊娠母猪分娩率为 95％，则每周有 23/0.95＝24 头母猪妊娠。

每周 30 头配种母猪数计算。假定母猪的情期受胎率为 80％，则意味着有部分母猪虽然参加了配种，但可能出现返情和流产等情况。为了保证每周都有 24 头母猪成功妊娠，则每周需要 24/0.80＝30 头空怀母猪参与配种。

每周 230 头哺乳仔猪数计算。每周有 23 头母猪分娩，假定平均产活仔猪 10 头/窝，则每周出生的活仔猪为 23×10＝230 头。

每周 207 头断奶仔猪数计算。每周有 230 头仔猪出生，假定仔猪在哺乳期的成活率是 90％，则每周有 230×0.9＝207 头仔猪断奶转入保育猪舍。

每周 196 头保育仔猪数计算。仔猪断奶后进入保育舍，该过程持续到 70 日龄。假定保育仔猪成活率为 95％，则每周将有 207×0.95＝196 头仔猪转入育成期。

每周 192 头育成育肥猪数计算。每周转入的 196 头 70 日龄仔猪，假定育成育肥期的成活率为 98％，则每周出栏的育肥猪 196×0.98＝192 头。

（3）猪群组数的计算　猪群组数按公式（1）计算。假定猪场确定的生产工艺参数为：母猪断奶至发情的时间间隔 10 d；母猪妊娠期 114 d，在空怀配种舍 10 d 再发情，配种后继续在该猪舍内停留 1 个发情周期（21 d），以鉴定妊娠成功与否，则母猪在空怀猪舍内的停留时间是 31 d（＝10＋21），母猪提前 7 d 转入分娩哺乳猪舍，因此母猪在妊娠猪舍内饲养 84 d（84＋7＋21＝112，约 114 d）；仔猪采取 21 d 断奶，事实上母猪在分娩哺乳猪舍饲养 28 d（＝7＋21），仔猪饲养 21 d；断奶仔猪在保育猪舍饲养到 70 日龄，因此饲养时间是 49 d（＝70－21）；此后，转入育成育肥猪舍饲养至 180 日龄到达 90 kg 体重上市，在猪育肥舍内饲养 110 d（＝180－70）。

各类猪群在对应猪舍的饲养时间作为分子，繁殖节律 7 d 作为分母，二者的比值即猪群组数。

各类猪群的数量与猪群组数的乘积则为该类猪群的总头数。

年出栏 1 万头商品肉猪自繁自养猪场猪群饲养期、猪群组数、每组猪群的数量和各类猪群的存栏数，见表 4-1。

表 4-1　万头商品肉猪自繁自养猪场猪群结构

猪群分类	舍内饲养时间(d)	猪群组数(组)	每组(每周)数量(头)	存栏总数(头)	说明
空怀配种母猪	31	31/7＝4.42≈5	30	150	繁殖节律采用 7 d 制；猪群组数是小数的可取整数；事实上，完整的猪群结构还应包括种公猪群、后备公猪群和后备母猪群，但是公猪群体数量与配种方式有关，后备母猪群体与猪场母猪的淘汰制度有关，在此不进行阐述；每组猪群数量采用倒推法计算，从年出栏数量推算出每一猪群的数量
妊娠母猪	84	84/7＝12	24	288	
哺乳母猪	28	28/7＝4	23	92	
哺乳仔猪	21	21/7＝3	230	690	
保育仔猪	49	49/7＝7	207	1 449	
生长育肥猪	110	110/7＝15.71≈16	196	1 176	
统计				10 192	
年产 2.25 窝	365/(31＋84＋28＋21)＝2.25 窝			—	

（二）猪群数量组数计算案例二

以 600 头基础母猪、实行周间管理的猪场为例，计算制订生产参数、不同猪群的存栏数和占栏数。

1. 制订生产工艺流程　见图 4-2。

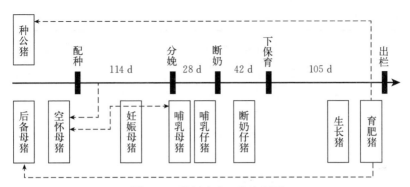

图 4-2 猪场生产工艺流程图

猪场批次生产工艺参数见表 4-2。

表 4-2 批次生产工艺参数

生产工艺类型	参考值
生产周期（d）	7
配种后确定妊娠（d）	21
妊娠期平均天数（d）	114
（哺乳仔猪期）平均断奶日龄	28
断奶至配种平均间隔（d）	7
（保育仔猪期）保育期平均天数（d）	42
（生长猪期）生长期平均天数（d）	56
（育肥猪期）育肥期平均天数（d）	49
公母比例	1∶100
栏舍转猪后空栏天数（d）	7
生产性能测定评估优秀公猪转后备猪生长达 130～140 kg（d）	70
生产性能测定评估优秀母猪转后备猪生长达 130～140 kg	70
配种妊娠率（%）	85
妊娠母猪分娩率（%）	95
哺乳仔猪成活率（%）	95
保育猪成活率（%）	95

（续）

生产工艺类型	参考值
生长猪成活率（%）	98
育肥猪成活率（%）	99
公猪死淘率（%）	5
公猪年更新率（%）	33
母猪死淘率（%）	5
（基础）母猪年更新率（%）	33

2. 平均繁殖周期和年产胎次的计算 在整个繁殖周期中，母猪的哺乳期和妊娠期是基本不变的，而空怀期则与母猪的配种妊娠率和分娩率有关。

非生产天数（non‐productive days，NPD）是指任何一头生产母猪和超过适配年龄（大多设在 230 日龄）的后备猪，没有怀孕、没有哺乳的天数，称为非生产天数。其中，有 3～10 天断奶至配种间隔是必需的，在此期间母猪要准备发情，称必需非生产天数。一些怀孕母猪从配种到流产、死胎的天数称非生产天数 NPD，即非必需非生产天数。

$$NPD=365-[L/F/Y×(LL+GL)]$$

式中，$L/F/Y$ 是指每头母猪每年所产窝数，称胎指数；LL 为母猪泌乳期天数；GL 是指母猪从配种到分娩的妊娠天数，一般是 114 d。对于一个现代化猪场，期望每头母猪每年产 2.3 窝，28 d 断奶，当然怀孕期是 114 d，则 $NPD=365-[2.3×(28+114)]=39$ d。

空怀母猪期＝断奶至发情期＋21×（1－配种妊娠率）＋（妊娠母猪天数/2）×配种妊娠率（受胎率）×（1－妊娠母猪分娩率）＝7＋21×（1－0.85）＋［（114－21）/2］×0.85×（1－0.95）＝12.126 25（d）

平均繁殖周期：妊娠母猪期＋哺乳母猪期＋空怀母猪期，即 114＋28＋12.126 25＝154.126 25（d）

年产胎次：365/平均繁殖周期＝365/154＝2.37 胎

或年产胎次：$365/(114+28+7+x)$

式中，以 28 d 断奶为例，7 d 为必需非生产天数，x 代表每胎非必需非生产天数，当 $x=10$ d 时，年产胎次＝2.295，则每头母猪年非生产天数（NPD）39 d，属于较高生产水平；当 $x=25$ d 时，年产胎次＝2.097，则每头母猪年非生产天数 67 d，属于一般生产水平。

3. 批次化生产阶段各猪群数量的计算　以 600 头母猪群，按照一周一批次生产，一年可生产 52 批次。将生产参数代入相应计算公式，各阶段猪群的计算结果见表 4-3。

表 4-3　600 头基础母猪一周批次各阶段类型猪数量

一周批次 各阶段类型猪	计算公式	数量	备注
分娩数（胎）	$(600×2.37)/52$	27	能繁母猪×年产胎次/52 周
配种母猪数（头）	$27/(85\%×95\%)$	34	（分娩数（胎）/（配种妊娠率×妊娠母猪分娩率）
断奶仔猪数（头）	$27×10×95\%$	257	分娩母猪数（头）×设每窝产活仔数为 10 头×哺乳仔猪成活率
下床保育仔猪数（头）	$257×95\%$	244	断奶仔猪数（头）×保育猪成活率
转育肥猪数（头）	$244×98\%$	239	下床保育仔猪数（头）×生长猪成活率
出栏猪头数（头）	$239×99\%$	237	转育肥猪数（头）×育肥猪成活率
年补充后备母猪数（头）	$600×33\%/(1-5\%)$	209	能繁母猪×年产胎次×年更新率×保育猪成活率
补充后备母猪数（头）	$209/52$	4	年补充后备母猪数/头/每年总周数

五、猪群存栏数与占栏数计算

600 头基础母猪规模场，母猪 7 日制批次化各猪群存栏数与占栏数计算结果见表 4-4。

表 4-4　600 头基础母猪规模场，母猪 7 日制批次化各猪群存栏数与占栏数

猪群类型	周批次数量（头）	每周存栏数量（头）	每周占栏数量（头）	备注
空怀母猪群	34	170	204	每周配种 34 头，空怀期占栏 2 周，从配种到确定妊娠在空怀舍饲养占栏 3 周，空怀舍清洗消毒 1 周，空怀母猪存栏数 170 头，加上消毒占栏 34 个
妊娠母猪群	29	348	377	每周确定妊娠数 29 头。配种至确定妊娠 3 周，分娩前 1 周上产床，饲养妊娠母猪天数 12 周，妊娠舍清洗消毒 1 周，繁殖母猪存栏数 348 头，加上消毒占栏 29 个
哺乳母猪群	27	135	189	每周分娩母猪数 27 头，母猪在栏时间 5 周（提前 1 周进入产床，哺乳期 4 周），断奶后仔猪留在原圈饲养 1 周，清洗消毒 1 周，共计 7 周，计算得哺乳母猪 135 头，加上消毒占栏 27 个
哺乳仔猪群	270 ［（分娩母猪数（头）/周）×设每窝产活仔 10 头］	1 080	0	设每窝产活仔数 10 头，哺乳期 4 周，共计哺乳仔猪 1 080 头。因哺乳仔猪在产床上，不另行计算占栏头数
保育仔猪群	257	1 542	1 799	每周断奶仔猪数 257 头，保育期 6 周，空圈清洗消毒 1 周，共计饲养保育猪数 1 542 头，加上消毒占栏 257 个

（续）

猪群类型	周批次数量（头）	每周存栏数量（头）	每周占栏数量（头）	备注
生长猪群	244 [下床保育仔猪数（头）/周]	1 952	2 196	每周下床数保育猪数 244 头，生长猪饲养期 8 周，空圈清洗消毒 1 周，共计饲养生长猪 1 952 头，加上消毒占栏 244 个
育肥猪群	239	1 673	1 912	每周转育肥猪数 239 头，育肥猪饲养期 7 周，空圈清洗消毒 1 周，共计饲养育肥猪 1 673 头，加上消毒占栏 239 个
后备母猪群	—	40	44	每周选育后备母猪 4 头，饲养期 10 周，空圈清洗消毒 1 周，共计饲养后备母猪 40 头，加上消毒占栏 4 个
公猪群	—	8	10	按照 1∶100 的公母比例，饲养公猪数 6 头。按照 33% 的年更新率，则需饲养后备公猪 2 头，另备用 2 个清洗消毒栏
合计	—	6 948	6 769	—

第二节　周间管理模式下猪舍设计

一、基本生产参数设定

以 500 头生产猪群为例计算，基本生产参数见表 4-5。

表 4-5　基本生产参数

生产指标	参数	计算	备注
能繁母猪（头）	500	—	—
断奶日龄	28		

（续）

生产指标	参数	计算	备注
母猪分娩率（%）	88	—	—
母猪年产胎次（胎）	2.3	—	—
母猪繁殖周期（d）	159	114＋28＋17	怀孕 114 d，哺乳 28 d，母猪非生产天数 17 d
平均活仔数（头/胎）	11	—	0～5 周龄育成率 95%
保育猪数（头/胎）	10.45	—	6～10 周龄育成率 97%
育成育肥猪数（头/胎）	10	—	11～24 周龄育成率 98%
出栏育肥猪数（头/胎）	9.8	—	2.3 胎/年
胎平均年育成猪数（头）	22.5	—	9.8×2.3＝22.5 头
年产总胎数（胎）	1 150	500×2.3	2.3 胎/年，500 头经产母猪
每周应产胎数（胎）	22	1150/52	年总产胎数/年周数
每周应配母猪数（头）	25	22/0.88	每周应产胎数/分娩率（88%）
每周哺乳仔猪数（头）	242	22×11	每周应产胎数×胎产平均活仔数
每周保育猪数（头）	230	242×95%	每周仔猪哺乳头数×0～5 周龄育成率（95%）
每周育成育肥猪数（头）	223	230×97%	每周保育猪头数×6～10 周龄育成率（97%）
每周育肥猪出栏（头）	218	223×98%	每周育成育肥猪头数×11～24 周龄育成率（98%）
每周需后备母猪（头）	4	500×30%/75%/52	母猪按 30% 淘汰率，选留率（75%）

二、周间管理各猪群存栏数与占栏数

500头基础母猪周间管理各猪群存栏数与占栏数见表4-6。

表4-6　500头基础母猪周间管理各猪群存栏数与占栏数

猪群类型	周批次数量（头）	存栏数量（头）	每周占栏数量（头）	备注
空怀母猪群	25	125	150	每周配种25头，空怀期占栏2周，猪配种后留在空怀猪舍饲养直到确定妊娠占栏3周，空怀母猪舍清洗消毒1周，空怀母猪存栏数为125头，加上消毒占栏25个
待配母猪栏	—	30	5	生产母猪-（妊娠母猪前期限位栏＋妊娠母猪后期限位栏＋分娩栏母猪）=500-（96＋264＋110）；每栏6头，需5个大栏（母猪哺乳在栏时间5周，母猪分娩栏为22×5周）
妊娠母猪前期限位群	24	96	120	每周配母猪25头（设情期受胎率93%），在养4周，需96个限位栏，加上清洗消毒1周，加上消毒占栏24个
妊娠母猪后期限位群	22	264	286	每周确定妊娠头数为24×93%＝22头，配种后至确定妊娠为3周，分娩前1周上产床，饲养妊娠母猪天数为12周，妊娠母猪舍清洗消毒1周，繁殖母猪存栏数264头，加上消毒占栏22个（设定受胎率93%）
哺乳母猪群	22	132	154	每周分娩母猪数22头，母猪在栏时间5周（提前1周进产床，哺乳在栏4周），断奶后仔猪留在原圈饲养1周，清洗消毒1周，共计7周，计算得哺乳母猪132头，加上消毒占栏22个（产床利用7周，需要7个单元，每单元22个产床，每个产床1头，共需产床154个）

（续）

猪群类型	周批次数量（头）	存栏数量（头）	每周占栏数量（头）	备注
哺乳仔猪群	242 [分娩母猪数（头）/周]×设每窝产活仔数 11 头	968	0	设每窝产活仔数 11 头，每周应产胎数 22 胎，哺乳期 4 周，共计哺乳仔猪 968 头 因哺乳期仔猪饲养在妊娠母猪产床，不另外计算占栏头数
保育仔猪群	230	1 150	1 380	每周断奶仔猪数 230 头，保育期 5 周，空圈清洗消毒 1 周，共计饲养保育猪数 1 542 头，加上消毒占栏 230 个；每栏 1 头，共 1 380 个栏。或保育栏利用 6 周，则需要 6 个单元，22 栏/单元，1 窝/栏，需保育栏 132 个
生长猪群	223 头 下床保育仔猪数（头）/周	1 864	2 087	每周下床数保育猪数 223 头，生长猪饲养 8 周，空圈清洗消毒 1 周，共计饲养生长猪 1 864 头，加上消毒占栏 223 个
育肥猪群	218 头	1 526	1 744	每周转育肥猪数 218 头，育肥猪饲养期 7 周，空圈清洗消毒 1 周，共计饲养育肥猪 1 526 头，加上消毒占栏 218 个
后备母猪群	—	68	12	每周选育后备母猪 4 头，饲养期 17 周（50～120 kg），空圈清洗消毒 1 周，共计饲养后备母猪 68 头，加上消毒占栏 4 个；每栏 6 头，需 72/6＝12 个大栏

（续）

猪群类型	周批次数量（头）	存栏数量（头）	每周占栏数量（头）	备注
公猪群	—	16	18	按照 1∶42 的公母比例，饲养公猪数 12 头。同时，按照 33% 的年更新率，则需饲养后备公猪 4 头，共 16 个单栏，1 头/栏，另外 2 个备用清洗消毒栏，需 18 个公猪栏。自然交配按 1∶20 公母比例，需 20 头生产公猪，8 头后备公猪

三、不同猪群类型栏位面积

不同猪群类型栏位面积计算见表 4 - 7。

表 4 - 7　不同猪群类型栏位面积（m^2）计算

栏舍类型	单个生产栏位推荐面积	栏舍面积	备注
空怀母猪群	每头 1.8	270	总空怀母猪存栏数×1.8＝150×1.8（每栏限 1 头）
后备及待配母猪栏（半漏缝地面）	每头 1.8	54	［生产母猪－（妊娠母猪前期限位栏＋妊娠母猪后期限位＋分娩栏母猪）］×1.8＝［500－（96＋264＋110）］×1.8＝30×1.8（每栏限 1 头）
妊娠母猪限位栏（半漏缝地面）	2.1×0.6＝1.26	520	（每周妊娠母猪前期限位占栏数量＋每周妊娠母猪后期限位占栏数量）×1.26＝(120＋286)×1.26
哺乳母猪分娩栏（高床）	1.8×2.2＝3.96（两个产仔栏共用一个仔猪保温区）	610	总产床个数×3.96＝154×3.96（每栏限 1 头）

（续）

栏舍类型	单个生产栏位推荐面积	栏舍面积	备注
哺乳仔猪栏	同哺乳母猪 分娩栏（高床）	610	因哺乳期仔猪饲养在妊娠母猪产床，不另外计算占栏头数
保育栏 （高床）	2.0×3.0＝6.0 （10头/栏，0.6 m²/头）	828	总保育栏个数×0.6＝1 380×0.6 （每栏限1头）
生长育肥栏 （半漏缝地面）	10 m²/栏，每栏10头，每头1.0（如两窝合并，则栏数减半，面积加倍）	3 831	（总生长猪栏个数＋总肥猪栏个数）×1.0＝（2 087＋1 744）×1.0 （每栏限1头）
后备母猪群	每头1.8	130	总后备母猪栏个数×1.8＝72*×1.8
公猪 （半漏缝地面）	3.0×2.4＝7.2	130	总需公猪栏个数×7.2＝18×7.2 （每栏限1头）
合计		6 983	6 983/666.6＝10.5亩

＊参见表4-6中后备母猪群栏位数。

四、猪舍分布及猪场面积

实施周间管理的500头基础母猪场，重点安排在分娩舍、保育舍及育成育肥舍实施生猪全进全出。按周间管理模式设计妊娠舍3栋，分娩舍7栋，保育舍6栋，育肥舍15栋，后备母猪、待配母猪及配种舍1栋，公猪舍1栋（包括采精室）。按每出栏一头育肥猪0.8～1.0 m²计算猪舍总建筑面积，需12～15亩。按每出栏一头商品育肥猪0.12～0.15 m²计算猪场的其他辅助建筑总面积，约1 500 m²，需1.8～2.3亩。场区占地总面积，按每出栏一头商品育肥猪2.5～4.0 m²或按每头繁殖母猪40～50 m²计算，需37.5～60亩。猪场建筑物采取密集型布置方式，建筑物实际面积占场地总面积的百分数即建筑系数多为20％～35％。猪舍跨度以9～12 m为宜，每栋猪舍纵向间距7～9 m，墙间距10～12 m，猪舍墙与围墙间距不低于10 m。

建筑设施按管理区、生产区和隔离区 3 个功能区布局，各区界限分明，联系方便。管理区应位于生产区上方，满足常年主导风向的上风向及地势较高处的条件；隔离区应位于在场区常年主导风向的下风及地势较低处。各功能区之间有防疫隔离带或围墙隔开，且间距不少于 50 m。

五、存栏猪数与栏舍配置

(一) 存栏猪数

设定：母猪年产窝数 2.2 窝，母猪窝产仔数 11 头，节律数 7 d，配种妊娠率（受胎率）85%，配种后观察确定妊娠天数21 d，断奶后配种天数 10 d，哺乳期 28 d，产前 7 d 进入产房，妊娠母猪分娩率95%，窝产活仔率90%，哺乳仔猪成活率95%，断奶仔猪成活率96%，生长猪成活率98%，育肥猪成活率99%，年更新率33%，公母比例 1∶(15～25)。年产胎次按 365/平均繁殖周期或年产胎次 [即 365/(114+28+7+x)] 计算，式中平均繁殖周期为妊娠母猪期＋哺乳母猪期＋空怀母猪期 [空怀母猪期＝断奶至发情期＋21×(1－配种妊娠率)＋(妊娠母猪天数/2)×(1－妊娠母猪分娩率)] 或 365/(114+28+7+x) 式中以 28 d 断奶为例，7 d 为必需非生产天数，x 代表每胎非必需非生产天数，当 $x=10$ d 时，年产胎次=2.295，则每头母猪年非生产天数 39 d，属于较高生产水平；当 $x=25$ d 时，年产胎次=2.097，则每头母猪年非生产天数67 d，属于一般生产水平。

1. 成年母猪头数＝年出栏商品猪数/每头成年母猪年提供的商品猪数

2. 每头成年母猪年提供的商品猪数＝窝平均产仔数×年产窝数×窝产活仔率×哺乳仔猪成活率×断奶仔猪成活率×生长猪成活率×育肥成活率

3. 后备母猪数＝成年母猪数×年更新率

4. 公猪数＝成年母猪数×公母比例

5. 后备公猪数＝公猪数×年更新率

6. 空怀配种母猪数＝成年母猪头数×年产胎次×(断奶后配种天数＋观察天数)/365×受胎率

7. 妊娠母猪数＝(成年母猪头数×年产胎次×饲养日数)/365

饲养日数＝(114－21－7)，式中21 d为配种观察天数，7 d为产前进入产房天数。

8. 分娩母猪数＝成年母猪数×年产胎次×饲养日数/365

饲养日数＝(28＋7)，式中饲养日数＝哺乳期天数＋提前进入产房天数。

9. 哺乳仔猪数＝成年母猪数×年产胎次×每胎产活仔数×哺乳成活率×饲养日数/365

式中，哺乳仔猪数是指断奶时的哺乳仔猪数。

10. 保育仔猪数＝断奶仔猪数×保育成活率×(保育天数/哺乳天数)

式中，保育仔猪数是指保育末期的保育仔猪数。

11. 生长育肥猪数＝保育仔猪数×育肥成活率×(育肥天数/保育天数)

式中，生长育肥猪数是指育肥末期的猪数。

(二) 猪群周转

1. 繁殖周期＝妊娠天数＋哺乳天数＋配种天数

2. 母猪分群数＝繁殖周期/节律数 (节律数为7 d)

3. 每周分娩母猪数＝成年母猪数/母猪分群数

4. 每周配种数＝每周分娩母猪数/配种受胎率

5. 每周产活仔数＝每窝产活仔数×每周分娩母猪数

6. 每周断奶仔猪数＝每周产活仔数×哺乳成活率

7. 每周转入生长育肥的仔猪数＝每周断奶仔猪数×保育成活率

8. 每周出栏肥猪数＝每周生长育肥猪数×生长期成活率

9. 全年出栏肥猪数＝每周出栏肥猪数×全年周数

(三) 猪舍栏位配置

某类猪群的栏位数＝某类猪群的分群猪数×(饲养日数＋清洗消毒日数)/(7＋每栏猪数)＋机动栏数＝繁殖周期/节律数 (节律数

为 7 d)×(饲养日数＋清洗消毒日数)/(7＋每栏猪数)＋机动栏数

例如：分娩哺乳母猪栏数＝26×(35＋7)/(7＋1)＋10

保育栏数与分娩栏数相同

生长育肥栏数＝200×(110＋7)/(7＋10)＋8

(四) 种猪间的比例关系

种猪分种公猪与种母猪。种公猪分后备公猪和生产公猪，种母猪分生产母猪（经产母猪）和后备母猪。生产母猪按生产阶段分为妊娠母猪、哺乳母猪、断奶母猪、空怀母猪。后备母猪分后备前期和后备后期。

养猪场的种母猪胎次结构：1～2 胎占 20%～30%，3～6 胎占 60%～70%，7～8 胎占 10%～20%；8 胎以上基本淘汰；全场母猪平均胎次 3.5～4.5 为最佳。以自然交配为主的猪场，公母猪比例 1：(20～25)；以人工授精为主的猪场，公母比例1：(100～200)。

第三节　生产计划制订

以某猪场 2015 年生猪生产计划为例。

(一) 生产目标

年度生产出售生猪 7 157 头。其中出栏 105 kg 育肥猪 5 032 头，种猪 125 头，出售 25 kg 保育猪 2 000 头，80 kg 育肥猪 2 000 头。

(二) 财务预算

某猪场 2015 年生猪生产财务预算见表 4－8，年饲料消耗见表 4－9。

表 4－8　某猪场 2015 年生猪生产财务预算

收入	数量	单价	收入（万元）
25 kg 保育猪	2 000（头）	520 元/头	104
80 kg 育肥猪	2 000（头）	12 元/kg	192
105 kg 育肥猪	5 032（头）	14 元/kg	705

（续）

收入	数量	单价	收入（万元）
后备猪	125（头）	2 500 元/头	31.2
营业外收入（淘汰母猪）	—	—	1
母猪存栏	500（头）	3 000 元/头	150
公猪存栏	10（头）	3 000 元/头	3
合 计	—	—	1 186.2
支出			
饲料	2 475 t	3 200 元/t	792
损耗、药品	—	—	54
分摊费	—	—	10
工资	—	—	44.5
饮食补物	17 人	2 000 元	3.4
企业管理费	—	—	40
营业费用	—	—	18
固定资产折旧	—	—	30
母猪折旧	—	—	20
合 计	—	—	1 011.9
盈 利	—	—	174.3

表 4-9　某猪场 2015 年生猪年饲料消耗

年耗料	饲料品种	用料天数（d）	用料标准（kg/d）	总计（kg）	价格（元/kg）
基础母猪空怀期	妊娠前期料	18	2.5	49 500	3.2
妊娠前期	妊娠前期料	84	2.1	194 040	3.2
妊娠后期	哺乳母猪料	30	2.5	82 500	3.3
哺乳期	哺乳母猪料	28	5.3	163 240	3.3
7～28 日龄乳猪	乳猪料	21	0.03	4 648	4.5

（续）

年耗料	饲料品种	用料天数 （d）	用料标准 （kg/d）	总计 （kg）	价格 （元/kg）
29～42 日龄乳猪	乳猪料	14	0.48	48 585	4.5
43～65 日龄乳猪	仔猪料	28	1.08	218 633	3.6
66～115 日龄乳猪	育肥前期料	50	1.95	710 544	3.0
116～165 日龄乳猪	育肥后期料	45	3.03	993 668.5	3.2
种公猪		365	2.5	9 125	3.3
后备母猪		—	—	—	—
后备公猪		—	—	—	—
合计		—	—	2 474 483.5	—

注：基础母猪 500 头，后备母猪 125 头（基础母猪×25％），种公猪 10 头（基础母猪 50∶1），后备公猪 5 头（种公猪 2∶1），后备猪计入生长育肥猪，母猪年产 2.2 胎。哺乳期仔猪成活率 92％，保育期成活率 98％，育肥期 99％。

1. 生产性能指标 年出栏 10 000 头的商品猪场，需基础群生产母猪 600 头，公猪 24 头。周配种计划 24 头，周分娩计划 24 胎，每头母猪年平均生产计划 2.34 胎，每周计划生产仔猪 283 头，每胎平均产仔 11.8 头计，每周断奶仔猪 269 头；仔猪成活率 95％计，每周育成上市肉猪 261 头；育成率按 97％计，每年计 52 周，可育成上市肉猪 13 570 头。若按每头母猪平均年产 2.1 窝计算，则每年可产仔 1 260 窝，平均每周产仔 24 窝，即每周应有 24 头母猪配种，24 头母猪产仔，24 窝仔猪断奶进保育舍，24 窝育肥猪出栏。常年存栏 0.6 万头，年饲养量 1.6 万头。

（1）经产母猪产仔计算方式 年初存栏数×90％参配率×2.2窝×90％配种受胎率×90％分娩率×窝平均 10 头。

（2）63 日龄保育猪头数计算方式 产仔数×95％乳猪成活率×95％保育猪成活率。

（3）80 kg 以下后备母猪产仔计算方式 年初存栏数×90％参配率×1 窝×90％配种受胎率×98％分娩率×窝平均 9 头。

（4）80 kg 以上后备母猪产仔数计算方式 年初存栏数×90％

参配率×2 窝×90％配种受胎率×98％分娩率×窝平均 9.5 头。

（5）猪头数计算方式　产仔数×95％乳猪成活率×96％保育猪成活率×97％育肥猪成活率。

（6）商品猪数计算方式　保育猪数－种猪选留数。

（7）母猪淘汰数：年终按母猪实际淘汰数予以减除，母猪淘汰数不得大于 15％。

2. 劳动定员及工资管理　如某年，某猪场劳动定员 17 人。工资总量：以上交健康猪头数和 63 日龄种猪转群头数计。每头×××元计（育肥猪另加×××元/头），全年应交 8 000 头，其中 3 000 头100 kg，5 000 头 63 日龄保育猪，全年工资总额×××万元。

（1）场长 1 人　效益奖励工资由企业核准发给。

（2）副场长 1 人　效益奖励工资由企业核准发给。

（3）配怀线 3 人　①配种员 1 人。效益奖励工资计算方法为分娩率达到 85％，高一个百分点奖×××元，低一个百分点罚×××元。②饲养员 2 人。效益奖励工资计算方法为分娩率达到 85％，高一个百分点奖×××元，低一个百分点罚×××元。

（4）分娩线 3 人　效益奖励工资计算方法：交 28 日龄体重平均 7 kg 以上断奶合格仔猪，成活率达到 95％，超交 1 头奖×××元，超死 1 头罚×××元，28 日龄断奶仔猪，高 0.1 kg 每头加×××元，低 0.1 kg 罚×××元。

（5）保育线 2 人　效益奖励工资计算方法：交 63 日龄健康保育猪，成活率达到 96％，超交 1 头奖×××元，超死 1 头罚×××元；63 日龄保育猪，平均 22 kg，高 0.1 kg 每头奖×××元，低 0.1 kg每头罚×××元。

（6）育肥线 3 人，按生产需要拟定　每批次饲养 500 头猪成活率为 97％。效益奖励工资计算方法：成活率超过 97％，每头奖励×××元；成活率低于 97％，每头罚×××元。

（7）保管员兼统计、清洁工 1 人　奖励按猪场平均水平计算。

（8）炊事员兼青饲料种植、门卫 1 人　青饲料按实际收购的重量、价格计算工资。奖励按猪场平均水平计算。

（9）技术员2人　奖励按猪场平均水平计算。

（10）企业人员包括企业助理、顾问、销售主管、会计和出纳各1人　全年基本工资为×××万元。

3. 奖励办法

（1）完成企业下达的任务奖励×××万元；如果低于80％的达标率，取消所有奖励；为80％～100％，按实际完成达标率，进行奖励。所有奖励，场长不得超过40％，其余部分用于奖励猪场其他相关人员。超额完成部分，多交1头奖×××元，少交1头罚×××元。年终决算时兑现。

（2）饲料按月的实际存栏数进行计算。节约部分奖×××元/t。超出部分，每吨罚×××元。母猪饲料节约不奖，超出部分每吨罚×××元。青饲料按实际重量的15％扣除饲料，年终兑现到场。

（3）水电、燃料、医疗用品和低值易耗品，节约部分奖30％，超出部分罚20％，年终兑现到场。

（4）母猪淘汰率5％，6％～15％不奖不罚，达到16％，超死淘汰1头罚×××元，未达到5％，少死1头奖×××元，年终兑现到场。

（5）员工的效益工资按月统计计算，每3个月核算兑现一次。场长的效益奖励工资年终决算时兑现。

（6）工资发放标准为正、副场长每月发放工资定额的80％，每3个月结算兑现工资定额的15％。年底兑现工资定额的5％。员工每月发放工资定额的85％，每3个月结算兑现工资定额的15％。

第五章

猪场生产成本与绩效管理

　　场长是猪场成本核算的第一责任人，成本核算是指导现代化猪场经营管理的关键。财务成本分析可使经营者明确目标，促使经营者持续改善经营管理。场长必须按生产工艺和周节律均衡安排生产，全进全出和合理转群，做好猪群、栋舍、批次管理。因猪的生长周期比较长，因此成本核算是个动态的过程。将整个猪群按不同日龄划分为若干猪群，分栋舍、分批次归集生产费用，分群、栋、批计算猪只的产品成本。即按不同的日龄和饲养用途以及分群、栋、批的猪群作为成本核算对象，以记录、测算、控制、核算具体成本。

　　繁殖场以初生仔猪作为公摊费用归集摊销的终点和变动费用形成的生产成本结转的始点。

　　公摊费用包括固定资产折旧、生产性生物资产折旧、土地租赁费和猪场开办费、间接费用等，集中摊销到初生仔猪，饲料、兽药、人工、低值易耗品、水电费等变动费用，分群、栋、批归集计入各阶段成本。核算猪群生产成本时，以群、栋、批为基本核算单位，且以千克等为辅助核算单位进行成本核算。

　　猪场经济效益取决于是否能控制好猪场成本，关键是控制好"一高两低"，即提高能繁母猪年断奶仔猪数（PSY），降低单位增重的生产成本和减少生产过程中的各种消耗。

　　成本核算，就是考核生产中的各项消耗，分析各项消耗增减的原因，改进工作，从而寻找降低成本的途径，也是考核猪场场长、各线主管、技术员、饲养员饲养效果的重要依据，亦是种猪销售定价的重要参考依据。增加养猪场盈利的基本途径，一是通过扩大再生产，增加总收入；二是通过改善经营管理，节约各项消耗，降低生产成本。成本水平的高低，直接反映了猪场经营管理工作的好坏。

第一节　成本和成本分类

一、按计入成本方法划分

直接费用：为生产某种产品所支付的开支，称之为该产品的直接生产费用。直接成本由饲料费、人工费、兽药疫苗费等构成。

间接费用：包括共同生产费和企业管理费。间接成本由管理费、场务费、财务费用、其他费用等构成。

二、按生产费用与产量关系划分

变动费用：是指随产量增减而正比例增减的费用。

固定费用：是与产量增减没有直接关系而相对稳定的费用。

三、按经济用途划分

工资和福利费；饲料费；燃料和动力费；猪群医药费；种猪摊销费；固定资产折旧费；低值易耗费；其他直接费；共同生产费；企业管理费。

第二节　生产成本指标

一、生产成本指标

饲料费：饲养过程中，各猪群饲喂各种动植物、矿物质、添加剂及全价料的费用。

种猪摊销费：包括种公猪和生产母猪的摊销费用。

人工费：从事饲养及管理人员的工资、奖金、津贴及福利费。

兽药疫苗费：主要是疫苗、药品、消毒药费。

管理费：包括饲养管理人员费用、折旧费、修理维护费、事务费、税捐、保险、福利等。猪场的固定资产要依据使用年限摊销到每年的折旧成本中，维修费计入当年的摊销成本。

场务费：维持整个猪场正常运转需要的费用。

财务费：包括猪场贷借款利息支出。

其他费：包括猪舍用具损耗、水电燃料费及公害防治费、猪场管理及饲养员以外的其他部门人员的工资及福利费，司机出车补助、加班、安全奖励费，燃料费、水电费、零配件及修理费，低值工具、器具、舍外人员劳保用品摊销费，办公楼、设施、设备、车辆等固定资产的折旧费，办公费、运输费等。

猪场各种设施年折旧率见表 5-1。

表 5-1 猪场各种设施年折旧率

设施设备	使用年限	残值率（%）	年折旧率（%）
猪舍房屋及建筑物	20	5	4.75
机器设备	10	5	9.50
运输设备	5	5	19.00
电子设备	5	5	19.00

生产中，必须建立财产物资的收发、领退、转移、报废等清点盘查制度，才能使成本核算的结果如实反映生产经营过程中的各种消耗和支出，做到账实相符。

二、成本核算原则

必须采用统一货币指标；必须采用统一的成本项目和核算方法；尽可能做到及时、准确和完善；注意通俗易懂，简便易行，逐步完善。

第三节　成本管理

一、成本控制

历史成本控制法；预定成本控制法；标准成本制订法。

二、成本分析

成本水平分析；成本构成分析；成本、产量、利润关系分析。

三、利润核算

成本利润率是销售利润与销售产品成本的比例。

产值利润率是销售总利润与总产值的比例。

资金利润率是总利润与占用资金总额的比例。

投资利润率是企业全年利润额与基本建设投资总额的比例。

四、降低成本的措施

自繁自养，加强管理，提高成活率；充分利用饲料资源，减少饲料费用支出；降低人工成本；节省折旧费用；减少利息支出。

根据各阶段生猪的体重以及生产成本，可计算得知商品猪每千克的生产成本。将商品猪的饲养阶段分为哺乳期、保育期和育肥期。从各阶段商品猪的单位生产成本来看，一般哺乳期仔猪和保育期仔猪变动相对平稳，单位成本水平也比较接近，哺乳期仔猪与保育期仔猪成本明显高于育肥期，其主要原因是哺乳期仔猪和保育期仔猪饲养投入大，需要专用的养殖设备以及技术人员，另外对饲料配方的要求也比较高。各阶段商品猪的生产成本及成本份额比较见表 5-2，2011—2014 年商品猪各项成本比较见表 5-3，2011—2014 年商品猪各项成本的份额比较见表 5-4。

表 5-2　各阶段商品猪的生产成本及成本份额比较

年度	成本（元/头）			成本份额（%）		
	哺乳期	保育期	育肥期	哺乳期	保育期	育肥期
2011	100.2	352.4	990.1	7.47	18.79	73.74
2012	95.5	247.8	902.5	7.66	19.89	72.45
2013	98.8	249.4	913.3	7.83	19.77	72.40
2014	94.4	253.9	987.7	7.06	19.00	73.93
平均	97.2	250.9	948.4	7.50	19.35	73.15

数据来源：郭宗义等，国家生猪产业技术体系综合试验站调查数据。

表 5-3 2011—2014 年商品猪各项成本比较（元/kg）

类别	2011 年	2012 年	2013 年	2014 年
饲料成本	9.26	9.02	9.05	9.06
人工成本	0.47	0.48	0.47	0.49
医疗费用	0.52	0.55	0.69	0.74
管理费用	0.36	0.38	0.40	0.31
场务费用	0.98	0.88	0.85	0.98
其他费用	0.91	0.30	0.29	0.26

数据来源：郭宗义等，国家生猪产业技术体系综合试验站调查数据。

表 5-4 2011—2014 年商品猪各项成本的份额（%）

类别	2011 年	2012 年	2013 年	2014 年
饲料成本	74.06	77.76	77.06	77.68
人工成本	3.72	4.10	3.97	3.97
医疗成本	4.19	4.70	5.84	5.91
管理成本	2.87	3.32	3.41	2.52
场务成本	7.85	7.57	7.26	7.85
其他成本	7.32	2.55	2.45	2.07

数据来源：郭宗义等，国家生猪产业技术体系综合试验站调查数据。

第四节　生产成本计算案例

一、母猪不同生产性能与商品猪出售时分摊母猪成本的换算

外购精液的猪场，以每头母猪一年饲养总成本 6 000 元（每头每年需饲料 1 t，饲料成本 3 500 元，设备费用 500 元，疫苗及药品治疗保健费 200 元，母猪折旧 1 100 元，人工、水电及其他母猪饲养成本 700 元）计算，按平均每年每头母猪提供断奶仔猪数

（PSY）折算成每头断奶仔猪成本，也可分摊到以每头 100 kg 体重的商品猪出售时每千克的成本。如 $PSY=25$，则每头断奶仔猪成本 240 元，商品猪出售时分摊母猪成本为每千克 2.4 元；$PSY=20$，则每头断奶仔猪成本 300 元，商品猪出售时分摊母猪成本为每千克 3 元；$PSY=15$，则每头断奶仔猪成本 400 元，商品猪出售时分摊母猪成本为每千克 4 元。

二、商品猪不同料重比与出售时分摊成本的换算

以每千克 3 元单价计算饲料价格，出售商品猪以 100 kg 计，按商品猪全程料重比，即从教槽料开始到出栏时耗用各类饲料与出栏体重的比，计算分摊到以每头 100 kg 体重的商品猪出售时每千克的成本。如料重比为 2.4，则出售商品猪每头饲料成本 720 元，分摊到每头 100 kg 体重的商品猪出售时每千克的成本为 7.2 元；如料重比为 2.8，则出售商品猪每头饲料成本 840 元，分摊到以每头 100 kg 体重的商品猪出售时每千克的成本为 8.4 元；如料重比为 3.3，则出售商品猪每头饲料成本 990 元，分摊到以每头 100 kg 体重的商品猪出售时每千克的成本为 9.9 元。

三、管理及其他成本

商品猪其他成本主要有：疫苗及保健成本 60～80 元；人工饲养成本（包括水电等）50～70 元；设备成本 20～40 元。取管理及其他成本计算的平均数为每头 160 元，分摊到出售时每千克的成本实为 1.6 元。每增加或减少 10 元，成本浮动仅有 0.05 元。

四、死淘率对商品猪成本的换算

在哺乳期死亡的仔猪成本已计算到 PSY（取平均水平 20）的成本分析中。断奶后死亡的仔猪成本是固定的，取平均值 300 元。

另外，饲养管理方面其他成本的计算，一个猪舍死亡 1 头猪，但是整个成本除不同阶段死亡、疫苗、药物成本变化外，饲料成本

已经计入料重比中，其他成本不会减少，因此费用是相对固定的，以前面分析的平均值 160 元计，如死亡率为 5％时，死亡的 1 头小猪成本就要分摊到其他 19 头上，死亡率为 10％时，死亡的 2 头小猪成本就要分摊到其他 18 头上。猪场死淘率对商品猪成本的换算见表 5-5。

表 5-5　猪场死淘率对商品猪成本的换算

断奶后死淘率（％）	仔猪成本（平均取 300 元）	管理及其他成本投入	合计（元）	分摊到商品猪出售（以 100 kg 计）时每斤成本
5	每头增加 15.8 元 $[=1×300/(PSY-1)]$	每头增加 8.4 元 $[=1×160/(PSY-1)]$	24.2	每千克增加 0.242 元 $(=24.2/100)$
10	每头增加 33.3 元 $[=2×300/(PSY-2)]$	每头增加 17.8 元 $[=2×160/(PSY-2)]$	51.1	每千克增加 0.512 元 $(=51.1/100)$
15	每头增加 33.3 元 $[=3×300/(PSY-3)]$	每头增加 28 元 $[=3×160/(PSY-3)]$	81	每千克增加 0.81 元 $(=81/100)$

五、猪场成本效益分析

参考以上内容，取下列 3 个理想状态：

（一）PSY 取平均水平 15，料重比取 3.3，断奶后死淘率 15％计，则 100 kg 出售时每千克成本 16.31 元的计算。

商品猪出售时分摊母猪成本每千克 4 元＋分摊到以每头 100 kg 体重的商品猪出售时每千克的成本为 9.9 元＋分摊管理及其他成本每千克为 1.6 元＋断奶后死淘率 15％分摊到 100 kg 商品猪出售时每千克增加成本 0.81 元＝8.155 元。

（二）PSY 取平均水平 20，料重比取 2.8，断奶后死淘率 10％计，则 100 kg 出售时每千克成本 13.512 元的计算。

商品猪出售时分摊母猪成本每千克 3 元＋分摊到以每头 100 kg 体重的商品猪出售时每千克的成本为 8.4 元＋分摊管理及其他成本

每千克为 1.6 元＋断奶后死淘率 10％分摊到 100 kg 商品猪出售时每千克增加成本 0.512 元＝6.756 元。

（三）PSY 取平均水平 25，料重比取 2.4，断奶后死淘率 5％计，则 100 kg 出售时每千克成本 11.442 元的计算。

商品猪出售时分摊母猪成本每千克 2.4 元＋分摊到以每头 100 kg 体重的商品猪出售时每千克的成本为 7.2 元＋分摊管理及其他成本每千克为 1.6 元＋断奶后死淘率 5％分摊到 100 kg 商品猪出售时每千克增加成本 0.242 元＝5.721 元。

非洲猪瘟未发生前，每千克毛猪成本约 14 元，在平均毛猪价格为 15 元/kg 的情况下，每头 100 kg 的商品猪约赚 100 元。

第五节　影响饲料成本的因素

猪饲料成本占总成本的比例是最大的，最有潜力挖掘。料重比是影响养猪成本最显著的因素。影响因素包括生长速度、营养、健康、环境、遗传、出栏体重等。料重比下降 0.1，对出栏 1 头体重 100 kg 商品猪来说可节约 10 kg 饲料。如果每天多增重 50 g，出栏 1 头体重 100 kg 商品猪，可节约 7 kg 的饲料。

仔猪成本包括母猪的折旧、种猪料摊销及仔猪补料费用。断奶仔猪数及成活率是影响仔猪成本的主要因素，种猪饲料及仔猪补料的价格因素影响较小，因此提高种猪生产繁殖性能和仔猪成活率是降低仔猪成本的主要途径。

提高猪群的健康水平，降低兽药保健费，能够显著降低饲养成本。一般兽药保健费用投入的参考比例：疫苗费 30％，消毒费 15％，保健费 30％，治疗费 20％，其他费用 5％。

员工的责任心和节约意识，也是影响饲料成本的因素之一。

第六节　调控生产成本与提升猪场效益

在分析与调控生产成本时，要密切关注 PSY、商品猪全程料重比、管理及其他成本及猪场死淘率指标。分析各指标对猪场效益的影响情况。

一、提高母猪的生产性能 PSY

PSY 的提高所带来的效益是巨大的。PSY15 头与 25 头的差距可造成商品猪出售每千克 1.6 元的差距。对于一个有 1 000 头母猪的猪场来说，PSY 达到 25 头的猪场比 PSY 为 15 头的猪场，可多产出 160 万元以上的收益。因此，最大限度地提高 PSY 这个关键指标是非常重要的。生产中可通过增加母猪保健饲养成本的投入，提高 PSY 指标。如每年每头母猪保健投入增加 200 元，平均到商品猪上，每头仅增加 10 元成本，相对毛猪成本每千克仅增加 0.8～1 角钱，对于一个有 1 000 头母猪的猪场来说，保健投入增加不到 20 万元，但收益增加 160 万元以上。建议生产中加大科技创新驱动力度，发扬现代中兽医理论，采用中兽药替代抗生素，对生产母猪群实行繁殖保健调理，多产仔，产健仔，最大限度增加 PSY。

1. 减少存栏母猪非生产天数 非生产天数是指母猪既非怀孕又非泌乳的天数，与母猪的分娩率成反比，非生产天数越少，分娩率就越高，PSY 也随之增高。

2. 缩短断奶及配种时间 正常体况的断奶母猪，大多在断奶后 7 d 内发情配种完毕。体况差的母猪多在 10 d 以后发情配种，因此必须要重视断奶母猪的饲养管理，降低哺乳期失重，降低返情率和流产率。

3. 提高窝产活仔数 具体方法有：提高精液品质；对断奶母猪每天实施驱赶公猪上下午各查情一次，及时发现母猪的发情起始时间；适时配种，严格按照人工输精的操作规程操作；按照各妊娠阶段的饲养要求，做到精细管理，防止胚胎早期死亡；哺乳、断奶至发情阶段，增加母猪的采食量，以降低哺乳期间的体重损失，促进断奶母猪的卵泡发育，增加排卵数，保持良好的体格，促进乳腺的发育，增加泌乳量等。

二、降低单位增重的生产成本

生产成本的控制与综合管理密切相关。饲料占生产成本 70%～80%或以上，因此应注重饲料原料的品质，提高饲料转化率。疫病控制是猪场的生命线，只有猪群健康，才能降低生产成本。必须从"免疫接种、全进全出、预防保健、生物安全"4 个方面落实。注重提高生物安全的等级，降低环境各种应激因素的影响，如减少环境高温、低温、运输、有害气体等；提高猪群的免疫力，增加疫苗及保健成本，节省人工水电、提高设备完好率，可有效降低管理及其他成本。

三、降低商品猪全程料重比

一般来说，饲料价格每降低 0.1 元，商品猪头成本可降低 48～66 元，对于有 1 000 头母猪、PSY 为 15 的猪场来说，可增加 72 万～99 万元的收益；如全程料重比下降 0.1，商品猪出售时每千克成本下降 0.3 元，则可增加 45 万元左右的收益。建议生产中发扬现代中兽医理论，采用中兽药保健调理生猪胃肠道，增加消化吸收率，减少商品猪生产全程的料重比，为猪场创造良好的环境。

四、降低浪费

断奶仔猪应少喂多餐，不能饲喂太多；操作不规范，可引起病原体感染，如剪牙、断尾消毒不严，感染引发副猪嗜血杆菌，发生关节炎；重胎母猪待产消毒不严，造成哺乳期仔猪感染大肠杆菌、寄生虫而发生下痢。产房仔猪压死、饿死，每死亡一头仔猪至少损失 300 元。制订严格的考核方案和相应的奖惩措施，降本增效。

五、减少死淘率

设备和人工等饲养成本是相对固定的，疫苗和保健成本随管理程度发生变化。生产中每头商品猪保健投入增加 40 元，商品猪成本每千克增加 0.4 元，但猪群死亡率降低 5%，分摊到 100 kg 商品猪出售时每千克减少成本 0.28 元，对 1 000 头 PSY 为 15 头的母猪场来说，可增加 42 万元收益。

由此可知，猪场投入的周转金有很大一部分被落后的生产指标所吞噬，因此，场长必须在团队管理上加强执行力，在调控生产成本的指标上、在降本增效上多练内功。

六、智能化升级

产业智能化升级就是利用互联网的技术和手段，使用智能设备连接人、猪、物、场，获取大数据在互联网智能管理平台上进行大数据计算、分析、决策、控制，从而实现人工智能协同管理。人工智能技术的引入，足以补贴其建设成本，削减人力成本。引入人工智能养猪后，很多事情一个人通过电脑就能控制，猪场减少了用人，节约了人力成本。引入自动投料系统后，既可提高饲料利用率和清槽剩料回收率，又可减少饲料浪费，节省饲料成本。引入自动化环境控制系统，操作人员设置好参数和策略后，系统根据设定的猪舍环境数据，自动控制风机等设备运行，利用通讯功能把控制系统的运行数据、舍内环境数据上传到云端数据库，借助手机 APP 或物联网后台系统直接在云端设置控制策略，然后系统把这些策略输送到舍内的环控系统，实现管理人员不到猪舍中也能监控、环控设备的运行。其核心是母猪在线、设备在线、管理在线。可实现种猪选配、生态供应、智能生产、精准饲喂，达到生产高效、安全、智能的目的，大大提升养猪效率，降低养猪成本。

第七节　绩效管理指标

一、绩效管理指标

劳动定额：即每个饲养员饲养管理各类猪的数量。在自动给料和自动供水的场所，每个员工平均饲养公猪 60 头、空怀母猪 150 头、妊娠母猪 280 头、分娩母猪 60 头、保育猪 1 000 头、育肥猪

1 500头。其中，空怀母猪和妊娠母猪的饲养人员兼有协助配种员工作或既饲养空怀母猪又饲养妊娠母猪。

奖惩指标：按照完成劳动定额的奖惩额度。规模猪场的奖惩考核指标总体呈上升趋势，主要是因为规模猪场采取提高奖惩额度来间接提高饲养员收入，且饲养工艺不同，其奖惩考核指标相差较大。合适的绩效考核奖惩方案是以分舍为单位的生产指标绩效工资方案。奖惩考核指标只显示了超出饲养定额的奖励情况，而对产仔数增加、受胎率提高、成活率提高、医药费降低、育肥猪饲料报酬提高等生产成绩提高的考核，有待完善。

二、某试验站奖惩考核指标情况

2011—2014年某试验站奖惩考核指标情况见表5-6。

表5-6 2011—2014年某试验站奖惩考核指标情况（元/头）

人员结构	2011年	2012年	2013年	2014年	平均
公猪饲养员	10.35	10.66	13.81	14.35	12.29
空怀饲养员	8.12	8.39	9.27	9.32	8.78
妊娠饲养员	13.54	13.55	14.18	14.19	13.87
分娩饲养员	36.10	36.14	38.70	38.92	37.74
保育饲养员	3.61	3.62	4.02	4.05	3.83
育肥饲养员	6.18	6.37	6.97	7.18	6.68
配种员	13.38	13.38	13.83	13.88	13.62

数据来源：郭宗义等，国家生猪产业技术体系综合试验站调查数据。

第八节 成本核算与效益

成本核算及效益分析在现代化猪场经营管理中占据十分重要的地位，加强管理、降低成本、减少费用，是获取最佳效益的有效途径。联产计酬是规模猪场常用的管理方法，也是充分调动猪场员工积极性的有效措施。一个好的联产计酬方案可以有效控制成本，提高生产水平，创造良好的经济效益。不断完善与改进联产计酬方案，可进一步提高生产管理水平，实现生产成绩与员工收入的不断提高。具体联产计酬方法各不相同，但一定要将员工收入与生产成绩结合起来，以产出仔猪及出栏商品猪的数量，决定员工的收入。

以 2020 年某猪场 500 头基础母猪为例分析。

（一）年初预算

1. 猪场财产盘点

（1）年初对猪场所有存栏猪的数量盘点及估算价值 见表 5 - 7。

表 5 - 7 年初某猪场猪存栏量及价值估算

生猪类别	数量（头）	单价（元/头）	金额（万元）
繁殖母猪	500	10 000	500.00
种公猪	10	10 000	10.00
后备母猪	50	8 000	40.00
后备公猪	2	8 000	1.60
哺乳仔猪	650	1 600	104.00
保育仔猪	950	2 000	190.00
育肥猪	2 900	2 800	812.00
合计	5 062	—	1 772.00

种猪计入固定资产：公猪＋母猪共计 510 头，估算 510 万元。

其他猪计入流动资产：1 262 万元。

（2）猪场库存饲料数量及价值估算（年终实际库存的饲料及原料等） 见表 5 - 8。

表 5-8　猪场库存饲料数量及价值估算

饲料品种	数量（t）	单价（元/t）	金额（万元）
妊娠母猪料	9.0	3 190	2.87
哺乳母猪料	7.5	3 450	2.59
教槽料	1.0	7 600	0.76
仔猪前期料（7~10 kg）	1.6	4 300	0.69
仔猪后期料（10~15 kg）	2.4	4 300	1.03
小猪料（15~30 kg）	12	3 320	3.98
中猪料（30~60 kg）	20	3 320	6.64
大猪料（60~120 kg）	30	3 270	9.81
合计	83.5	—	29.37

（3）库存兽药和疫苗　猪场库存药品价值 3 万元，库存疫苗价值 2 万元，共 5 万元。

（4）其他　工具、用品、工作服、场内运输工具、低值易耗品等 40 万元。

（5）固定资产　扣除折旧净值 450 万元。

（6）应收款与应付款　应收款无，应付款 20 万元。

猪场资产合计：总资产 2 296.37 万元，减去应付款 20 万元，实际总资产 2 276.37 万元。其中，固定资产 960 万元（＝510＋450），流动资金 1 316.37 万元（＝1 262＋5＋40＋29.37－20）。

2. 猪场全年生产及销售计划　全年主要生产指标：基础母猪 500 头，种公猪 10 头，后备猪平均保有量为 50 头，年补充后备母猪 170 头。母猪平均年产 2 胎，配种受胎率 85％，产活仔数 11 头，年产出猪 10 258 头，断奶成活率 92％，年可断奶仔猪 9 462 头，保育舍死亡率 5％，育肥期死亡率 2％。年出栏商品猪 8 800 头，平均每头母猪年出栏商品猪 17.6 头。

全年猪场销售计划见表 5-9。

表 5 - 9　猪场全年销售计划

生猪类别	数量（头）	平均体重（kg）	单价	金额（万元）
育肥猪	8 809	110	28（元/kg）	2 713.17
淘汰种猪	170	—	3 000（元/头）	51.00
合计	8 970	—	—	2 764.17

全年销售收入合计：2 764.17 万元。

3. 猪场全年生产成本预算　猪场的生产成本分为直接成本与间接成本。直接成本就是直接用于生产的费用，主要包括饲料、疫苗、药费、工资、工具等费用。间接成本是间接用于生产的费用，主要包括固定资产折旧费、贷款利息、水电费、维修费、差旅费、招待费及提取的各项费用。

（1）直接成本

1）饲料成本预算　在计算饲料成本之前，首先必须计算出各类饲料的需要量，再计算出金额。各类猪饲料用量及价值估算见表 5 - 10。

表 5 - 10　各类猪饲料用量及价值估算

饲料类别	猪数量（头）	每头饲料需要量（kg）	总需要量（t）	单价（元/t）	金额（万元）
教槽料	10 285	1.50	15.43	7 600	11.73
仔猪前期料（7~10 kg）	9 462	3.40	32.20	4 300	13.85
仔猪后期料（10~15 kg）	8 989	9.00	80.90	4 300	34.79
小猪料（15~30 kg）	8 900	26.00	231.40	3 320	76.83
中猪料（30~60 kg）	8 850	88.00	778.80	3 320	258.56
大猪料（60~110 kg）	8 800	170.00	1 496.00	3 270	489.19
哺乳母猪料	500	280 kg/（年·头）	140.00	3 450	48.30

（续）

饲料类别	猪数量（头）	每头饲料需要量（kg）	总需要量（t）	单价（元/t）	金额（万元）
妊娠母猪料	500	820 kg/（年·头）	410.00	3 190	130.79
种公猪料	10	1 000 kg/（年·头）	10.00	3 333	3.33
后备母猪料	170	320	54.40	2 920	15.88
后备公猪料	2	150	0.30	2 920	0.09
合计	56 468	—	3 249.43	—	1 083.34

　　使用预混料、浓缩料的猪场，可按饲料配方计算出各种原料的价格。如妊娠母猪料配方及成本估算见表 5-11。

表 5-11　妊娠母猪料配方及成本估算

原料品种	添加量（%）	单价（元/t）	金额（元）
浓缩料	15	8 190	1 228.50
玉米	63	2 970	1 871.10
麸皮	22	2 060	453.20
配合后每吨成本	—	—	3 552.80

　　2）医药及防疫费成本　根据现在注射疫苗的种类及价格计算出每头猪所需的防疫费。注射疫苗的种类及成本估算见表 5-12。

表 5-12　注射疫苗的种类及成本估算

猪群类别	疫苗种类与注射次数	头数（胎）	费用（元/头）	金额（万元）
后备猪	伪狂犬病、口蹄疫、猪瘟、细小病毒病疫苗 2 次、蓝耳病	170	35+10+21+8+20=94	1.60

（续）

猪群 类别	疫苗种类与 注射次数	头数 （胎）	费用 （元/头）	金额 （万元）
产前 母猪	圆环病毒病、传染 性胃肠炎-流行性腹 泻二联苗	500 头×2.2 胎× 85％=935 胎	28+13=41	3.84
断奶 母猪	猪瘟、细小病毒病 （1~2 胎）	猪瘟（计 935 头）， 细小病毒病（1~2 产母猪占 40％） （计 374 头）	21（猪瘟） 4（细小病毒病）	21×935+4×374= 1.96+0.15=2.11
哺乳 仔猪	气喘病、猪瘟、蓝 耳病、伪狂犬病、圆 环病毒病 2 次/年	9 462	10+21+20+ 35+56=142	134.36
保育、 育成猪	伪狂犬病 2 次/年、 猪瘟、口蹄疫 3 次/ 年	8 909	70+21+30=121	107.78
所有 种猪	乙型脑炎 1 次/年、 蓝耳病 3 次/年、伪 狂犬病 3 次/年、口 蹄疫 4 次/年（春秋 各 2 次）、圆环病毒 病 2 次/年、猪瘟 3 次/年	510	4+60+105+40+ 56+63=328	16.73
合计	—	—	—	266.42

药费根据上一年实际费用进行估算：按 100 万元计算。从实际应用情况看，种猪约占 30％，为 30 万元；哺乳仔猪占 20％，为 20 万元；保育猪约占 40％，为 40 万元；育成、育肥猪约占 10％，为 10 万元。

3）人员工资　预算见表 5－13。

表 5－13　人员年工资预算

岗位	人数	人均月工资（元）	月绩效（元）	总金额（万元）
场长	1	8 000	8 000	19.20
配种妊娠舍（副场长）	3	6 000	6 000	43.20
分娩舍（主管）	4	5 000	5 000	48.00
保育舍	3	3 200	3 200	23.04
育肥舍	4	3 000	3 000	28.80
财务、内勤	2	4 000	4 000	19.20
其他	2	2 500	2 500	12.00
合计	19	—	—	193.44

直接费用合计：各类猪饲料价值＋注射疫苗成本＋药费＋人员工资＝1 083.34＋266.42＋100＋193.44＝1 643.20 万元。

① 每出栏一头育肥猪直接成本：1 643.20 万元/8 809 头＝1 865.36（元）。

② 每出生一头仔猪直接成本：饲料成本（表 5－4），哺乳母猪料＋妊娠母猪料＋种公猪料＋后备公猪料＋后备母猪料，共计198.39 万元；种猪防疫费（表 5－6），后备猪＋产前母猪＋断奶母猪＋所有种猪防疫费，共计 24.28 万元；药费支出 30 万元；工资（表 5－7）计算配种妊娠舍与分娩舍人员工资 91.20 万元。以上种猪成本合计为 343.87 元。年出生仔猪 10 285 头，每头新生仔猪成本为 343.87 万元/10 285 头＝334.34（元）。

③ 断奶一头仔猪成本：（种猪成本＋哺乳仔猪成本）/断奶头数。种猪成本为 343.87 万元。哺乳仔猪成本主要包括教槽料11.73 万元、哺乳仔猪免疫费用 134.36 万元、药费 20 万元，共计166.09 万元。种猪成本＋哺乳仔猪成本为 509.96 万元。

断奶头均仔猪成本：509.96 万元/9 462 头＝538.96（元）

（2）间接成本

① 水、电、煤等：主要用电量为产房、排风机及饲料加工设备，每千瓦·时电按 0.6 元计算，约为 45 万元；冬季供热增加煤的费用 20 万元。共计 65 万元。

② 工具、低值易耗品等：10 万元。

③ 其他：管理费、招待费、年终奖等 20 万元。

④ 引种计划：根据生产需要，需引进种公猪 3 头，每头预算10 000 元，需 30 000 元；全年引进后备母猪 100 头，每头按 8 000元计算，需 80 万元，引种费共计 83 万元，另外自留后备母猪70 头。

⑤ 固定资产折旧费：猪场固定资产原值 500 万元，猪舍按 20年折旧，猪栏等设备 10 年折旧，一年的折旧费 30 万元。

间接费用合计：65 万元＋10 万元＋20 万元＋83 万元＋30 万元＝208 万元。

500 头母猪场一年总成本预算为：直接费用＋间接费用＝1 643.20 万元＋208 万元＝1 851.20 万元。

全年预计纯利润：2 764.17 万元－1 851.20 万元＝912.97万元。

（二）账目管理

1. 库存

库存猪：每周按周报表及时统计不同种类存栏猪的数量，每月末结一次。

其他（保管账）：疫苗、药品、用品、工具等出入记载及时、准确。

2. 收入

销售账目：每次售猪都要认真记录卖出的种类（育肥、仔猪、淘汰母猪等）、头数、价格、金额，及时记账，每月小结。

3. 支出

饲料：每次采购饲料都要分品种及科目入账，一般分为预混料、浓缩料、添加剂、原料等，详细记录品名、数量、单价、金额，每月小结一次。

平时采购的药品、疫苗、低值易耗品等：所有费用都要分科目入账，各种物品都要按品种名称、数量、单价、金额等进行详细记录，每月进行一次小结。

引种费用：每次按实际发生额度入账，记入猪的种类、头数、金额等，年终结算。

人员工资：每月发放一次，如果与生产指标挂钩也要每月结算一次，并及时入账。

固定资产折旧费：每年年终一次性入账。

猪场种猪：记入固定资产账。

其他猪：记入流动资金账。

后备猪：产下第一胎后进入固定资产账。

（三）年终决算

每年年终进行一次决算，计算一年的盈亏情况。

1. 资产盘点

（1）库存猪价值 对所有存栏猪进行盘点，并计算出猪的总价值。猪场年终存栏繁殖母猪 508 头、种公猪 10 头、后备种猪 58 头、哺乳仔猪 790 头、保育猪 1 020 头、育肥猪 2 870 头，账面总价值 1 698.4 万元。

（2）库存饲料 对年终库存全价料、预混料，各种原料（玉米、麸皮、豆粕、添加剂等）饲料进行盘点，账面价值合计 4.2 万元。

（3）兽药、疫苗 对库存疫苗、兽药进行盘点，账面价值（按购入价计入）2.65 万元。

（4）其他 库存低值易耗品、工具等账面价值 3.5 万元。

库存资产合计：1 708.75 万元。

2. 收入 计算一年售出的所有猪的总值，包括育肥猪、淘汰种猪、仔猪等。

全年销售收入见表 5-14。

表 5 - 14   全年销售收入

销售类别	销售数量（头）	销售金额（万元）
商品猪	8 505	2 381.40
仔猪	480	96.00
淘汰种猪	168	50.40
合计	9 153	2 527.80

3. 支出

（1）支出的直接费用 通过查账统计出全年支出的饲料费、疫苗兽药费用、人员工资、工具等直接费用。

全年直接成本支出费用见表 5 - 15。

表 5 - 15   全年直接成本支出费用（万元）

项目	饲料费用	疫苗费	药费	工资费用	工具费用	其他	合计
金额	1 079.14	266.42	97.35	193.44	20.60	18.56	1 675.51

根据预算中的方法还可计算出每头新生仔猪、断奶仔猪、育肥猪的直接成本等。

（2）支出的间接费用 按同样方法统计出间接成本，包括固定资产折旧费、贷款利息、水电费、维修费、差旅费、招待费及提取的各项费用。

全年间接成本支出费用见表 5 - 16。

表 5 - 16   全年间接成本支出费用（万元）

项目	电费（含水费）	维修费	差旅费	招待费	其他	合计
金额	62.90	12.40	18.64	10.00	100.00	203.94

（3）全年支出合计 1 675.51 万元＋203.94 万元＝1 879.45 万元。

4. 应付款、应收款结算　应付款 20 万元，应收款无。

5. 盈亏分析

毛利：2 527.80 万元（收入）－1 879.45 万元（支出）＝648.35 万元－20 万元（应付款）＝628.35 万元。

净利润：628.35 万元－30 万元（折旧）＝598.35 万元。

平衡年初与年终存栏猪价值的差别：年终存栏猪的价值减去年初存栏猪的价值，结果如果是正数，则在利润中加上，如果是负数则从利润中减掉。

年终存栏猪价值－年初存栏猪价值＝1 698.40 万元－1 772.00 万元＝－73.60 万元。

全年实际收益：净利润＋平衡年初与年终存栏猪价值＝598.35 万元－73.60 万元＝524.75 万元。

第六章

生猪饲养管理

第一节　后备母猪的饲养管理

一、后备种母猪选择

选育后备母猪是提高生猪生产水平的重要环节。从仔猪育成结束到第一次交配这段时间是后备母猪的培育阶段。要获得良种母猪，必须从后备母猪的选育入手。要保持种猪生产的高水平，每年都要淘汰一些繁殖性能低下等机能失调的老弱母猪，这也需要补充后备母猪，以保持种猪规模，形成以青壮龄为主体的理想结构。

（一）后备母猪的选择标准

母猪不仅对后代仔猪有遗传影响，而且对后代胚胎期和哺乳期的生长发育有重要影响，在其他性能相同的情况下，产仔数、育成率高的母猪所产仔猪的相对生产成本低。挑选后备母猪应考虑以下要点：

（1）挑选生长发育快，饲料利用率高的个体。

（2）挑选体质外型好的个体。后备母猪应强壮，无遗传病，并应检查其祖先或兄弟姐妹是否有遗传病。体形和外观具有相应品种的典型特征，如发色、头型、耳型、体型等，强调乳头应多于6对，乳头沿腹部中线均匀分布，无盲乳头和副乳头。

（3）挑选繁殖性能高的母猪后代。繁殖性能是后备母猪的重要性状。后备母猪应从产仔数多、哺育率高、断奶体重大的高产母猪后代中选择。同时，应具有良好的外生殖器官，如外阴发育良好、交配前发情周期正常、发情征状明显。

（4）把好生产性能关、疾病关、环境适应关。

（二）后备母猪的选择时期

后备母猪的选择分阶段进行。

1. 2 月龄阶段 2 月龄进行窝选，即在双亲性能优良、窝内仔猪数多、哺育率高、断乳体重大而均匀、同窝仔猪无遗传疾病的同窝仔猪中选择。因 2 月龄选择时体重小，易出现选择失误，所以选留数目较多，一般为需要量的 2～3 倍。

2. 4 月龄阶段 主要是淘汰生长发育不良、体格、外貌较差的个体。本阶段淘汰比例较小。

3. 6 月龄阶段 根据后备母猪自身的生长发育状况，结合其同胞的生长发育情况和胴体性状的结果，排除发育不良、体格和外貌不良、同胞检测结果较差的个体。

4. 初配阶段 此阶段是后备母猪的最后一次选择。淘汰发情周期不规律、发情征候不明显以及非技术原因造成的发情期配种不孕的个体。

二、后备母猪的生长发育控制

猪的生长发育有其固有的特点和规律。从各组织器官的外部形态和功能来看，都有一定的变化和相互制约。人为控制和干预猪的生长发育，可以改变猪的生长发育过程，满足不同的生产需要。后备猪养殖与商品猪生产的目的和途径不同。商品化生猪生产，是利用早期骨骼、肌肉生长发育迅速的特点，充分满足生长发育的饲养管理条件，使其生长速度较快，达到提高瘦肉率、质量和生产效率的目的。后备猪养殖是利用猪各种组织器官的生长发育规律，控制其生长发育所需的饲养管理条件，如日粮营养水平、日粮类型等，改变其正常生长发育过程，保证或抑制某些组织器官的生长发育，从而达到繁育优良、体魄强健、生长发育健康等机能完善的后备猪的目的。

后备猪生长发育控制的实质是对各种组织器官的生长发育进行

控制，其外在表现为体重和体型，因为体重和体型反映各种组织器官生长发育的综合程度。骨骼、肌肉、皮肤、脂肪等4种组织生长发育是不平衡的。骨骼最先发育首先停止，出生后有一个相对稳定的生长发育阶段。肌肉居中，相对生长速度从出生到4个月逐渐加快，然后下降，早期脂肪沉积很少，6个月左右开始增加，8~9个月开始显著增加，直至成年。不同品种有各自的特点，但一般规律是一致的。后备猪生长发育控制的目标是使骨骼充分发育，肌肉组织发育良好，脂肪组织适度发育，保证各器官系统的充分发育。

三、后备母猪饲养与管理

后备母猪生产线生产目标：配种分娩率85%以上、胎均产仔10头以上。

1. 配制合理日粮 根据后备母猪不同的生长发育阶段，配制合理的日粮。应注意膳食能量浓度和蛋白质水平，特别是矿物质元素和维生素的补充。否则，很容易导致瘦、胖或骨骼发育不足。

2. 合理饲养 后备母猪需采用前高后低的营养水平，后期的限饲极为关键。适当的限饲可以保证后备母猪生长发育良好，控制高体重增长率，防止发生肥胖症。为了增加排卵次数，引进猪品种的限饲应在体重达到90 kg后开始，但应在繁殖前2周结束。限制后期饲喂的最佳方法是提高绿色粗饲料的质量。一般来说，后备母猪在6月龄前，体重85 kg前让其自由采食，以促进母猪的发育。85~100 kg日食量2.5~2.8 kg，分2次投料，100 kg至配种日食量2~2.5 kg，分二次投料。这样有利于后备母猪身体各器官特别是生殖系统器官的充分发育。同时，注意维生素A、维生素D、维生素E的添加，促使后备母猪膘体保持中等，即3分。图6-1为5分制猪膘体等级示意图。

3. 后备母猪管理 要做好以下5点：

（1）合理分组 后备母猪一般分组饲养，适宜饲养密度为每栏4~6头。喂食有两种方式，一是小群喂食，这种方法的优点是操作简单，缺点是容易造成强夺弱食，尤其是在后期限喂阶段。二是

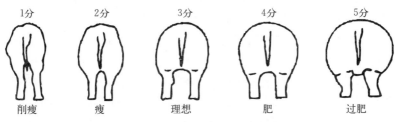

图 6-1　5 分制猪膘体等级示意图

单槽饲喂，优点是进食均匀，生长发育整齐，但需要限位栏。对引进种猪，最短隔离期为 6 周，在隔离室完成疫苗和检疫后，可并入大群猪舍饲养。

（2）适当运动　增强体质，促进猪的生长发育，特别是要增强四肢的柔韧性和坚定性，应安排后备母猪适当运动，每天保持 2 h 以上。运动可以在操场上自由进行，也可以放牧。

（3）调教　为了方便母猪的饲养和管理，在后备猪的饲养过程中进行调教。调教时严禁粗暴对待猪只，建立和谐的人猪关系，有利于加强对妊娠、分娩和产后护理的管理。训练猪只养成良好的生活规律，如定时饲喂与定点排泄。

（4）定期称重　定期称重可作为选择后备猪的依据，为了控制后备猪的生长发育，可根据体重及时调整日粮营养水平和投喂量。

（5）短期优饲催情　头胎再配母猪，配种前 10～14 d，通过自由采食，增加喂料量，可增加排卵数 2 枚左右。

4. 健康检查　在限饲期间，应仔细检查猪的健康状况，避免便秘。如果出现便秘，给予足量的青饲料或麦麸加温水混合喂猪。发现其他异常情况，应隔离诊断和治疗。

为了让种猪对场内流行但没有疫苗或疫苗效果不确切的一些导致种猪繁殖障碍的疾病产生坚强的免疫力（如肠病毒病等），常采取在转入群前与本场淘汰的母猪每天混养 2 h 左右，淘汰母猪使用 2～3 周后处理掉。国外控制蓝耳病的经验是将保育猪的混合血清通过一定程序处理后注射于后备母猪，使所有后备母猪感染变成抗体阳性，淘汰不能及时转阳的母猪，使所有的母猪免疫状态一致。常在配种前一个月完成计划免疫所需注射的各种疫苗，重点做好细小病毒病疫苗、乙型脑炎疫苗的注射，使用灭活苗的应相隔3周再注射一次。

后备猪转群前必须抽血检测一次，检测整体抗体水平，评估健康状态。对与本场淘汰的母猪混养一个月的后备猪抽血检测一次，推荐检测项目为猪瘟抗体、蓝耳病抗体、伪狂犬病野毒与疫苗抗体、口蹄疫抗体、细小病毒病抗体，对不合格的个体及时采取补打疫苗或更换疫苗注射，在转群前一个月再次抽血检测一次，淘汰二次以上猪瘟、伪狂犬病疫苗注射，抗体仍不合格的母猪，蓝耳病稳定，方可转群。

5. 清洁栏舍卫生 饲养员及时扫栏，保持栏舍干净干燥，清洁。栏干食饱，不喂霉变饲料。

6. 后备母猪管理要点 当母猪生长到一定的年龄和体重时，它们就有了性行为和性功能，这就是所谓的性成熟。虽然后备母猪在达到性成熟后具有繁殖能力，但其组织器官还未充分发育完善。如果早期交配，不仅会影响第一胎的繁殖性能，还会影响猪自身的生长发育，进而影响下一胎的繁殖性能，缩短使用寿命。但也不适合配种太晚，否则体重增加，肥胖的概率和繁殖成本均增大。母猪适宜的初配年龄和体重，因品种和管理条件而异。一般开配时间为，早熟的地方品种生后5～6月龄、体重50～60 kg、有2次正常的发情表现即可配种；引入品种应在7.5～8月龄、体重120～130 kg、有2次正常的发情表现后，进行配种利用。如果月龄达到初配时间要求而体重较小，适当推迟初配年龄；如果体重达到初配要求，但月龄尚小，调整饲粮营养水平和饲喂量来控制体重，待月龄达到要求再配种。最理想的是使年龄、体重、发情表现同时达到初配要求。5月龄开始按引进批次做好发情期、非发情期、发情周次等记录，按发情周次分栏饲养，并挂牌标识。采用限料的后备母猪，在达到体成熟及性成熟后的第二个发情期进行配种，配种时要注意：

（1）6～7 月龄可以适当限饲，在此阶段按膘情分等级饲养，确保配种体重在 140 kg 以上，及 8 月龄后的第二次发情时，才进行第一次配种。限饲要适当，每群不超过 6 头，如出现过肥或过瘦现象，应及时剔出单喂。敞饲会降低母猪的产仔窝数，但限食过度也会产生类似效果。所有后备母猪配种前要有一定的脂肪沉积和充分的蛋白质沉积，不能偏肥或偏瘦。对达到 5 月龄以上的后备母猪，应促进其发情，每天用性欲强的公猪与其密切接触，同时让后备母猪熟悉查情和人工授精，促使在人工授精时母猪呈现强烈的静立反射，有利于人工授精操作。

（2）不达膘的猪群一般不提倡限饲，为增加其排卵数，在配种前 10 d 应加喂饲料，料量在 3 kg/d 以上。7 月龄开始优饲，选用母猪专用饲料优饲，优饲要按照发情栏、发情周次退后 2 周开始 5～10 d 优饲，如 40 周发情的后备母猪在第 42 周开始优饲。

（3）后备母猪的第二次发情，如阴部红肿仍不允许公猪爬跨时，必须推后 2～3 d，或以手按压臀部呈呆立状态反应，即可配种。配种当天，日喂量 1～1.5 kg。

（4）后备母猪的配种应选择在早上、傍晚或天气凉爽时进行，配种 12 h 后再复配一次。

（5）复配时应使用交配过的公猪，其体重应与母猪相近，且性情温驯。

第二节　配种期间母猪的饲养管理

配种生产线目标：按计划完成周配种任务；配种分娩率达 85％以上；窝平均产活仔数在 11 头以上；后备母猪转入基础群的合格率在 90％以上。

一、配种舍的饲养管理

对已发情一次以上、体重达 120 kg、日龄达 210 d 后备母猪，在估算下次发情前 10 d 用泌乳专用料充分饲喂，提高发情率和排卵率。

断奶期母猪用泌乳专用料充分饲喂至配种，特别对 1～2 胎的产仔偏瘦母猪进行自由采食。3 胎以上体况正常母猪，自由采食量每天不超过 2.5 kg。

诱情后备母猪及断奶后 3 d 内母猪，每天让试情公猪亲密接触，每次半小时，上下午各 1 次。诱情公猪要求性欲旺盛，年龄大于 1 岁。

二、母猪发情与配种

（一）初情期

大多数瘦肉型种猪性成熟较晚，一般 6～8 月龄才开始出现初情期。当母猪至 8 月龄，阴户出现潮红，体重达 120～140 kg，自行发情 2 次后才可配种。

（二）发情特征

发情初期，食欲减少，低吟，左右观看；发情母猪对人或猪走近时会立即站起活动或干脆不睡，常在圈内活动；发情母猪阴户红肿，有爬跨其他猪体的现象，继而阴户分泌出黏液。发情高潮期，遇见公猪时，翘尾，竖耳。瘦肉型母猪的发情周期平均为 21 d，因个体间差异，稍有不同。根据母猪的发情特征，初步判定母猪可能发情，此时用手按压后臀部时，母猪如站立不动，呈呆立反应，手拍背腰不愿行走，这是适宜最佳配种时刻（图 6-2）。

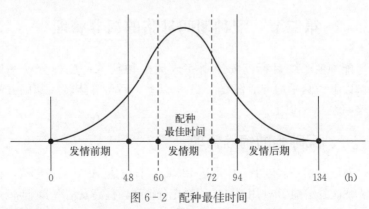

图 6-2 配种最佳时间

（三）断奶后发情

在猪营养状况正常的情况下，断奶后 3～5 d 开始发情。如果母猪过肥或太瘦都影响发情。

（四）母猪的重复发情配种

未受孕母猪，经过 21 d 左右一个情期，再发情称为返情。这样浪费一个情期的饲料，如一直未发现，则浪费更大。在现代化养猪场还影响工艺流程的进行。生产上，通常在配种后 25～35 d 用超声波测孕仪进行测定，及时检出未孕母猪。

（五）初配日龄

初配日龄，公猪为 8 月龄，体重 120 kg 以上；母猪 7 月龄，体重不低于 100 kg。自然交配时采用公母猪的直接接触，通过性激素的分泌实现性连锁，能促进发情，增加排卵数，且能准确判定母猪适时配种，临床上常根据达到配种年龄、体重、体况的后备母猪，见到发情静立反射时立即配种，间隔 12 h 重配，最好可实行自然交配与人工授精相结合的方法。即第一次用自然交配，复配采用人工授精，以达到提高受胎率的目的。采用自然交配时，公母猪比例为1∶25；采用人工授精时，公母猪比例为 1∶50。人工输精时，输精速度缓慢，一般为 10 min，此法多用于育肥仔猪的生产。人工输精的具体操作为：输精栏保持干燥、卫生，禁止每天冲洗，输精前后1 h 不要冲洗待配母猪、不冲栏；配种舍准备拖把，干毛巾、纸巾，随时拖干栏面，擦干阴户；从保温箱拿出精液后要盖好箱盖，配种前轻摇精液；输精时间控制在 5 min，输精过程中要按摩阴部，输完后再按摩 1 min；输完精后 5 min 内不能让母猪躺下；输完精 10 min后再评分记录在母猪配种卡上。记录时用颜色蜡笔在母猪体表进行标记，一横表示配种一次，二横表示配种二次，一竖表示配种结束。

（六）公猪使用频率

青年公猪每周配种 3 次，成年公猪每天配种 1 次，每周休息2 d，过度使用会导致精液品质下降，影响受胎与产仔数。

（七）自然交配程序

将适配母猪与公猪赶到配种处调情，用干净毛巾蘸 1‰的新洁尔灭溶液清洗母猪外阴部和公猪包皮部，并用干净毛巾擦干，辅助公猪爬跨于母猪背上，当公猪阴茎伸出包皮外时，配种员用戴手套的手握住公猪阴茎，导入母猪阴道内，公猪射精后从母猪背上下来后，配种员用手轻拍母猪臀部，防止精液倒流，分别将公母猪赶回猪栏，做好配种记录。

（八）最佳母猪配种时间

外阴由红色变为紫红色，外阴黏液浓稠，可用拇指和食指牵引成丝，为明显的配种时期。公猪射精一般 2～3 次。交配时，尽量让母猪保持稳定的状态，这样公猪射完精就会自动从母猪背上下来。如果母猪无限期地游荡，公猪将几分钟内从母猪背上下来，判定配种失败，必须重配。成年公猪射精液量多为 150～350 mL，过滤后，净精液量约为 80%，1 mL 精液含精子约 1.5 亿个。精子和精清组成精液。精子在睾丸中产生并储存在附睾中。精清是附睾、前列腺、精囊腺和尿道球腺的混合物。精子占精液的 2%～5%，其余为精清。精清的作用是保证精子和卵子的结合。精液可以稀释和输送精子，刺激精子运动，改变母猪生殖道环境，刺激母猪生殖道收缩，保证精子进入输卵管。精液质量的评价首先取决于精子的运动能力。正常精子以直线前进。精子运动能力是用精子中能直线向前移动的百分比来表示的，百分比越高表明精子运动能力越强。一般来说，精子活力应该在 0.8 以上。正常成年公猪精子畸形率低于 10%。幼公猪精子异常比例高。正常精液为乳白色絮状液体。精液颜色呈红色或绿色，异常精子过多，精子密度过薄，死亡精子多等，均为异常精液，降低受孕率。交配后，如果用手拍打母猪的臀部，可以收紧外阴，防止精子和精液流出。根据老配早，少配晚，不老不少配中间的经验，根据以下情况控制最佳交配时间。外阴变化：发情初期为粉红色，过渡到暗红色，水肿轻微消退，有轻微萎缩为最佳时间。阴道黏液：早期发情伴手捻，无黏度。当有黏度且颜色为浅白色时，是最佳时机。直立反射：直立反射是判断发情最直接、最准确的方法。母猪发情后按压腰臀时，非常平稳，四肢和耳朵直立，表现出"直立反射"。"直立反射"出现 8～12 h

后，即可配种。即早晨出现直立反射，下午交配；如果出现在下午，将在第 2 天早上交配；初产母猪交配晚一点，即在发情期结束前配种。老母猪应该早点交配，通常是一发现发情即配第一次。需要注意的是，母猪的排卵时间相对较长，约为 6 h，排出后能在体内存活 20 h 以上。人工授精可以进行多次，一般每 8 h 一次，连续 3 次。断奶后经产母猪，3 d 后每天至少观察 3 次，早晚 2 次在喂食时观察，此时母猪稳定，易于观察。晚上 10 点左右，还要再观察一次。此时，其他母猪正在休息，发情母猪可能会在猪舍内行走而不睡觉。正常发情的母猪行为不安定，容易观察，但对隐性发情期的母猪，必须注意观察。一般来说，瘦肉型母猪发情不明显，而地方杂交猪发情明显。

三、异常后备种猪的处理

对不发情后备母猪，可用以下措施促进发情：调栏；与不同公猪接触；靠近发情母猪栏圈养；适当运动；根据体膘限饲和优饲；肌内注射 2 头份 PG600；每天喂红糖 500 g，催情散 100 g；经过综合处理后，仍不发情后备母猪及时淘汰。对单独饲养患有气喘病、胃肠炎、肢蹄病的后备母猪，观察治疗一个疗程后，不见好转者淘汰。

四、小公猪去势术

不作种用的小公猪，7～10 日龄阉割去势。去势术如下：

术者站立，用手握住小公猪倒提，背朝术者，两腿夹住小公猪胸腹部，术者用碘酊消毒阴囊皮肤，再用酒精作第二次消毒，术者左手自下往上握紧睾丸，使其充分凸现，右手持手术刀迅速将阴囊皮肤连同总鞘膜割破，左手顺势将睾丸挤出，右手将睾丸握住，左手拇指与食指剥离附睾膜，并朝下不断刮精索，直至刮断精索送至阴囊内。左手将另一侧睾丸握住，使其朝阴囊中膈凸显，右手持手术刀将侧阴囊中膈划破，左手顺势将睾丸挤出，右手将睾丸握住，左手剥离附睾膜，并朝下不断刮精索，直到刮断精索送至阴囊内，朝阴囊内撒入少量抗菌药粉,将小公猪放回原处。整个过程要求在5 min左右完成,动作迅速,干净利落。在一般情况下,阴囊皮肤无需缝合,3 d左右愈合。

第三节　妊娠母猪的饲养管理

确保胚胎成活,尽可能多产健壮仔猪是妊娠母猪饲养管理的重点。促使乳腺发育完好,母猪体储备适度,在孕期达到90 d时五级评分3分以下,产仔前体况评分3.5分最好。孕期保持体况适度,总的目标是小母猪在第一个妊娠期增重小于45 kg,到分娩时体重达190 kg。以周为生产批次,将每周配种的妊娠母猪数划为一批,便于转群、换料、防疫、上产床等。

一、进猪前的空栏消毒

转走每批妊娠母猪后,空栏彻底用清水冲洗干净,不留死角,干后用消毒水消毒,空栏至少6 h,才能调另一批妊娠母猪进入。

二、妊娠母猪的安置

为了突出第1胎产母猪、膘情瘦母猪的饲养管理,要求把相临2周的第1胎产母猪、膘情瘦母猪安置在一起,集中饲养。

三、妊娠母猪喂料标准

每转一次妊娠母猪,应重新计算饲料量,饲料量卡片应随母猪一起移动;同时要求每天喂的实际料量与每天进出库料量要一致(表6-1)。

表6-1　妊娠母猪喂料标准

妊娠天数	饲料品种	料量（kg）	备注
1~3 d	妊娠前期料	1.8	限料采食
4~21 d	妊娠前期料	2.0	

（续）

妊娠天数	饲料品种	料量（kg）	备注
22～56 d	妊娠后期料	2.1	
57～84 d	妊娠后期料	2.3	
85～91 d	妊娠后期料	2.7	限料采食
92～98 d	妊娠后期料	3.0	
99 d 至临产	妊娠后期料	3.6	

注：整个妊娠阶段平均料量为 2.5 kg.

四、妊娠前期饲养管理

母猪配种后要及时确认是否受孕。一般在下一次预定发情期前后观察有无再发情。配种后一周无发情，且神态安静，行动谨慎，外阴部干燥，皱纹收缩明显；食欲增进，膘情好转，被毛光滑，则判为受孕，但仍需继续观察下一个情期，即配种后 18～23 d、40～45 d 用试情公猪进行返情检查。有发情表现的，应结合体重增加和乳房等器官的变化，确定后再重新配种。配种后的母猪宜单栏饲养。妊娠前期的管理重点是防止流产、保胎，最大限度地减少各类应激，特别是机械性流产。第 1～21 天进行限饲。喂料要求配后 1～3 d 每头每日喂 1.8 kg 左右，从第 4 天开始按标准喂料（表 6-1），并要求喂料要均衡、要快，确保每头喂同等料量，不得随意增加料量。此期为受精卵附植到子宫形成胎盘的时期，应防机械刺激和各种强烈应激。因为此期胎儿不需大量营养，过多的能量易引起胚胎的早期死亡。

五、妊娠中期饲养管理

从第 22 天至第 84 天进行限饲。妊娠中期的管理重点是调膘，保证妊娠母猪不增膘也不掉膘，严格按喂料标准投料，强调喂回头料，做到看膘给料。对过肥与过瘦母猪的调膘饲喂量，应控制在每头每日减增 0.25 kg 以内，不得减增过量。

六、妊娠后期饲养管理

从第 85 天至第 112 天进行限饲。妊娠后期的管理重点是保胎。此期要求饲养员逐步增加料量。此期胎儿生长发育和增生特别快，母体所需营养显著增加，膨大的胎儿致使母体子宫膨胀，因挤压使消化机能受到影响，因此此期应减少青粗饲料供给，增加一些精料。此外，由于第 75 天至第 90 天为乳腺发育期，严禁喂高能量的营养药，严禁喂料量过高，以免影响乳腺发育。喂料太多，母猪产后乳汁分泌旺盛，仔猪吮吃不完，易造成乳腺炎。控制母猪在第 90 天时的膘情，按五级评定在 2.5～3 分。对膘情良好的母猪，产前 3～4 d 开始减少饲喂量，产仔当天少喂料，产后慢慢加量到自由采食。膘情不好的母猪，不控料，让其自由采食。

七、妊娠母猪饲喂具体操作

喂料前保证料槽无剩余的水和饲料，防止妊娠母猪吃发霉变质饲料。妊娠母猪饲喂操作顺序是上班时先调控环境并查看猪群，放掉料槽中的水，扫料槽，塞上料塞再喂料，清扫猪粪，待母猪吃完料后，再扫干净料槽后放水入料槽，把猪粪归堆清走，最后清扫走道。

清洗料槽必须等大部分母猪吃完料后进行，让母猪有足够吃料时间。要清扫料槽，不用水冲洗料槽和走道，常保栏内和走道干爽。每次喂料后，都要清扫走道，做到每天 2 次。料槽加水 7～8 成满即可。

八、妊娠母猪舍环境控制

温度控制：适宜温度控制在 18～23 ℃，最低不低于 12 ℃，最高不高于 30 ℃；湿度控制在 65%～75%；舍内的氨味不能太浓；确保整体环境整洁、干爽、空气清新；无机械性噪声干扰。

确保消毒效果：环境温度高时，妊娠母猪每周冲洗 1 次，每周 2 次带体消毒，酸碱消毒药每月轮流更换。每次在冲水器中加

2%～3%烧碱或 2 包消毒威，进行水沟冲洗消毒。

料槽处理：每月 1 日和 10 日彻底清洗料槽，每月带畜体外驱虫 2 次，并做好相关的记录。

九、妊娠期注意事项

（一）防止流产与死胎

防止配种后的前 5 周受运输、转群、转栏、酷热、注射疫苗影响而引起早期流产，此期间不运输、不转群、不转栏、不注疫苗。妊娠母猪应饲养在通风良好、地面防滑、干燥舒适的环境中；防止用霉变的饲料喂猪，以免影响胎儿和母猪的健康；保持栏内床面清洁干燥，以免导致流产；防止饲料霉烂变质；防止便秘。可采用新鲜青料饲喂；产前 3～4 d，将产栏床面清洗干净，并以消毒药彻底消毒，包括母猪体表；产前 1～2 d 的母猪，当轻挤其乳房会有乳汁流出时，可用浸入温水的海绵，将其乳房洗干净，并准备好保温箱。

（二）妊娠检查

对配后（21±3）d、（42±3）d、（63±3）d、（84±3）d 的母猪，每天赶公猪 2 次到母猪定位栏前走动，检查母猪是否妊娠。若在某个发情周期内有发情表现，则说明没有妊娠，采用此方法可将 80%的空怀母猪检测出来。最可靠的测孕方法是用 B 超在配种后 21～35 d 二次测孕，将确认妊娠的母猪于孕 35 d 后转入妊娠栏或电子饲喂大栏饲养。B 超仪判断母猪妊娠的准确率可达 90%～95%，对于配种后 30～60 d 的母猪诊断是非常准确的。而早期妊娠诊断有以下优点：及时淘汰空怀母猪或对空怀母猪重配；可将分娩期比较接近的母猪分为一群；对于配种有问题的给予早期警示；能使生产者更有效地利用配种设施，从而对分娩、保育和育肥做详细的计划；保证妊娠母猪的出售；背膘仪的使用可准确测定母猪背膘厚度，实时监控母猪体况，帮助生产者适时调整饲喂计划。

（三）产前免疫

产前 3～4 周适合大多数疫苗的免疫注射。有大肠杆菌病苗、口蹄疫苗、伪狂犬病疫苗、副猪嗜血杆菌病苗、猪丹毒苗等，蓝耳病阳性场注射蓝耳病弱毒苗建议在妊娠 60 d 左右注射好。

（四）其他管理

确保每头母猪饮水量每天大于 17 L，饮水器水流量不低于 2 L/min。妊娠期母猪正常体温 38 ℃，正常呼吸每分钟 13～20 次。每年 6 月、12 月分别用 15％金霉素或 10％多西环素 1.5 kg/t 拌料，饲喂母猪 7 d，进行保健。

十、异常妊娠母猪的处理

（一）流脓母猪的处理

生产上每批次妊娠母猪流脓比例高于 10％时，采取全群饲料加药，每天每头用利高霉素 6 g，连用 7 d；低于 10％时，采用个体治疗方案，即首先肌内注射氯前列烯醇 2 mL/头，排出脓液；再抗菌消炎，肌内注射 320 万 U 青霉素、200 万 U 链霉素、10 mL 地塞米松，2 次/d，连用 2～3 d，或每天每次肌内注射阿莫西林 4 支，2 次/d，连用 2～3 d。

（二）不吃料母猪的处理

首先对不吃料母猪测体温，体温在 40.5 ℃ 以下属低热时，肌内注射柴胡及适当抗生素；40.5 ℃ 以上时，进行退热处理。妊娠猪退热使用氨基比林，而不用安乃近，适当加些抗生素，并且肌内注射黄体酮 3 mL/头保胎。母猪体温恢复正常并吃料，仍肌内注射抗生素 2 天，以防复发。高热 41.5 ℃ 以上，且气喘严重时，先用水滴母猪头部，并用退热针和抗生素。严重者耳尖、尾根放血 100～150 mL，并静脉注射磺胺 60～100 mL。待母猪稳定后可以静脉注射 500～1 000 mL 5％葡萄糖；最后输 250 mL $NaHCO_3$ 溶液，防止酸中毒。体温正常的母猪但不吃料，可以采用妊娠猪转大栏，创造良好的通风环境；改喂青料、小猪料；肌内注射新斯的明 20 mL 以恢复食欲。

发热不食母猪生产上常按以下顺序输液和补充能量抗炎，第一瓶：柴胡 50 mL＋4 支阿莫西林＋地塞米松 10 mL；第二瓶：

20 mL维生素 B_1 ＋20 mL 维生素 B_{12} ＋20 mL 10％葡萄糖；第三瓶：250 mL NaHCO₃。灌腹液能通便、补充能量，按每头猪灌腹 2 kg。灌腹液组成为：大黄苏打 100 g/头，小猪料 500 g/头，葡萄糖 100 g/头，开食补盐 50 g/头，维生素 C 30 g/头，1 220 g 水。

十一、饲养妊娠母猪的评估标准

控制整个妊娠饲养期间，妊娠母猪体重损失在10％以内。

严格根据膘情控制饲喂量。按前、中、后三阶段标准喂料，膘情控制合理：配种前期保持膘情不变，2～2.5 分膘；中期调到 3 分膘；后期调到 3.5 分膘。

临产母猪调入产房后采食量正常；产后上料快，哺乳高峰期最高采食量达到 7 kg 左右；并且母猪乳房发育良好，泌乳性能好；23 d 龄断奶仔猪重超过 7 kg。

仔猪初生重在 1.3～1.5 kg/头，大小均匀；无效仔控制在每胎 1.2 头以内；畸形、弱仔控制在每胎 0.7 头以内，死胎控制在每胎 0.3 头以内，木乃伊胎控制在每胎 0.2 头以内。

第四节 分娩母猪的饲养管理

一、产前准备工作

（一）产房清扫消毒

用3％的烧碱水将栏舍喷湿作用 60 min 后清洗；舍内消毒（消毒灵 1∶600）60 min；晾干后喷洒 0.5％敌百虫（或倍特）；猪舍晾干后，密封，将高锰酸钾 5 g/m² 放入 40％甲醛 15 mL/m³ 中，熏蒸消毒 24 h，熏蒸要在大口径容器内进行；走廊、斜坡、走道用 10％石灰消毒。如发生过疑似猪瘟、圆环病毒病、病毒性腹泻等重大疫病，要求该猪舍重复消毒 1 次。

（二）药品及用具

产前准备好高锰酸钾、碘酒、5％碘酊、0.1％KMnO₄、消毒水、抗生素、催产素、解热镇痛药、樟脑针和液体石蜡等药品，干净毛巾、照明灯、仔猪保温灯、保温箱、秤、卡耳钳、记录笔、记录本、免疫用注射器、疫苗等。

（三）猪体清洗

临产前 3～7 d 上产床。按预产期先后进行排列，优先考虑将一、二胎猪放置在通风良好的产栏。入产房前，检查栏舍的干净程度，仔猪、母猪饮水器及产栏的坚固性。准备滴水设备、风机、漏电开关、饲料、药物及器具。只有消毒完成的临产母猪方准进入产房上产床。接产员有权拒收未消毒的临产母猪进入分娩舍。

（四）饲喂

分娩母猪或断奶母猪当天少投料。通乳散拌料饲喂，每天每头 100 g，连喂 5 d。

二、分娩时间确定

母猪平均妊娠期为 114 d。根据"种母猪档案卡"上的预产期，在预产期前 2～3 d 观察临产母猪的表现。首先是乳房的变化，乳房有光泽、两侧乳房外胀，产前 2～3 d 乳头可挤出乳汁，当母猪前面乳头能挤出乳汁，离分娩时间不超过 24 h；中间乳头能挤出乳汁，约为 12 h 内分娩；最后一对乳头能挤出乳汁且乳汁呈喷射状，4～6 h 内可能分娩。其次，产前 6～8 h，母猪表现精神极度不安，呼吸急促，尿频，拱栏。当阴户出现羊水时，1 h 左右将分娩。

三、接产、护理与助产

母猪"破水"，后腹部开始阵缩，正常母猪分娩时间为 2～3 h，最长的 5～6 h。安静的环境有利于母猪产仔，可防止难产和缩短产仔的时间。接产员应剪短指甲，用肥皂洗净双手，母猪破水后用千分之一的高锰酸钾液清洗母猪阴户和乳房，然后按下列顺序接产。

（一）消毒

在母猪阴门及哺乳区铺好消毒好的麻袋。当仔猪落地后，首先用干净的毛巾或布片将口鼻部的黏液擦净，然后擦干全身，天气比较冷时，应将仔猪放入保温箱暖干。毛巾或棉布都要求洗净、消毒、晾晒好。

(二) 防寒保暖

仔猪适宜温度：1～7 日龄 35～30 ℃，以后每周降低 1～2 ℃，至断奶时达 28 ℃左右。加强管理，产后 10 d 内必须关好仔猪保温箱门，由饲养员定时放出吸乳，防止被压死。

(三) 断脐及假死仔猪抢救

先将脐带里的血向仔猪腹部方向挤压，然后在离腹部三指宽（4 cm）处用线结扎，剪断或掐断脐带，再用 5％的碘酒消毒。

一旦发现假死仔猪，应及时抢救。先将口鼻黏液或羊水倒流出来或抹干，双手托起仔猪背部的前后部，向腹内侧反复并拢、放开数次，频率为 20 次/min，或倒提仔猪后肢，拍臀数次，或用硬物刺激其鼻孔等帮助其恢复呼吸，直到有呼吸或发出叫声为止。

(四) 称重、剪牙、断尾

新生仔猪要在 24 h 内称重、剪牙、断尾并口腔灌服阿莫西林 0.1 g。种用仔猪应及时称重和打耳号，剪牙钳应配备 2 把，交替浸泡消毒使用，剪掉牙齿 2/3，但不要剪到牙根，断口要平整，剪断 4 颗犬齿并要求剪得平整不留锋角。断尾时，尾根部留下 2 cm 后剪断、4％碘酊消毒，流血严重时用 $KMnO_4$ 粉止血。弱仔推迟 1～2 d 断尾和剪牙。做好猪瘟苗的超前免疫注射；卡那霉素喷鼻，预防萎缩性鼻炎；青链霉素喷嘴，预防仔猪痢疾，并做好分娩记录。

(五) 固定奶头

吸乳时将弱仔放在前面乳头，健康仔放在后面乳头，连续人工辅助固定乳头 2～3 d 即可。如果一胎产仔多，又不能寄养，实行分批轮流哺乳，可把弱仔放在前面一批。

(六) 伪狂犬疫苗注射及补铁

仔猪初生后 1 d 内注射铁剂 2 mL，7 日龄再注射一次铁剂 2 mL，预防贫血。3 日龄按注射剂量减半给仔猪滴鼻伪狂犬病疫苗；5～7 日龄开始给仔猪强制补料；注意所补饲料质量要好、香味要浓，补料多次少量。

(七) 寄养或并窝

首先，注意两母猪分娩时间相对不超过 3 d 为宜；其次，所寄仔猪一定要吃上初乳；再次寄养仔猪涂抹寄母的奶水或尿液。及时让仔猪吃上初乳，仔猪吃完初乳 24 h 内完成寄养，每头母猪带仔不超过 12 头为宜。对初产母猪要尽量使仔猪数与母猪的有效乳头数相等，防止未哺乳的乳头萎缩，影响下一胎的泌乳性能。寄养时，仔猪间日龄相差不超过 3 d，寄大留小，把大的仔猪寄出去。喂乳前，先将母猪乳房的头几滴奶挤掉，再固定乳头。

(八) 去势

不做种用的小公猪，3～10 日龄可去势。推荐单切口去势，睾丸应缓缓拉出，术后用 4% 碘酊消毒，同时涂抹鱼石脂。

(九) 仔猪诱补料

诱料工作可在 5 日龄仔猪开始，把料投在保温板和料槽上，饲料要新鲜及清洁，勤添少喂，每天 2～4 次。可采取母猪乳房撒少量仔猪粉料的方法加强补料；撒料可从产后 10 d 开始，应在母猪放奶时进行；饲养员应随身携带饲料，在放奶时撒料效果较好。

(十) 断奶

仔猪大多 21～28 日龄断奶。断奶前后 3～5 d 内仔猪要适当控料，以免引起消化不良。断奶前后 3 d 用开食补液盐、维生素 C 粉及其他防应激药饮水，预防仔猪消化不良。转保育舍前，仔猪驱虫一次。母猪断奶前 2 d，适当控料。对每批断奶母猪进行淘汰鉴定。

四、难产判别及子宫炎处理

(一) 难产判别

两胎儿分娩时间间隔多为 5～20 min，根据相临两胎儿娩出时间间隔长短，努责强弱、已经产出胎儿数以及胎衣是否完全排出等确定是否难产。一般发现有羊水排出，强烈努责后 1～2 h 仍无仔猪产出或产仔间隔超过 30 min，认定为难产，需要人工助产。

（二）难产处理

一般难产多发生于初产母猪，经产母猪胎数较高时也可能发生。有难产史的母猪，临产前 1 d，肌内注射律胎素或氯前列烯醇；子宫收缩无力或产仔间隔过长，可用手由前向后用力挤压腹部；对产仔消耗过多的母猪可进行补液。观察到有小猪产出后，才能注射使用缩宫素 20～40 IU。以上几种方法无效或由于胎儿过大、胎位不正、骨盆狭窄等原因造成难产的，应立即进行人工助产。

人工助产方法：先肌内注射氯前列烯醇 2 mL；将指甲剪平、磨光滑，用 0.1%KMnO$_4$ 消毒，用石蜡油润滑手、臂，随子宫收缩节律慢慢伸入阴道内，待子宫扩张时抓住仔猪下颌部或后腿部，慢慢向外拉出。分娩结束后，对母猪肌内注射抗生素 3 d，以防子宫炎、阴道炎发生。初胎母猪、高胎龄母猪、乳头发育不良的母猪分娩过程中需进行输液。

难产手术主要有牵引术、矫正术和切胎术。因胎儿过大，产道狭窄，胎儿位置和姿势轻度异常，以及母猪阵缩微弱而引起的难产，一般都可以用牵引术将胎儿牵引出来。牵引手术方法：首先将手和手臂消毒，涂上润滑剂凡士林或石蜡油，五指呈锥形并握，顺母猪努责缓慢进入产道，触摸胎儿，如果是头部在前，可用中指及拇指掐住两侧上犬齿，并用食指按住鼻梁，顺着母猪努责，用力拉出胎儿。如果是尾部或后腿在前，可将中指放在两腿部之间，三指握住两后腿上部，顺着努责缓慢将胎儿拉出。轻度难产母猪，处理后要进行清宫消炎处理。对产道损伤严重的母猪及时淘汰。难产母猪要在生产卡上标注难产原因，以便下一产次的处理或做淘汰鉴定依据。

（三）预防母猪胎衣不下

预防乳腺炎和子宫炎，必须给刚分娩的母猪输液。产后检查：检查是否产完（胎衣或死胎是否完全排出），看母猪是否有努责或产后体温升高，体温超过 39.7 ℃的母猪，应用抗生素加退热药进行治疗。对产后患泌乳综合征的母猪，可注射一次 F 系列的前列腺素产品，使黄体酮浓度下降，催乳素浓度升高，此外，产后应用前列腺素产品促进子宫收缩，预防临床型子宫内膜炎发生。

对胎衣不下的母猪，可肌内注射催产素，每次不超过 10 U，间隔 60 min 一次，每次分娩最多肌内注射 2 次。

清宫输液用药方案 1：庆大霉素 80 万 U+头孢喹肟 2 g（或头孢噻呋钠 2 g）+5%葡萄糖生理盐水 500 mL、维生素 C 20 mL+0.9%生理盐水 500 mL、甲硝唑 1 瓶（单用），产仔第 6 头后，开始第一次输液，产仔当天每 6 h 肌内注射催产素一次，每次 30 IU；产仔第 2、3 天，肌内注射头孢噻呋钠［或甲磺酸培氟沙星 1 g+强力霉素（又称多西环素）1 g］1 g，上下午各 1 次；每 6 h 肌内注射催产素一次，每次 30 IU。在分娩后期，当胎儿没有产完而子宫收缩无力时使用缩宫素，帮助子宫收缩，此时才能真正起到缩宫素的作用。如果过早使用，尤其是子宫颈还未松弛之前使用，不仅起不到催产的作用，反而还会造成胎儿死亡，甚至出现难产。

清宫输液用药方案 2：在生产时输液 3 瓶，以补充能量、营养、解毒中药、抗生素、缩宫素、甲硝唑。产后 3 d 内肌内注射抗生素，主要用来预防子宫炎。记录好产后子宫炎母猪情况，以便断奶后有针对性治疗。产后 1~7 d，对后躯、乳房、外阴清洗消毒。产后 7 d 以上，对卫生差的母猪及时清洗消毒。没有耳静脉吊针的母猪连续注射抗生素 3 d，或注射一次长效土霉素，或使用专用药物子宫内投药一次。母猪输液参考方案为：第 1 瓶，5%葡萄糖盐水 500 mL+20 mL 鱼腥草+3 支青霉素+2 支链霉素。第 2 瓶，5%葡萄糖 500 mL+维生素 B_1 10 mL+维生素 B_{12} 10 mL+肌苷 10 mL，最后 100 mL 时加 2 mL 缩宫素。第 3 瓶，甲硝唑 200 mL+林可霉素 50 mL。

第五节　哺乳母猪的饲养管理

通过饲养，断奶 7 d 后母猪发情率达 90%以上；活产总数

88％以上；转育仔猪合格率达 95％以上，21 日龄仔猪断奶重 6 kg 以上。

一、料量供应标准

用专用饲料饲喂哺乳母猪，每天 3 次，饲料无变质（霉变），及时清理饲槽内剩余饲料。产前 3 d 开始减料，渐减至日常量的 $1/3\sim1/2$。产后 3 d 恢复正常饲料量，每日基础料为 2.5 kg，每头哺乳仔猪增加饲料 200～250 g。用公式表示为 2.5 kg＋0.25 kg×N（N 为哺乳仔猪头数）。过于肥胖的母猪每天减少 0.5 kg，过瘦的加 0.5 kg。产仔当天喂料 1 kg。从产仔 2～21 d，每天喂 3 次。产仔 2 d 喂料 1.5 kg，产仔 3 d 喂料 2 kg，产仔 4～6 d 喂料 4 kg/d，产仔 7～21 d 喂料 5～6 kg/d。产仔 22 d，每天饲喂 2 次，喂料 3 kg/d。产仔后 23、24 d，每天饲喂 2 次，喂料 2 kg/d。产仔后 25 d，饲喂 1 次，喂料 1 kg/d。产仔 26 d 断奶时，不喂料，只保证饮水，可添加青绿饲料。仔猪离开母体后，加大母猪饲喂量，以促进发情配种。产后 7 d 用土霉素原粉和多种维生素作保健药。

喂料时若母猪不愿站立吃料，应赶起，加 0.75％～1.5％的人工盐、小苏打或芒硝等轻泻剂预防产后便秘，夏季添加 1.2％的 $NaHCO_3$ 可提高采食量。

二、产后 1 d 检查内容

主要检查初生仔猪的分布状态。仔猪打堆表示温度不够，仔猪会远离灯泡而靠边活动表示局部温度过高，以仔猪群居平侧卧但不扎堆为温度适宜。分娩舍适宜温度在 22～24 ℃。舍温高于 25 ℃ 时，开窗通风降温；高于 27 ℃ 时，视情况开风扇；30 ℃ 以上可考虑对母猪进行滴水等措施降温。当舍温低于 22 ℃ 时，通过开保温灯、关门来保温，冬季保温的同时须注意通风换气。仔猪所需温度一般较高，从出生到 7 日龄适宜温度为 28～30 ℃，8～28 日龄适宜温度为 25～28 ℃。仔猪保温一般采取调节保温灯的功率和改变悬挂高度等措施。

哺乳期间产床不能冲洗，需保持产房干燥。室内湿度保持在65%～75%；做到小环境保温，大环境通风。母猪产仔当天少喂料，1 kg左右，或喂盐水麸皮汤。

三、产后2～3 d检查内容

补充清洁饮水。确保饮水器的流速每分钟不低于2 L，确保哺乳期母猪每天每头饮水量大于17 L。同时须仔细检查仔猪发育状况，若母乳不够，仔猪会出现瘦弱、长时间在乳房上拱乳现象；若母乳充足，仔猪会迅速生长，肌肉丰满，营养良好。

四、仔猪1周龄检查内容

开始强制给仔猪补教槽料。开始少放教槽料，后逐渐增加。最开始时，可将教槽料制成泥状，强制放于仔猪舌面上，每天3～4次，这样仔猪便可快速学会吃料。到保育舍后，16 d开始添加1/3的小猪料至体重达15 kg后，逐渐增加小猪料的比例，到32 d，体重达到18 kg时，全部饲喂小猪料，以便转舍换料。

五、断奶注意事项

仔猪一般在21～28 d断奶，21日龄断奶均重在6 kg以上。若25 d断奶，仔猪再留栏3 d后，转入保育舍，仔猪体重7 kg左右；哺乳时母猪以7成膘为宜；哺乳母猪选用怀孕料饲喂，每日1.8 kg，3 d后开始发情，及时配种；如果哺乳期间仔猪腹泻，可在母猪料中每头加喂20 g氟苯尼考粉，连用7 d；在夏季对第一、二胎母猪断奶时，每头推荐使用肌内注射PG600 1～1.5头份，以促进断奶母猪发情，提高排卵数。老母猪断奶7 d后仍没发情的，立即注射2支氯前列烯醇，第二天再注射PG600 1头份，可使70%以上的母猪发情；提高泌乳母猪采食量，强化粗蛋白（CP）15%～17%，赖氨酸（Lys）0.8%～0.9%（42～55 g）饲粮，能量水平尽可能高，采取减粗、加油、补青料的方法，增加饲喂次数，加夜餐，凉水拌料，充足饮水，降温。

第六节　断奶母猪的饲养管理

一、断奶母猪发情配种

经产母猪断奶后 2～5 d、初产母猪断奶后 3～7 d，开始发情并可配种。断奶后 4 d 内出现静立反射，推迟 12 h 配种，再过 24 h 重配一次；断奶后 5 d 发情，上午出现静立反射，推迟 8 h 配种，第二天上午再重配一次；断奶后 5.5 d 后出现静立反射，立即配种，第二天上午再重配一次；断奶后超过 7 d 才出现静立反射，立即配种。对返情母猪，在排除生殖道炎症后，出现静立反应立即配种，间隔 12 h 重配 1 次。

二、断奶母猪饲养管理

(一)瘦小哺乳母猪管理

断奶日龄适当提前，对平均 23 日龄断奶的母猪，断奶前在产房适当控料，在 22 日龄的下午减料，用正常料的一半饲喂，断奶当天即 23 日龄早上喂料 1 kg。

(二)断奶

提倡早上断奶。断奶母猪到配种舍要按体型强弱分群，防止打架损伤肢蹄、瘫痪等。从断奶第 2 天起，每天早上放出运动 1.5 h，运动后再合理分群。冲洗猪群选在断奶第 2 天下午，每个批次的断奶母猪只冲洗 1 次，发情期间禁止冲洗母猪身体。

(三)断奶母猪喂料

采用短期优饲，恢复断奶母猪的体况。选用专用料，对母猪断奶前 3 d 开始减料，断奶当餐不喂料，下午喂 1 kg 料；待断奶后 2～3 d 乳房出现皱纹时，方能增加饲料喂料至配种，以尽快恢复母猪的体况，早上运动返回后，隔半小时喂 1 kg 料，下午喂 1.5 kg；3 d 后开始自由采食，每天喂 4 餐，保证单头母猪料量在 4.5 kg 以上。一旦配种后，立即降至 1.8～2 kg/d，按膘情酌情喂料。

(四)断奶母猪保健

在第 2 天下午至第 5 天拌药保健,每包 40 kg 饲料添加维生素 E 粉4 g、利高霉素 5 g、鱼肝油 100 g。若发现保健过程中出现腹泻,可取消鱼肝油的添加。对断奶母猪,每天放公猪到每个断奶母猪栏里停留 10 min 以上,进行上下午 2 次以上的查情,发现母猪发情要为其打上记号并记录跟踪发情过程,适时配种。

三、返情、流产、空怀母猪饲养管理

(一)返情母猪

巡栏发现母猪外阴开始红肿返情时,立即将母猪赶到配种舍,放出公猪,在其栏旁逗留半天,然后赶公猪回公猪栏。开始优饲,料量加到每日 4 kg 以上,待发情稳定后,寻找适宜时机配种。

(二)流产母猪

母猪流产当天肌内注射 2 支缩宫素,然后连续肌内注射 3 d 鱼腥草加青链霉素进行消炎,第 2 天将流产母猪赶到大栏,若是配种后 1 个月内流产的母猪,在流产后第 3 天开始优饲,寻找适宜时机配种;若是配种 1 个月后流产的母猪,在流产后 17 d 开始优饲,寻找适宜时机配种。流产后第 1 次发情的母猪不配种,特别是蓝耳病造成的流产,要在流产后 2 个情期内排完后才可配种。有生殖道炎症的需治好后再配种,有浓稠发臭分泌物、患子宫炎的母猪,立即淘汰。对偏瘦的头胎母猪,需休养一个情期再配种。后备母猪和断奶 7 d 后发情的母猪,宜早配。后备母猪提倡本交与人工授精相结合。配种舍温度最好在 16～18 ℃,通风适度。

(三)空怀母猪

每周进行 2 次空怀鉴定,鉴定或怀疑是空怀的母猪,必须及时将其赶到大栏饲养,并挂牌制订运动、优饲、输死精等应对处理方案,寻找适宜时机,进行配种。对没有发情的母猪适当限饲、输死精等,从赶到大栏的时间算起 22 d 后再优饲,寻找适宜时机配种。

第七节　母猪生育失败的原因及对策

一、生育失败的原因

主要原因是：母猪初配年龄偏早；断奶期间体重下降过多：经过一个哺乳期，与妊娠晚期相比，母猪体重一般下降 25%～30%，超过 30% 会延缓发情。季节效应：母猪为多周期发情家畜，可以常年发情配种。但在 6—9 月炎热的夏季，母猪发情率比其他季节低 20%，尤其是初产母猪。对于瘦肉型猪，温度高于 29.5 ℃ 会干扰发情，甚至停止发情。母猪过胖：有的母猪处于哺乳期，仔猪数量少；有的母猪长期饲喂高蛋白、高能量饲料，导致在断奶期间体重不减，体内大量脂肪沉积，过度肥胖，导致母猪卵泡发育停止，自然发情异常。用料不科学：有的养猪场不使用母猪专用饲料，而是使用生长育肥猪饲料。内分泌异常：断奶后，出现一些黄体化和非黄体化卵泡囊肿，使卵巢失去活力，导致母猪长时间不发情。疾病因素：母猪分娩时发生产道损伤、污染、胎膜残留或胎膜碎片、子宫乏力时恶露潴留、难产时操作不干净、人工授精时消毒不彻底等。

二、应采取的对策

1. 正确掌握青年母猪的初配期　瘦肉型母猪 8 月龄，体重 125～145 kg。一般采用第二发情期配种较适宜。

2. 采用"低妊娠、高泌乳"的饲养方式　即妊娠阶段降低蛋白和能量含量，哺乳阶段提高饲料蛋白和能量含量的饲喂方式。

3. 炎热季节　采用滴水喷雾降温措施。

4. 限料　加 5%～10% 青绿饲料，母猪断奶后 1～2 d 不喂食，但不可缺水。母猪在饥饿刺激下可促进发情。用母猪专用全价料饲喂。

5. 激素催情　对不发情母猪可用下列激素催情：肌内注射三合激素 2 mL 或前列烯醇 2 mL；氯前列烯醇可有效地溶解不发情母

猪卵巢上的永久黄体，使母猪出现正常发情，每头母猪肌内注射 2 mg。注射时间为产后 24 h 内；PG600 是由 600 U 的孕马血清和 400 U 的人绒毛膜促性腺激素组成，不仅具有诱情作用，而且还有一定程度的超排作用。生产上每头母猪肌内注射 5 mL 的 PG600，以促进诱情与排卵。

6. 防治原发病　生产中认真做好猪瘟、细小病毒病、乙型脑炎、布鲁氏菌病、弓形虫病等疾病的防治工作。及时治疗患有生殖器官疾病的母猪。不能使用发霉的谷物、带有毒性的棉籽饼、马铃薯茎叶、茶籽饼和含有农药残留的饲料、酸性过大的青贮饲料、粉浆和粉渣、含酒精过多的酒糟等饲喂经产母猪。

7. 其他方法　结合公猪诱情、合理并圈、按摩乳房、加强运动等方法，促进发情配种。

第八节　公猪的饲养管理

后备公猪 40 kg 以上时需单栏饲养，防止相互斗咬。饲养管理一般与后备母猪相似，避免肥胖，每日需适宜运动。

一、饲料供给量

未配种或采精的公猪 50 kg 前，每日喂中猪料 2 kg；50～120 kg 体重时，每日供应饲料 2.4 kg；300 kg 体重时，每日供应饲料 3.0 kg。配种高峰期日均增 0.1～0.2 kg。每天定时定量饲喂 2 次。公猪超食饲粮蛋白质 CP＞20％，将导致超重，血氨浓度高，精液品质降低。CP 不足，性欲低，射精量少，精子总数少。CP 14.5％～15％（280～360 g），赖氨酸（Lys）0.7％～0.8％（12～18 g）的配种公猪日粮，维持公猪正常性欲、精液量和品质。

二、配种适宜时期

后备公猪在 9 月龄以上，体重达 130 kg 以上时，方可与适宜配种的母猪配种。用于人工授精的后备公猪调教，可采取先观摩采精过程，再现场调教的方法进行人工采精。必要时可结合肌内注射氯前列烯醇 2 mL，2～3 d 后再调教。

三、使用次数

一头正常公猪每日本交 1 次，每周使用不超过 4 次，一岁以下公猪每周使用 1～2 次为佳。人工授精以每周采精 3 次为宜，不能过频采精，以免每次排精数目减少。如暂时不需要人工授精，公猪每 3 d 必须采精 1 次，以保持精液质量和性欲。炎热天气可适当减少使用次数，一般 20～30 头母猪配备 1 头公猪，本交公母比为 1∶(20～30)，人工授精公母比为 1∶(50～100)。

四、公猪运动

每日需要运动，如在配种妊娠舍过道来回走动或在运动区运动，定时驱赶，并保持肢蹄健康。平时避免公猪相遇，防止公猪打架。

五、防暑降温

炎热季节精子数量减少，待气温正常时精子数量方可恢复正常，主要采用水帘降温，湿帘加纵向通风正常的情况下，可降低舍内温度 7～9 ℃，保证公猪舍环境温度不要超过 27 ℃。凉水喷洒或喷雾降温，每隔 1 h 喷洒一次，可蒸发皮肤水分带走热气。经常保持公猪栏舍干净，每周清洗公猪体表或刷拭 2 次，每季度驱除体内外寄生虫 1 次。

第九节　种猪淘汰

一、母猪更新计划

生产母猪在 100～300 头或以下的母猪场不宜自繁后备母猪；300 头以上的猪场，可自繁后备母猪，或从种猪场引进。公母猪群的组合以 1：（20～25）为宜，老、中、青相结合。一般公猪使用年限不超过 3 年。基础母猪群年淘汰率为 25％～33％，种公猪年淘汰率为 50％。

二、种猪群各年龄段所占比例

0 胎次：1 胎次：2 胎次：3 胎次：4 胎次：5 胎次：6 胎次＝20％：18％：16％：14％：12％：10％：7％。如果母猪群易发生夏季不孕，则要在 5 月多准备些后备母猪。

三、种猪淘汰计划

母猪年淘汰率为 25％～33％，公猪年淘汰率为 50％。后备猪使用前淘汰率为母猪淘汰率 10％，公猪淘汰率 20％。老场后备猪引入计划：后备猪年引入数＝基础成年猪数×年淘汰率/后备猪合格率；新场后备猪引入计划：后备猪年引入数＝基础成年猪数/后备猪合格率；或后备母猪年引入数＝满负荷生产每周计划配种母猪数×20 周。

四、种猪淘汰原则

种猪淘汰原则见表 6-2。

表 6-2　种猪淘汰原则

种猪情况	淘汰原则说明	种猪情况	淘汰原则说明
青年母猪不发情	11 月龄不发情且肌内注射孕马血清无效	流产	妊娠连续 2 次以上流产
断奶后不发情	断奶后超过 14 d 不发情且肌内注射孕马血清 2 次无效，从断奶至再发情的间隔时间超过 2 个月（超过 3 个情期）	分娩异常	难产、剖宫产、子宫收缩无力、连续产仔困难 2 胎以上
连续返情	3 次以上	子宫内膜炎	2 个疗程以上效果不好

（续）

种猪情况	淘汰原则说明	种猪情况	淘汰原则说明
产仔数少	连续2次产健仔数少于6头	母猪食仔	产后母猪食仔现象严重
断奶仔猪头数少	二胎断奶仔数在6头以下，泌乳成绩差，哺乳性能差	公猪有恶癖	伤人、伤母猪、自淫、子宫脱
四肢	肢体发育不好，行走困难	公猪患有影响配种的疾病	患过乙脑、细小病毒病、伪狂犬病、肢蹄病后，经治疗无效
外阴部	形状不规则，性能不好	公猪性欲不够，死精多	经治疗无效果
乳房	形状不规则，瞎乳头多	精液不达标	连续2个月精子不达标：活力0.5以下、浓度0.8亿以下、畸形率18%以上
年龄偏大	7胎以上老龄母猪比例不超过11%及超过3岁公猪	公猪生产性能差	与配母猪产仔数低、后代生长速度慢、患有重大遗传性疾病

第十节　猪生长各阶段投料标准与投料次数

一、出生到7 kg体重乳猪投料标准和投料次数

乳猪出生后5～7 d开始强制性投料（教槽料），7～28 d阶段用料1～1.15 kg，日均用料0.04 kg。多次投料，以吃饱不浪费为原则（日均增重205 g）。干湿饲喂法，值得推荐采用。

二、7～23 kg体重保育猪投料标准与投料次数

保育猪29～64 d，阶段用料25.6 kg，日均用料0.736 kg，多次投料（日均增重460 g）。

三、生产育肥猪

23~53 kg 体重小猪，65~107 d，阶段用料 73.5 kg，日均用料 1.74 kg，日 3~4 次投料（日均增重 710 g）。

53~68 kg 体重中猪，108~129 d，阶段用料 48 kg，日均用料 2.29 kg，日 3~4 次投料（日均增重 714 g）。

68~96 kg 体重大猪，130~169 d，阶段用料 98 kg，日均用料 2.51 kg，日 2 次投料（日均增重 718 g）。

生长育肥猪适宜饲喂量参考表 6-3。

表 6-3　生长育肥猪适宜饲喂量

体重（kg）	瘦肉型（kg/d）	脂肪型/地方杂种（kg/d）
30	1.4	1.3
40	1.7	1.6
50	1.9	1.8
60	2.15	2.0
70	2.35	2.1
80	2.55	2.3
90	2.7	2.4
100	2.9	2.5

四、各阶段用料标准

各阶段用料标准见表 6-4。

表 6-4　各阶段用料标准

阶段	饲喂时间（d）	喂料量 [kg/(头·d)]
后备	90kg 至配种	2.3~2.5
妊娠前期	0~28	1.8~2.2
妊娠中期	29~85	2.0~2.5

（续）

阶段	饲喂时间（d）	喂料量［kg/（头·d）］
妊娠后期	86～107	2.8～3.5
产前 7 d	107～114	3.0
分娩当天	1	1.5
分娩后 2～3 d	2	1.5～3.0
哺乳期	7～21	4.5 以上
空怀期	断奶至配种	2.5～3.0
种公猪	配种期	2.5～3.0
乳猪	0～28	0.18
小猪	29～60	0.50
小猪	60～77	1.10
中猪	78～19	1.90
大猪	120～168	2.25

五、500 头母猪规模猪场年饲料用量标准

500 头母猪规模猪场年饲料用量标准见表 6-5。

表 6-5 500 头母猪规模猪场年饲料用量

阶段	日龄	每头耗料量（kg）	数量（头）	饲料量（kg）	所占比例（%）
哺乳母猪	—	250	500	125 000	4.3
空怀母猪	—	80	500	40 000	1.4
妊娠母猪	—	620	500	310 000	10.6
哺乳仔猪	1～28	2	10 700	21 400	0.7
保育仔猪	29～49	12	10 300	123 600	4.2
小猪	50～79	33	10 100	333 300	11.4
中猪	80～119	80	10 100	808 000	27.5

（续）

阶段	日龄	每头耗料量（kg）	数量（头）	饲料量（kg）	所占比例（%）
大猪	120～160	115	10 000	1 150 000	39.2
公猪	—	900	20	18 000	0.6
后备	—	240	160	4 800	0.2
合计	—	—	—	2 934 000	100

注：分季节制订饲料配方，夏季采食量低，营养浓度要高，哺乳母猪料添加3%～5%脂肪，可减少因采食量下降导致的能量供应不足，增加乳汁分泌，提高仔猪断奶重，减少母猪失重，缩短发情间隔；制订饲料配方要保证营养全价性；制订一个科学的适合于本场的饲料添加剂保健方案；小猪用颗粒饲料，大猪用粉料最经济；小中猪料添加3%～5%脂肪可提高日增重和饲料转化率，同时可提高蛋白质的吸收率；哺乳母猪每天维持需要2 kg，另外每头小猪加0.3 kg；母猪哺乳期平均采食量5 kg。

第 七 章

猪场设计与建设

第一节　猪场规划建设原则

一、满足猪的生物学特性

根据猪对温度、湿度等的要求进行设计猪舍。一般猪舍温度保持在 $15\sim25\ ℃$，相对湿度保持在 $50\%\sim70\%$。

二、确定猪场性质

确定猪场属于原种猪场、祖代猪场、父母代猪场还是商品猪场。

三、适度规模

适度规模是在运用现代科技与设施的前提下，依建场资金和生产技术水平等情况来确定建场规模。大型猪场规模为存栏母猪 $1\,000$ 头以上；中型猪场规模为存栏母猪 $300\sim1\,000$ 头；小型猪场（含专业户）规模为存养 300 头母猪以下。

四、科学规划

总体设计和规划要科学论证。场址选择、规模大小、生产工艺设计等，要讲究科学合理，同时节约投资成本。养猪小区建在坡地薄地上，远离住宅区、主干道、水电路均可通之地。大中城市近郊、水源区、旅游区禁建规模猪场。

五、改"一点式"为"多点式"生产

将繁殖场、保育场、育肥场分开设计饲养。避免大规模成片密集饲养，借鉴学习北美早期断奶隔离饲养（SEW）三点式或两点式养猪。

六、实行科学饲养管理与猪病防控

建舍时要充分考虑是否符合养猪生产工艺流程，力争饲养操作方便，尽量降低劳动强度，提高管理效率。同时，应有利于猪病控制，地面、墙壁、天棚、猪栏、食槽等应有利于清洗和消毒。

七、注重环境可持续发展

猪舍的建筑要求依气候及地理条件不同而有所差异。高燥寒冷的地区，应重点考虑防寒保温。炎热地区，应重点考虑防暑降温，同时考虑猪尿粪等污物的处理，除粪工艺以"干除粪、少冲水"原则为佳。除臭气的办法包括安装污水处理设施、改变饲料中的蛋白质和矿物质含量、饲料中加入丝兰属植物提取物或酶等添加剂等等。猪场粪污消纳地应按 1 头母猪 5 亩[*]、1 头育肥猪 1 亩农地推算，以便消纳粪污。

八、经济适用

猪舍建设及舍内设施设备的安装是养猪场的基本建设，属固定资产投资，这部分投资以折旧的方式计入生产成本，投资越少、猪舍及设备使用年限越长，其折旧费占成本的份额就越低，就越成效。

第二节　猪场场址的选择

一、地形地势

地形开阔，平坦，有足够的生产经营土地面积。建场地势要

---

* 亩为我国非法定计量单位，1 亩≈667 m²。——编者注

高、干燥、背风向阳、有缓坡，不能集水潮湿，阴冷。

二、水源水质

要求建舍处水量充足，水质好，便于取用和消毒等。1万头猪场日用水量 150～200 t。猪群需水标准：种公猪总需水量 25～40 L/（头·d），饮用量 10 L/（头·d）；空怀及妊娠母猪带仔总需水量 25～40 L/（头·d），饮用量 12 L/（头·d）；哺乳母猪总需水量 60～75 L/（头·d），饮用量 20 L/（头·d）；断奶仔猪总需水量 5 L/（头·d），饮用量 2 L/（头·d）；育成猪总需水量 15 L/（头·d），饮用量 6 L/（头·d）；育肥猪总需水量 15～25 L/（头·d），饮用量 6 L/（头·d）。

三、土壤特性

养猪场要求土壤渗透性好，易渗水，热容大，可以抑制微生物、寄生虫和蚊子的滋生，减少昼夜温差。

四、场地面积

取决于养猪场的性质、规模和概况。生产面积可按每头种猪 40～50 m² 或每头商品猪 3～4 m² 计算。一般来说，一个年产 1 万头育肥猪的大型商品猪场占地面积应为 30 000 m²。

五、周围环境

养猪场的饲料、粪便和废弃物的运输量很大。方便的交通可以降低生产成本，防止对周围环境造成污染。然而，交通干线经常引起传染病的传播。因此，场地不仅要有便利的交通，而且要与交通干线保持一定距离。距城市 30 km 以上，距铁路、国道、省道不少于 2 km，距县、乡、村公路不少于 0.5 km。居民区与一般养猪场的距离不应小于 300 m，大型养猪场（如万头养猪场）与其他畜牧场的距离不应小于 1 km。最基本的要求是农场周围 2 km 范围内没有生猪。此外，还应考虑电力和其他能源的供应。

南方猪场粪尿污水处理工艺与配套环境要求见表 7-1。

表 7-1　南方猪场粪尿污水处理工艺与配套环境的要求

饲养规模	主要处理工艺	配套环境
万头猪场 （存栏 6 000 头）	人工不捡粪，全自动冲洗	1 000 亩菜地或 400 亩鱼塘
	人工捡粪，固液分离	500 亩菜地或 200 亩鱼塘
	人工捡粪，固液分离，一级厌氧	200 亩菜地或 80 亩鱼塘
	人工捡粪，固液分离，二级厌氧	120 亩菜地或 48 亩鱼塘

六、电力和能源供应

猪场 1～2 km 以内应有 380 伏以上的高压电源供猪场使用。

第三节　选择设计基本生产参数

根据我国的发展现状和生产水平，应尽量采用先进的饲养工艺，其设计的生产性能参数选择表 7-2。

表 7-2　生猪基本生产参数的选择

项　　目	指　　标
母猪年产胎率	2.2 胎
种猪群年淘汰率	33%
每头母猪年均供肉猪	20 头
配种分娩率	≥90%
母猪返情率	≤15%
公猪数∶母猪数	1∶20（本交） 1∶50（人工授精）
后备公猪数∶公猪数	0.3∶1
胎均产活仔数	≥10 头
胎均断奶活仔数	≥10 头

（续）

项　　目	指　　标
哺乳期成活率	≥94％
保育期成活率	≥95％
全期成活率	≥90％
生产种猪群比例	空怀母猪：妊娠母猪：哺乳母猪为 18.8％∶53.9％∶27.3％
母猪配种后在种猪舍时间	35 d
畸形死胎	≤1.2头/胎
仔猪初生重	1.3～1.5 kg
21日龄个体重	≥6.0 kg
42日龄个体重	≥12 kg
8周龄个体重	≥18 kg
个体重达100 kg日龄	168 d（24周）
母猪在产房时间	4周
断奶（哺乳期）	28 d（4周，达4周龄）
仔猪在保育舍时间	14 d（2周，达6周龄）
中猪饲养时间	70 d（10周）
大猪饲养时间	56 d（8周）
肉猪平均日增重	≥700 g
全期全场料重比	2.8∶1
肉猪屠宰率	75％
胴体瘦肉率	65％

第四节　猪场规划与布局

一、总体布局

猪场总体布局分四个功能区。

1. 生活区　包括食堂、职工宿舍、娱乐场所和运动场所等，应分开设置，位于地势较高的上风或迎风方向。猪场周围应建围栏或防疫沟。

2. 生产管理区 包括生产经营所需的办公室、接待室、技术实验室、饲料加工室、饲料仓库、维修车间、变电所、锅炉水泵房、车库等附属建筑。

3. 生产区 包括各类型猪舍和生产设施，是猪场的主要建筑区域，一般建筑面积占整个猪场总建筑面积的 70%～80%。所有外来车辆和人员禁止进入该区域。

4. 隔离区 包括兽医室、病猪隔离室、尸检处理区、粪便处理区等。兽医室可靠近生产区，病猪隔离室等区域应远离生产区。

其他设施包括：①水塔。水塔是清洁饮用水正常供应的保障，位置应满足适合水源条件，并应布置在猪场顶部。②道路。道路在正常生产活动、卫生防疫、提高工作效率等方面发挥着重要作用。场内道路与净道、污道分开，不得交叉，进出口分开。净道是人、饲料、产品运输的通道；污道是运送粪便、病猪和废物设备的专用通道。一般情况下，生产区没有通往外界的道路，而通往外界的道路分别设置在管理区和隔离区。③排水。场地地形坡度宜为 1%～3%，道路旁设排水沟，方便雨、雪、水的排放。④猪场废弃物及污水处理，是猪场防疫工作的重要组成部分。猪场应根据猪场特点，建立完善的废弃物和污水处理系统。

二、生产区规划

(一)规划原则

(1) 根据不同年龄、不同类型猪的生理特点和环境要求，以有利于防疫、便于管理为原则。

(2) 生产区包括养殖区、保育区和育肥区，每个区域的间距应大于 10 m。由上风处向下风处布置，圈舍朝向坐北朝南偏东15°～30°。

(3) 产房、保育舍采用小单元、全进全出设计。根据生猪生产节奏，将其划分为单元；生产工艺设计猪舍和栏位，每个单元以

8～12窝仔猪为宜。

（4）完善配套设施，提高猪舍小气候环境控制能力，保证猪舍温度、湿度，空气质量和饲养密度。在我国南方，防潮、隔热、防暑降温是主要手段；在北方地区，重点是保温和防潮。

（5）重视养猪场生物安全建设。生产区入口处应设置专门的消毒室或池，严格消毒，并应有死猪处理设施。

三、各类猪舍的建设要求

1. 公猪舍　一般为单列半开放式，舍内设计走廊，外有小运动场，一圈一头，面积一般为 8 m²。

2. 空怀、妊娠母猪舍　常采用限位栏饲养，也可分组，大栏群饲。一般来说，每栏饲养 4~5 头空母猪和 2~4 头怀孕母猪。猪舍布置为单走道双排。猪舍面积一般为每头 2～5 m²。地面坡度不宜过大，表面不宜过光滑，以防母猪跌翻。也可以单圈饲养，一圈一头。

3. 产仔哺育舍　舍内设计分娩栏、产床、仔猪围栏、保温箱等，多为两列或三列式，有地面单栏与网床分娩栏之分。舍内温度要求 15～25 ℃，分娩栏位结构因条件而异。小规模猪场，采用开放式单列带运动场。面积一般为每头 8 m²。

4. 仔猪保育舍　舍内温度要求 26～30 ℃。可采用网上保育栏，1～2 窝/栏，网上饲养，常用自动落料食槽，自由采食，面积一般为每头 0.8 m²。网上饲养有利于减少仔猪疾病，提高仔猪成活率。

5. 生长、育肥猪舍　均采用大栏地面群养方式，自由采食，面积一般为每头 1.2～1.5 m²，其结构形式基本相同，只是在外形尺寸上因饲养头数和猪体大小的不同而有所变化。

四、确定猪场各类猪群数量

养猪场的性质、生产规模和生猪生产性能等技术参数，决定了养猪场的各类生猪数量，从而计算生猪养殖数量和猪舍建筑面积（含建筑数量），是生猪养殖场总体规划设计的依据。

五、猪舍基本结构的要求

一个完整的猪舍，主要是由基础、墙壁、门窗、地面、屋顶等部分构成，不同结构部位的建筑要求不同。

(一) 基础

基础是畜舍地面以下承载猪舍各种荷载并将其传给地基的构件，它的作用是将猪舍自重及舍内固定在地面和墙上的设备、屋顶积雪等荷载传给地基。基础埋深随猪场、地下水位和地质条件的变化而变化。混凝土、条石和黏土砖均可作为基础。为了防止水通过毛细管向上渗透，在地基顶部应设置防潮层。

(二) 墙壁

墙是将猪圈与外部空间分开的主要外围结构。墙体要求坚固耐用，保暖性能好。不同的材料决定了墙壁的坚固性和保暖性的差异。石料墙壁的优点是坚固耐用；缺点是导热性强，保温性能差，水蒸气容易在墙上凝结。补救措施是用砖砌内墙，或在外墙上加一层5～10 cm厚的泥墙皮，以增加其保温防潮性能。砖墙具有良好的保温性能、防潮性能和牢固性，但应达到一定厚度。为了提高墙体的保温性能，可采用空心墙体或带保温板的复合墙体。

(三) 门、窗

人、猪出入猪舍及运送饲料、粪污等均需经过门。因此，门应坚固耐用，并能保持舍内温度和便于人、猪的出入。门可以设在端墙上，也可以设在纵墙上，但一般不设北门或西门。双列猪舍门的宽度不小于1.5 m，高度2.0 m；单列猪舍要求门宽度不小于1.1 m，高1.8～2.0 m。猪舍门应向外开。在寒冷地区，通常设门斗以防止冷空气侵入，并缓和舍内热能的外流。门斗的深度应不小于2.0 m，宽度应比门大0.5～1.0 m。

封闭式猪舍，均应设窗户，以保证舍内的光照充足，通风良好。窗户距地面1.1～1.2 m起，顶距屋檐40～50 cm，两窗间隔为窗宽度的2倍左右。在寒冷地区，应兼顾采光与保温，在保证采光系数的前提下尽量少设窗户，并多设南窗，少设北窗。条件许可最好安置卷帘。

(四) 地面

地面是猪只采食、趴卧、活动、排泄的场所，要求地面保暖，坚实，平整不滑，不透水，便于清扫消毒。土质地面具有保温、富有弹性、柔软、造价低等特点，但易于渗尿、渗水，很容易被猪拱坏，难于保持平整，清扫消毒困难。因此，应做混凝土地面或用碎砖铺底、水泥砂浆抹面层地面。水泥砂浆面层应做拉毛处理，禁止压光，以利防滑。在靠近饮水面地面铺设地漏板，保持尿、水畅通不积留。离地面自躺卧区向排泄区应有2%～3%的坡度。

(五) 屋顶与天棚

屋顶是防止漏水和保温隔热的设施，是猪舍散热最多的部位，因而要求结构简单，经久耐用，保温性能好。

天棚是加强畜舍冬季保温和夏季隔热的设施。天棚应保温，不透气，不透水，坚固耐久，结构轻便简单。天棚是否铺设足够厚度的保温层，是天棚能否起到保温隔热作用的关键，而不透水、不透气的严密结构是重要保证。保温层材料可因地制宜地选用珍珠岩、锯末、亚麻屑等。

第五节　猪场生产工艺和猪群结构的确定

目前现代化猪场主要有3个类型：年产10 000头商品肉猪以上的称为大型现代化猪场；年产3 000～5 000头商品肉猪的为中型现代化猪场；年产3 000头以下的为小型现代化猪场。

一、确定生产节拍

生产节拍又称繁殖节律，是指相邻两组哺乳母猪之间的时间间隔（天）。在一定时期内，对一批母猪进行人工授精或自然交配，使其受孕后形成一定规模的生产群，以保证产后形成一定规模的哺乳母猪，获得一定数量的仔猪。合理的生产节拍是全进全出的前提，是计划利用猪舍、合理组织劳动管理和商品猪均衡生产的基础。生产节拍视养猪场规模而定，一般采用 1、2、3、4、7 或 10日制。年产 5 万～10 万头商品猪的现代化养猪场大多实行一天或两天制，即每天有一批母猪繁育、产仔、断奶、仔猪保育和生猪屠宰。年产 1 万～3 万头商品猪的养猪场大多实行 7 日制。小型养猪场一般采用 10 日或 12 日制。

由于猪的发情期为 21 d，是 7 的倍数，7 日制生产节拍的优势可以减少母猪的配种和存栏数量，目前生猪繁育中繁重的技术工作和劳动任务大多安排在每周 5 d 内完成，避开周末，有利于制订周、月、年的工作计划，建立有序的工作休假制度，减少工作的混乱和盲目性。

二、确定工艺参数

为了准确计算生猪种群结构，即各种生猪种群的存栏数、猪舍所需的圈数、饲料消耗量和产品数量、生产工艺参数（包括繁殖周期、母猪年产仔数等），必须根据猪的品种、生产水平、技术水平、管理水平和环境设施，实事求是地确定。

（一）繁殖周期

繁殖周期＝妊娠期＋哺乳期＋断奶至受胎时间。

断奶至受胎时间＝断奶至发情时间＋配种至受胎时间。断奶至发情时间一般为 7～10 d；配种至受胎时间，决定于情期受胎率和分娩率 ［21×（1－情期受胎率）天］。

繁殖周期＝114＋28＋［10＋21×（1－情期受胎率）］＝152＋21×（1－情期受胎率）。

情期受胎率每增加 5％，繁殖周期减少 1 d，情期受胎率为90％、95％和 100％时，繁殖周期为 154 d、153 d 和 152 d。

（二）猪年产窝数

母猪年产窝数与情期受胎率、仔猪哺乳期的关系见表 7-3。

$$母猪年产窝数＝(365/繁殖周期)×分娩率$$

$$＝\frac{365×分娩率}{124＋哺乳期＋21×(1－情期受胎率)}$$

表 7-3　母猪年产窝数与情期受胎率、仔猪哺乳期的关系

情期受胎率（%）		80	85	90	95	100
母猪年产窝数	21 d 断奶	2.32	2.34	2.36	2.37	2.39
	25 d 断奶	1.90	1.92	1.93	1.95	1.95
	28 d 断奶	2.22	2.24	2.25	2.27	2.28
	35 d 断奶	2.13	2.14	2.15	2.17	2.18

备注：分娩率以 95% 计算。

三、某万头商品猪场工艺参数

某万头商品猪场工艺参数见表 7-4。

表 7-4　某万头商品猪场工艺参数

项　　目	参　　数
妊娠期（d）	114
哺乳期（d）	35
保育期（d）	28～35
断奶至受胎（d）	7～14
繁殖周期（d）	159～163
母猪年产胎次	2.18～2.12
母猪窝产仔数（头）	≥10
窝产活仔数（头）	≥9
成活率（%）	
哺乳仔猪	≥90
断奶仔猪	≥95
生长育肥猪	≥98

（续）

项　　目	参　　数
出生至 180 日龄体重（kg）	
出生	≥1.3
35 日龄	≥6.5
70 日龄	≥20
180 日龄	≥90
每头母猪年产活仔数（头）	
出生	≥19.8
35 日龄	≥17.8
36～70 日龄	≥19.9
71～180 日龄	≥16.5
每头母猪年产肉量（活重 kg）	≥1 575.0
平均日增重（g）	
出生至 35 日龄	≥156
36～70 日龄	≥386
71～180 日龄	≥645
公母猪年更新率（%）	33
母猪情期受胎率（%）	≥85
公母比例	1∶25
圈舍冲洗消毒时间（d）	7
繁殖节律（d）	7
周配种次数	1.2～1.4
母猪临产前进产房时间（d）	7
母猪配种后原圈观察时间（d）	21

四、猪群结构

　　根据猪场规模、生产工艺流程和生产条件，将生产过程划分为若干饲养阶段，不同阶段由不同类型的猪群组成，每一类群猪的存栏数量即代表猪群结构。饲养阶段划分是为了最大限度地利用猪群、猪舍和设备，提高生产效率。

以下以年产万头商品肉猪的猪场为例，介绍猪群结构计算方法。

（一）年产总窝数

$$年产总窝数 = \frac{计划年出栏头数}{窝产仔数 \times 从出生到出栏的成活率}$$

$$= \frac{10\ 000}{10 \times 0.9 \times 0.95 \times 0.98} = 1\ 193（窝/年）$$

（二）每个节拍转群头数（繁殖节律为 7 d）

产仔窝数 = 1 193/52 = 23 窝，每周分娩哺乳母猪数为 23 头。

妊娠母猪数 = 23/0.95 = 24 头，分娩率按 95% 计算。

配种母猪数 = 24/0.80 = 30 头，情期受胎率按 80% 计算。

哺乳仔猪数 = 23×10×0.9 = 207 头，成活率按 90% 计算。

保育仔猪数 = 207×0.95 = 196 头，成活率按 95% 计算。

生长育肥猪数 = 196×0.98 = 192 头，成活率按 98% 计算。

（三）各类猪群组数

生产以 7 d 为节拍，故猪群组数等于饲养的周数。

（四）猪群的结构

某万头猪场猪群结构见表 7-5。

各猪群存栏数 = 每组猪群头数×猪群组数。

生产母猪的头数为 576 头，公猪、后备猪群的计算方法为：

公猪数：576/25 = 23 头，公母比例按 1：25 计算。

后备公猪数：23/3 = 8 头，年更新率按 33.3% 计算。

后备母猪数：576/3/52/0.5 = 8 头/周，年更新率 = 33.3%，留种率 50%。

表 7-5　某万头猪场猪群结构

猪群种类	饲养期 （周）	组数 （组）	每组头数 （头）	存栏数 （头）	备注
空怀配种母猪群	5	5	30	150	配种后观察 21 d
妊娠母猪群	12	12	24	288	—

（续）

猪群种类	饲养期（周）	组数（组）	每组头数（头）	存栏数（头）	备注
哺乳母猪群	6	6	23	138	—
哺乳仔猪群	5	5	207	1 035	按出生头数计算
保育仔猪群	5	5	196	980	按转入的头数计算
生长育肥群	16	16	192	3 072	按转入的头数计算
后备母猪群	8	8	8	64	8个月配种
公猪群	52	—	—	23	不转群
后备公猪群	12	—	—	8	9个月使用
总存栏数	—	—	—	5 758	最大存栏头数

（五）不同规模猪场猪群结构（表7-6）

表7-6 不同规模猪场猪群结构

猪群种类	存栏数量（头）					
生产母猪	100	200	300	400	500	600
空怀配种母猪	25	50	75	100	125	150
妊娠母猪	51	102	156	204	252	312
哺乳母猪	24	48	72	96	126	144
后备母猪	10	20	26	39	46	52
公猪（含后备公猪）	5	10	15	20	25	30
哺乳仔猪	200	400	600	800	1 000	1 200
保育仔猪	216	438	654	876	1 092	1 308
生长育肥猪	495	990	1 500	2 010	2 505	3 015
总存栏	1 026	2 058	3 090	4 145	5 354	6 211
全年上市商品猪	1 612	3 432	5 148	6 916	8 632	10 348

五、猪栏配备

生猪生产能否按工艺流程进行，取决于猪舍和栏位配置是否合理。养猪场的设计应根据所确定的工艺流程和技术参数，先计算出各猪栏的数量，才能合理地计算出每幢猪舍的建筑面积。猪舍的类型一般是根据猪场规模，按猪群种类划分的，而栏位数量需要准确计算，计算栏位需要量方法如下：

各饲养群猪栏分组数＝猪群组数＋消毒空舍时间（d）/生产节拍（7 d）。

每组栏位数＝每组猪群头数/每栏饲养量＋机动栏位数。

各饲养群猪栏总数＝每组栏位数×猪栏组数。

如果采用空怀待配母猪和妊娠母猪小群饲养、哺乳母猪网上单栏饲养，消毒空舍时间一般为 7 d。

某万头育成猪场各饲养群猪栏配置数量见表 7 - 7。

表 7 - 7　某万头育成猪场各饲养群猪栏配置数量

猪群种类	猪群组数（组）	每组头数（头）	每栏饲养量（头/栏）	猪栏组数（组）	每组栏位数	总栏位数
空怀配种母猪群	5	30	4～5	6	7	42
妊娠母猪群	12	24	2～5	13	6	78
哺乳母猪群	6	23	1	7	24	168
保育仔猪群	5	196	8～12	6	20	120
生长育肥群	16	192	8～12	17	20	340
公猪群（含后备）	—	—	1	—	—	28
后备母猪群	8	8	4～6	9	2	18

六、猪场种母猪更新计划

以 500 头基础母猪群为例，假设猪场年均分娩窝数为 2.2，母猪年淘汰率 60％、40％和 30％，分别计算各繁殖周期应该更新母猪的头数。

淘汰率按 60％计算，每年应更新母猪数为 60％×500＝300头，那么每一个繁殖周期应更新率为 300/(2.2×500)＝26％。

淘汰率按 40％计算，每年应更新母猪数为 40％×500＝200

头，那么每一个繁殖周期应更新率为 $200/(2.2×500)＝18\%$。

淘汰率按 30% 计算，每年应更新母猪数为 $500×30\%＝150$ 头，每一个繁殖周期应更新率为 $150/(500×2.2)＝14\%$。

不同淘汰率所得淘汰数和淘汰百分率见表 7-8。

表 7-8 不同淘汰率所得淘汰数和淘汰百分率

淘汰率	第1周	第2周	第3周	第4周	第5周	第6周	第7周	第8周	第9周	第10周
60%	130 26%	114 23%	101 20%	89 18%	66 13%	—	—	—	—	—
40%	91 18%	83 17%	76 15%	70 14%	64 13%	59 12%	57 11%			
30%	70 14%	66 13%	61 12%	57 11%	54 11%	50 10%	47 9.4%	44 8.8%	41 8.2%	10 2.6%

若淘汰率太高，母猪更新速度太快，生产投入较大，例如淘汰率为 60%，500 头母猪在 5 个繁殖周期就更新一遍；而淘汰率为 40% 时，更新需 7 个繁殖周期；淘汰率 30%，更新则需 10 个繁殖周期。一般认为取淘汰率 40% 较为合适，每个繁殖周期后备母猪更新率为 18%。

七、猪群结构

养猪场的设计应根据所确定的工艺流程和技术参数，先计算出各猪栏的数量，才能合理地计算出每幢猪舍的建筑面积。

（一）猪栏舍确定方法一

以年产 10 000 头商品肉猪为例。

1. 成年母猪头数 成年母猪头数＝年出栏商品肉猪头数/每头母猪年提供商品猪的头数。按照每头母猪每年提供上市商品猪 20 头计，则：成年母猪头数＝10 000/20＝500 头。

2. 后备母猪头数 若母猪年更新率为 33%。后备母猪头数＝成年母猪头数×年更新率，即后备母猪头数＝500×33%＝165 头。

3. 公猪头数 公母比例（采用人工授精）为1：50。公猪头数＝成年母猪头数×公母比例，即公猪头数＝500×1/50＝10头。

4. 后备公猪头数 公猪年更新率为33%。后备公猪头数＝公猪头数×年更新率，则：后备公猪头数＝10×33%＝3.3≈4。

5. 待配母猪、妊娠母猪、哺乳母猪栏位计算 各类猪群在栏时间计算：

配种舍在栏时间＝待配7（d）＋妊娠鉴定21（d）＋消毒3（d）＝31（d）；妊娠舍在栏时间＝妊娠期114（d）－妊娠鉴定21（d）－提前入产房7（d）＋消毒3（d）＝89（d）；产房在栏时间＝提前入产房7（d）＋哺乳期35（d）＋消毒3（d）＝45（d）；上述3项总在栏时间：配种舍在栏时间31（d）＋妊娠舍在栏时间89（d）＋产房在栏时间45（d）＝165（d）。

母猪在各栏舍的饲养时间比例分别为：

配种舍＝31/165＝18.8%；妊娠舍＝89/165＝53.9%；产房＝45/165＝27.3%。

500头母猪按上述比例分配：

配种舍分配母猪头数：500×0.188＝94；妊娠舍分配母猪头数：500×0.539＝270；产房分配母猪头数：500×0.273＝137，则：配种舍至少应有栏位94个；妊娠舍至少应有栏位270个；产房至少应有产床137个。

6. 保育舍栏位计算 仔猪保育期35（d），则可与产房栏位数量相同，137个。计划：每圈舍为一窝，原则上暂不合群。

7. 育肥舍栏位计算 育肥期90（d）加消毒3（d），共计93（d）。饲养原则为一窝（8～10头）为一圈。其饲养期为保育期的2～3倍，故需栏位也应为保育期的2～3倍，274～411个。

8. 占地面积概算 年出栏10 000头商品肉猪，需饲养母猪500头。占地面积25～30亩，猪舍建筑面积10 000～12 000 m²。

9. 确定仔猪及育肥猪的头数 存栏哺乳仔猪头数＝周产仔窝数×10×94%×3周哺乳期＝全场年产总窝数/年内总周数×10×94%×3周哺乳期＝年出栏总数/仔猪育成率/窝产仔数/年内总周

数×10×94％×3 周哺乳期＝10 000/0.9/10/52×10×94％×3＝22×10×94％×3＝620。

存栏保育猪头数＝周产仔窝数×10×94％×95％×5 周保育期＝10 000/0.9/10/52×10×94％×95％×5＝22×10×94％×95％×5＝982。

存栏生长育肥猪头数＝周产仔窝数×10×94％×95％×98％×17 周生长育肥期＝22×10×94％×95％×98％×17＝3 273。

全场饲养存栏猪头数＝各类存栏母猪数＋公猪与后备公猪数＋哺乳仔猪数＋保育猪数＋生长育肥猪数＝500＋14＋620＋982＋3 273＝5 389。

（二）猪栏舍确定方法二

以年产 10 000 头商品肉猪为例。

以周为节律，一年按 52 周计算，概要介绍如下：

1. 出栏数　每年上市 10 000 头，每周上市 192 头。

2. 猪群规模　约 500 头母猪和 10 头用于人工授精的公猪。

3. 每周产仔母猪数　每周 22 窝，每窝断奶后平均仔猪数为 10 头。

4. 饲料的消耗量　每天约 8.75 t（20％母猪料、10％仔猪料、70％生长猪料）。

5. 水　每天需提供 112.5 t 水。

6. 电　提供 75 kW·h。

7. 粪便　每天产生 8.75 t 干粪（30％干物质），65 t 稀粪（50％干物质）。

8. 猪舍建筑　种猪区按每头母猪 6.0 m² 计算；生长区按每头母猪 6.5 m² 计算；其他辅助建筑区按每头母猪 3 m² 计算；共 7 750～8 750 m²。

9. 土地　猪场土地面积按每头母猪 60～70 m² 计算，约需 35 亩。

八、生产计划详细说明

（一）出栏指标数

10 000 头猪群，每周上市 192 头；每周断奶 205 头＝192/94％

（哺乳期成活率）；每周 20 头母猪产仔＝192（头）/10（每窝平均仔猪数）。

（二）繁殖标准

分娩周期＝1＋4＋12＋4＋4＝25 周（1 周预配种，4 周早期怀孕，12 周妊娠，4 周哺乳，4 周保育）；怀孕率 85％；猪群每年的更新率 33％；后备母猪的选种率 60％；公猪∶母猪（人工授精）1∶50；猪群规模＝每周产仔母猪数×分娩周期＝20×25＝500 头母猪；500/50＝10 头人工授精公猪。

（三）生长标准

出生到 28 日龄（5～7 kg）日增重 0.2 kg（4 周断奶＋1 周的周转＝5 周产房）；28～63 日龄（20 kg）日增重 0.37 kg（6 周＋1 周的周转＝7 周保育饲养）；63～112 日龄（50 kg，7 周中猪饲养）；112～168 日龄（100 kg，8 周大猪育肥饲养）；100 kg 到上市（2 周为上市前的准备）。

（四）猪栏面积分配

1. 猪栏面积分配要求　见表 7-9。

表 7-9　猪栏面积分配要求

项　　目	数量标准（m²/头）
后备母猪群养栏舍	2.00
断奶母猪群养栏舍	2.00
怀孕母猪群养栏舍	5.00
公猪单栏舍	8.00
母猪定位栏舍	2.10×0.60＝1.26（早期怀孕母猪）
	2.10×0.65＝1.37（怀孕母猪或体型大母猪早期怀孕）
	2.20×0.70＝1.54（体型大怀孕母猪）
公猪定位栏舍	2.40×0.75＝1.80
产房栏舍	2.20×0.65＝1.43
仔猪栏舍	0.50×1.00＝0.50（窝）
产床	2.20×1.80＝4.00

（续）

项　　目	数量标准（m²/头）
保育栏舍	从断奶至 20 kg，0.30 m²/头，漏缝板栏舍
生长栏舍	20～50 kg，0.50～0.60 m²/头，部分漏缝板栏舍
育肥栏舍	55～100 kg，0.80 m²/头，部分漏缝板栏舍， 或 1.00 m²/头，全部水泥地面栏舍
售前栏舍	1.20 m²/头，全部水泥地面栏舍

2. 年出栏 10 000 头育成猪规模场技术参数　见表 7 - 10。

表 7 - 10　年出栏 10 000 头育成猪规模场技术参数

项　　目	指　　标	项　　目	指　　标
胎均产活仔数	≥10 头	初生重	≥1.4～1.5 kg
仔猪育成率	≥90%	21 日龄时个体重（3 周断奶）	≥6.0 kg
配种分娩率	≥90%	8 周龄时个体重（5 周保育）	≥18.0 kg
母猪空怀期	2 周	育成猪出栏总周数	25 周
母猪怀孕期	17 周	空怀母猪每栏饲养头数	4 头
母猪提前进入分娩舍	提前 1 周	保育舍每栏饲养头数	15 头
公猪数∶母猪数	1∶25（本交）	生长育肥舍每栏饲养头数	12 头

（五）猪栏舍确定方法三

年出栏 10 000 头育成规模猪场为例，各类猪栏舍计算方法见表 7 - 11。

表 7 - 11　年出栏 10 000 头育成规模猪场各类猪栏舍计算方法

项目类别	计算方法
一年计 52 周	2 周母猪空怀期＋17 周母猪怀孕期＋3 周断奶期＋5 周保育期＋25 周育成猪出栏总周数
全场年产总窝数	年出栏总数/仔猪育成率/窝产仔数＝10 000/0.9/10＝1 112
每周产窝数	全场年产总窝数/年内总周数＝1 112/52＝22
分娩栏	哺乳母猪数＝每周产窝数×哺乳舍内的周数（哺乳 3 周＋提前 1 周）＝22×4＝88

（续）

项目类别	计算方法
怀孕栏	怀孕母猪数＝周配种数×（怀孕期周数－提前进入分娩舍周数）＝周产窝数/受孕率×（怀孕期周数－提前进入分娩舍周数）＝22/0.9×16＝392
空怀栏	空怀母猪数/每栏饲养空怀期母猪数＝每周断奶母猪数（或＝每周产窝数）×空怀期周数/每栏饲养空怀期母猪数＝22×2/4＝44/4＝11
公猪栏	公猪数＝母猪数/公母比＝（哺乳母猪数＋怀孕母猪数＋空怀母猪数）/25＝（88＋392＋44）/25＝21
保育栏	保育猪头数/每栏头数＝（每周产窝数×保育期周数×窝仔数）/15＝22×5×10/15＝74
育肥栏	育肥头数/每栏头数＝［每周断奶（或每周产）窝数×生长育肥期周数×窝仔数］/12＝22×（25－哺乳3周＋保育5周）×10/12＝22×17×10/12＝3 740/12＝312

（六）猪栏舍确定方法四

以1 700头母猪场（年出栏育肥猪30 000头）为例。

1. 某1 700头母猪场商品猪场工艺参数 见表7-12。

表7-12 某1 700头母猪场商品猪场工艺参数

项　　目	参　　数	项　　目	参　　数
妊娠期	114 d	繁殖周期	159～163 d
哺乳期	4周（28 d）	母猪年产胎次	2.24
保育期	5～6周（35～42 d）	母猪窝产仔数	≥10头
育肥期	16周（112 d）	窝产活仔数	≥9头
商品猪出栏	180 d	断奶仔猪成活率（％）	≥94％
断奶至受胎	7～14 d	保育成活率（％）	≥96％

（续）

项 目	参 数	项 目	参 数
出栏总成活率（%）	≥90%	后备母猪：初产母猪：经产母猪	25∶10∶65
种猪群年淘汰率（%）	40	公母比例	1∶25
母猪第一情期受胎率（%）	≥80	圈舍冲洗消毒时间（d）	7
第一发情配种时间	0～10 d	繁殖节律（d）	7
第二次发情配种时间	20～30 d	周配种次数	1.2～1.4
母猪配种后在种猪舍时间	35 d	母猪临产前进产房时间（d）	7
生产种猪群比例（%）	—	母猪配种后原圈观察时间（d）	21

2. 栏舍年利用率计算 根据配种用栏总天数（断奶至受胎天数＋情期天数＋配种舍消毒天数）、妊娠用栏总天数（妊娠天数－情期天数－妊娠舍消毒天数）、分娩用栏总天数（提前进分娩舍天数＋哺乳天数＋分娩舍内断奶天数＋分娩舍消毒天数）、保育用栏总天数（保育舍饲养天数＋保育舍消毒天数）、育肥用栏总天数（育肥舍饲养天数＋育肥舍消毒天数）、母猪生产周期（母猪生产周期＝消毒天数＋配种天数＋妊娠天数＋哺乳天数）、年生产窝数（年生产窝数＝每年总天数/母猪生产周期）计算不同栏舍年利用率（表 7 - 13）。

配种舍年利用率（%）：每年总天数/配种用栏总天数＝365/（断奶至受胎天数＋情期天数＋配种舍消毒天数）。

妊娠舍年利用率（%）：每年总天数/妊娠用栏总天数＝365/（妊娠天数－情期天数－妊娠舍消毒天数）。

分娩舍年利用率（%）：每年总天数/分娩用栏总天数＝365/（提前进分娩舍天数＋哺乳天数＋分娩舍内断奶天数＋分娩舍消毒天数）。

保育舍年利用率（%）：每年总天数/保育用栏总天数＝365/（保育舍饲养天数＋保育舍消毒天数）。

育肥舍年利用率（%）：每年总天数/育肥用栏总天数＝365/

（育肥舍饲养天数＋育肥舍消毒天数）。

表 7 - 13 栏舍年利用率（％）

项目	配种舍	妊娠舍	分娩舍	保育舍	育肥舍
栏舍年利用率	8.7	4.2	8.7	7.4	3.1

注：断奶至受胎天数为 14 d，情期天数为 21 d，妊娠天数为 114 d，消毒天数为 7 d，提前进分娩舍天数为 7 d，哺乳天数为 21 d，分娩舍内断奶天数为 7 d，保育饲养天数为 42 d，育肥饲养天数为 112 d，全年总天数为 365 d。

3. 栏舍数计算 见表 7 - 14。

表 7 - 14 各类栏舍数量计算

栏类别	窝数或头数	栏舍利用率（％）	每栏数量（头）	需要栏舍数（栏）	每期养猪数量（头）
配种栏	2.3 胎×1 700 头	8.7	6	75	450
妊娠栏	2.3 胎×1 700 头	4.2	1	931	931
分娩栏	2.3 胎×1 700 头	8.7	1	450	450
保育	2.3 胎×1 700 头×9	7.4	40	119	4 760
育肥	2.3 胎×1 700 头×8.5	3.1	43	250	10 750
后备	1 700 头×0.40	2	6	57	342

备注：保育 0.5 m²/头，母猪 1.6～2.0 m²/头，育肥 0.8 m²/头，仔猪 0.56 m²/头，后备 1.39 m²/头。

4. 根据上述设计参数，以周为单位计算各项生产指标

产床总张数 1 700 头×2.3 胎/8.7 次（年利用率）＝450 张产床。

每月母猪淘汰率：1 700 头×40％ 12 个月＝57 头。

每月后备补栏数：57 头（1 700 头经产需补栏）/85％×12 月＝804 头。

年产活仔数：年出栏 30 000 头/90％＝33 333 头。

年生产窝数：33 333/10 头（窝活仔数）＝3 333 窝。

月平均窝数：3 333 窝/12 个月＝277 窝。

月配种窝数：277/80％＝346 窝。

每周平均窝数：3 333 窝/52 周＝64 窝。

每周平均产活仔数：64×10＝640 头。

分娩舍每周向保育转仔猪：640×94％＝601 头。

保育舍每周向企业提供保育猪：601 头×96％＝577 头。每月提供出栏保育猪 577 头×4 周＝2 308 头。

在正常情况下全年提供保育猪 2 308 头×12 月＝27 696 头。

其中经产母猪数：1 700 头×（65％＋25％）＝1 530 头。

初产母猪数：1 700 头×10％＝170 头（平均每月占 170 头）。

后备母猪数：1 700 头×25％＝425 头（平均每月需要补充 425/12＝35 头）。

正常母猪存栏：1 700 头＋后备猪 35 头＝1 735 头。

（七）猪栏舍确定方法五 以 100 头基础母猪场为例。

1. 100 头基础母猪场技术参数 见表 7 - 15。

表 7 - 15　100 头基础母猪场技术参数

项　　目	一般指标	较高指标
窝产仔总数（头）	11	11.5
窝产活仔数（头）	10	10.5
出生至出栏成活率（％）	＞85	＞90
猪只死亡率（％）	15	10
0～35 日龄死亡率（％）	10	6
36～70 日龄死亡率（％）	3	2
71～180 日龄死亡率（％）	2	2
两胎间隔时间（d）	176	146
出生至出栏时间（d）	166	155
断奶至受胎天数（d）	14	7
母猪更新率（％）	33	30
公猪数：母猪数	1：25	—

（续）

项　　目	一般指标	较高指标
清洗消毒各型栏舍时间均为（d）	3	—
后备母猪在后备舍饲养时间（d）	90	—
提前进入分娩舍时间（d）	7	—
哺乳时间（d）	25	—
断奶仔猪原舍停留时间（d）	7	—
保育仔猪饲养截止时间（d）	75	—
生长猪饲养截止时间（d）	120	—
育肥猪饲养截止时间（d）	180	—
育肥猪每栏饲养头数（头）	10	—
屠宰率（%）	71	73
每头胴体重（kg）	63.9	76.65
初生猪活重（kg）	1.2	1.4
21 日龄活重（kg）	5	6.5
35 日龄活重（kg）	6.7	7.0
60 日龄活重（kg）	20	25
70 日龄活重（kg）	19.25	22.5
180 日龄活重（g）	90	105
0～35 日龄增重（g）	155	165
36～70 日龄增重（g）	400	450
71～180 日龄增重（g）	645	750
每头年均产仔窝数（窝）	2.0	2.3
发情再配种时间（d）	14	7
妊娠确定时间（d）	42	—
妊娠期时间（d）	114	—
空怀母猪每栏饲养数（头）	3	—
怀孕母猪每栏饲养数	1	—

（续）

项　　目	一般指标	较高指标
分娩母猪每栏饲养数（头）	1	—
种公猪每栏饲养头数（头）	1	—
后备母猪每栏饲养头数（头）	4	—
保育猪每栏饲养头数（头）	20	—
生长猪每栏饲养头数（头）	12	—
1头母猪年产肉重（kg）	1 271	1 877
1头母猪年产重（kg）	1 086	1 599
胴体瘦肉率（%）	56	58

2. 模化猪场等级管理标准　现代化猪场等级管理标准参考见表7-16。

表7-16　现代化猪场等级管理标准参考表

项　　目	一级管理	二级管理	三级管理	备注
成年母猪产仔窝数	＞2.0	＞1.8	＞1.6	—
窝产活仔数（头）	＞20	＞18	＞16	—
21日龄哺乳成活率（%）	＞95	＞94	＞93	—
断奶成活率（%）	＞93	＞90	＞87	以35 d计算
30 d保育成活率（%）	＞98	＞97	＞96	—
保育成活率（%）	＞98	＞95	＞92	以70 d计算
生长育肥猪成活率（%）	＞99	＞99	＞99	105～115 d
全群成活率（%）	＞97	＞95	＞92	—
0～90 kg天数	＜160	＜165	＜170	从出生至90 kg体重
母猪年供肉猪数（头）	＞19.5	＞18.5	＞17.5	—
育肥猪料重比	2.65	2.7	2.75	—
每头商品猪药费（元）	＜14	＜21	＜27	—
人均产值（万元）	＞20	＞18	＞16	—

（续）

项　　目	一级管理	二级管理	三级管理	备注
1 m² 产肉猪数量（头）	＞1.4	＞1.2	＞1.0	各类猪舍面积计算
1 m² 建筑面积产肉猪数量（头）	＞1.0	＞0.9	＞0.8	全场面积计算

3. 100 头基础母猪场各类猪栏舍计算方法　见表 7-17。

表 7-17　100 头基础母猪场各类猪栏舍计算方法

项目类别	计算方法
分娩栏	年内分娩总窝数×分娩舍饲养时间/365/分娩母猪每栏饲养头数＝100×2.3×（清洗消毒分娩舍时间＋断奶仔猪原舍停留时间＋哺乳时间＋提前进入分娩舍时间）/365/每栏饲养头数＝230×42/365/1＝26.5
怀孕栏	年内分娩总窝数×妊娠舍饲养时间/365/怀孕母猪每栏饲养头数＝100×2.3×（妊娠期时间－交配舍饲养时间－提前进入分娩舍时间＋清洗消毒怀孕舍时间）/365/1＝230×68/365/1＝45
空怀栏	年内分娩总窝数×交配舍饲养时间/365/空怀母猪每栏饲养头数＝100×2.3×（发情再配种时间＋妊娠确定时间＋清洗消毒交配舍时间）/365/3＝230×55/365/3＝36
后备母猪栏	年更新母猪头数×后备母猪在后备舍饲养时间/365/后备母猪每栏饲养头数＝100×30%×90/365/4＝2
公猪栏	公猪数＝母猪数/公母比/种公猪每栏饲养头数＝100/25/1＝4
保育栏	年内分娩总窝数×窝平均离仔数×保育舍饲养时间/365/保育猪每栏饲养头数＝100×2.3×10×（保育仔猪饲养截止时间－哺乳时间－断奶仔猪原舍停留时间＋清洗消毒保育舍时间）/365/20＝15
生长栏	年内分娩总窝数×窝平均离仔数×生长舍饲养时间/365/生长猪每栏饲养头数＝100×2.3×10×（生长猪饲养截止时间－保育仔猪饲养截止时间＋清洗消毒生长舍时间）/365/12＝25
育肥栏	年内分娩总窝数×窝平均离仔数×育肥舍饲养时间/365/育肥猪每栏饲养头数＝100×2.3×10×（180－120＋3）/365/10＝40

九、饮水器安装要求

固定饲槽可兼作饮水槽，也可另建固定水槽，固定水槽的建造要求与饲槽类似。这种非自动饮水设备适用于没有自来水设备的小场和个体养猪户。为保证猪群有足量的清洁饮水，最好安装自动饮水设备。安装自动饮水器时，应根据猪只的大小将饮水器固定在高于猪肩胛骨 5 cm 处，促使猪只抬头喝水。数量要求为：哺乳仔猪，每窝一个饮水器，离地 10 cm 高；保育猪，每 8 头猪一个饮水器，每栏不少于 2 个，离地 20～30 cm 高；生长猪，按每 16 头猪一个饮水器计算，每栏不少于 2 个，离地 30～40 cm 高；育肥猪，每 16 头猪一个饮水器，每栏不少于 2 个，离地 40～50 cm 高；成年猪，在一个大栏内每 8 头母猪一个饮水器，离地 60～70 cm 高。

十、改善与控制猪舍环境

只有在适宜的环境条件下，猪的生产潜力才能得以充分发挥。猪舍设计时，在合理建造的前提下，必须同时采取有效的环境控制措施，才能使栏舍的环境达到良好的状态，满足猪对环境的需求。

（一）防寒保温

在冬季，特别要做好分娩哺育舍、保育猪舍的防寒保温工作。采取下列措施有助于猪舍的防寒保温。

1. 加强防寒管理 冬季前封窗，在窗外贴透光性能好的塑料薄膜，在门外包防寒毡；防止室内潮湿，及时清除粪便和污水；铺设厚垫草；适当增加投料密度；通风时，应尽量降低风速，防止产生贼风。

2. 猪舍加热 采取上述措施后，当猪舍温度仍不能满足要求时，必须采取加热措施。可采用生火炉、砌火墙、地面供暖等方式。

（二）防暑降温

猪正常体温为 38～40 ℃，平均 39.5 ℃，呼吸 10～20 次/min，脉搏 60～80 次/min，妊娠期（114±2）d。体温及环境温度可用红外线温度测定仪测定，加强生产者对环境的控制。现代化猪场防暑降温原则：①通风与喷水相结合。单独通风不能降温，需要水蒸发过程吸收热量；如果只是喷雾不加强通风，则湿度很快达到100％，水分停止挥发，从而表现出整个猪舍闷热难受，达不到降温效果。此现象在保育猪阶段表现十分突出。②寻找合适具体的时间和方法。提倡喂料前或喂料后降温。因生猪在饲喂后一定时间内表现体热增加，造成较强的热应激，可导致生猪健康状况下降，怀孕母猪还会影响胎儿。喂料前降温可明显提高采食量，喂料后降温可减少热应激产生。掌握降温的临床表现十分重要，当生猪出现腹式呼吸、烦躁不安、张口呼吸、精神沉郁或减料严重时，应该及时通风降温。一般防暑降温时间段为11：00—15：00、气温骤增、天气多变时期。③降温同时注重湿度控制。夏季高温高湿的情况下容易滋生病原，也容易导致繁殖障碍，影响母猪发情配种等。只有加强合理通风，恰当用水降温，才能处理好温度与湿度的有效控制。④合理的饲养密度。⑤合理安排喂料时间。由于喂料后机体增热明显，夏天应改变员工作息时间，避开高温阶段喂料等。

　　猪场常用防暑降温措施：炎热天气的高温应激，会影响到猪群采食量、初生仔猪重、仔猪数、仔猪活力、母猪泌乳性能等，有时造成种猪突然死亡，激发保育猪呼吸道疾病，导致生猪中暑等。气温高、太阳辐射强、气流速度小和空气湿度大是造成环境炎热的主要因素。在炎热情况下，大多采用让猪免受太阳辐射、与冷物体接触增强传导散热、充分利用天然气流、强制通风加强空气对流散热、水浴、向猪体喷淋水蒸发散热等措施。

　　公猪舍防暑降温措施：参考舍内温度，开风机、水帘。当舍温27℃以下时，开窗通风；27℃以上时，开风机水帘。当舍外温度低于27℃时，关风机水帘。当舍温30℃以上，对过道、墙壁、天棚顶冲水降温。气温超过37℃时，最好结合房顶喷水降温，效果更好。如果结合使用深井水，增建深水池，增加水池遮盖，水池建在猪舍内，将水池一分为二、在池底部联通，或向水池中加入冰块。若采用多种方法，舍内温度仍在30℃以上时，冲洗公猪全身以降温，打开门窗通风，加强蒸发散热。上午下班若气温高于23 ℃，应开水帘降温系统，以免中午超过 27 ℃。下午下班时，若气温低于28 ℃，应关闭水帘。炎热天气，想尽一切办法增加公猪舍的密封性，减少热气直接进入猪舍内。保证水帘畅通无阻，可用清洁剂清洗水帘或在循环水池中定期加入 1‰硫酸铜药物，减少藻类或青苔滋生。

隔离舍、配种舍、生长舍防暑降温措施：当气温大于 28 ℃时，合理增开风机的数量；大于 30 ℃时，开启全部风机；大于 33 ℃时，增开水帘降温，结合考虑间歇性冲栏或冲猪全身以降温。但冲水或水帘降温均需结合适当的通风措施。在窗户上铺一条湿麻袋或涂白色油漆，避免阳光直射猪体，效果更好。

怀孕舍防暑降温措施：小于 24 ℃时，根据已通风情况掌握窗户的开关，让猪群尽量舒适。大于 24 ℃时，尽量把窗户全部打开。如果有太阳照射到猪舍，则应将窗户涂白色油漆或拉上遮光网，避免直射。高于 30 ℃时，应开风机降温系统。在夏季选择合适的时间段冲栏，适当增加冲栏次数，但不宜过多，尽量不冲猪身。当温度高于 32 ℃时，给妊娠后期母猪冲水降温，关键要贴着猪身冲，冲湿全身，水压千万不能太大，尽量在 12:00—15:00 冲猪身 2～3 次，以减少死胎弱仔的数量。对怀孕母猪来说，强调喂料前后降温是十分重要的。因为喂料前降温，可明显提高母猪采食量；喂料后一段时间，机体增热比较多，降温可明显降低应激，减少种猪突然死亡或死胎、木乃伊胎发生。合理分布母猪群，确保关键猪群通风降温。怀孕前中期注意湿度控制，怀孕后期母猪特殊加强通风与降温。结合采用屋顶喷水降温，效果更佳。

分娩舍防暑降温措施：当气温 24～27 ℃时，如果舍内温度在这个范围，外界有风可以不开风机，只把全部窗户打开。若通风不良，猪呼吸有点急促，人感觉较闷时，增开风机通风即可。当气温高于 28 ℃时，采取间歇式开风机，降温。当气温达到 33 ℃以上时，则应将通风与冲水相结合。一些风力不够的产房，可考虑使用风机并在产栏中间安装风扇，固定风向，以免浪费风机电力。对房顶较高的分娩舍，可考虑在天花板下拉简易挡风装置，增强通风效果。提倡采取猪舍底窗开小缝通风的方法，通风量足且均匀。也可采用在正墙上开孔让风平扫猪身的通风方法。当气温高于 32 ℃时，可结合舍内走道冲水，或冲墙壁，再结合风机通风，风与水相结合实施降温。提倡给产前母猪冲水降温，减少热应激。必要时，可在产后将仔猪关在保温箱中，水冲母猪全身，但注意分娩当天不宜冲洗。装有水帘系统的高标准分娩舍，防暑降温方法参考公猪舍应采取防暑降温措施。

保育舍防暑降温措施：当气温低于 30 ℃时，灵活开关窗户，创造舒适环境。当气温大于 30 ℃时，开启风机。大于 33 ℃时可以对室内、外走道和室内外墙壁进行冲水。在天热时期，干热的空气极易诱发呼吸道疾病，特别强调开启风机与喷水相结合的降温方法，对保育猪防暑降温十分重要。

其他防暑降温措施：在舍外运动场搭建凉棚。凉棚设置时取长轴东西配置，跨度不大的棚顶可采用单坡，南低北高，增加棚下阴影面积。凉棚高度以 2.5 m 左右为宜。对于怀孕后期母猪与中大肉猪，在大于 30 ℃时，采用十滴水、风油精、薄荷水等清凉性药物喷雾降温，或在中午饮水中使用十滴水、薄荷水、浓度小于 0.9％的氯化铵饮水，降温。结合改变喂料时间，将喂料尽量安排在气温较低的时间进行，尽量回避高温阶段喂料，12:00—16:00 不喂料，将主要料量放到晚上投喂。对于种猪，肉猪舍不可忽视喂料前后降温。与此同时，重视中暑的处理也是十分必要的。临床上，发现猪体温达 42 ℃以上，食欲废绝，口渴鼻干，全身发红，一些猪表现口吐白沫，结膜充血，病情加重时，呼吸困难、浅表，甚至意识丧失，视为中暑。如果病猪能移动，则转移到阴凉处，然后以冷水或酒精泼洒头颈部与全身，必要时采取耳尖或尾尖放血，促进散热。立即注射 25％盐酸氯丙嗪 5～8 mL；表现呼吸急促甚至昏迷时，应立即静脉推注樟脑磺酸钠等强心药，对昏迷猪，推注 10～50 g总量的小苏打溶液，进行急救。

湖南地区各猪群的最佳温度与适宜温度参考见表 7 - 18。

表 7 - 18 湖南地区各猪群的最佳温度与适宜温度

猪群类别	时间	最佳温度（℃）	适宜温度（℃）	备注
仔猪	出生当天	34～35	32～36	新生仔猪温度保持十分重要，是决定成活率的重要因素之一。应增设取暖降温设施
	1周内	32～34	1～3日龄 30～36	
			4～7日龄 28～36	
	1～2周	26～29	25～30	
	3～4周	24～26	24～30	
保育猪	4～8周	22～24	22～30	刚断奶时 26 ℃，然后减至 22～24 ℃，应增设取暖降温设施
	8周后	20～24	20～30	
育肥猪	10周后	17～22	15～28	25～100 kg 猪 18～22 ℃。超过 22 ℃，会引起猪食欲下降；低于 16 ℃，猪会从饲料中获取能量用作自身防寒，影响生长
母猪	后备母猪	18～21	15～28	成年猪 16～20 ℃ 怀孕母猪能承受的最高温度是 35 ℃，体温过高会引起流产。应增设取暖降温设施
	妊娠前、中期母猪	18～21	15～28	
	妊娠后期母猪	18～21	15～27	
	分娩后 3 d 内	24～25	24～28	产仔时产房 28 ℃，断奶时减至 24 ℃，设置隔热天花板及取暖降温设施
	分娩后 4～10 d	21～22	24～28	
	分娩 10 d 后	20	18～28	
公猪	公猪	22	15～28	人工授精公猪舍，常年保持 18～24 ℃，超过 28 ℃将会导致精子质量下降

（三）光照

光不仅影响猪的健康和生产力，还影响管理者的工作条件。猪舍的采光以自然光为主，人工光为辅。

1. 自然光照　自然光照时，光线主要通过窗户进入舍内。因此，自然光照的关键是通过合理设计窗户的位置、形状、数量和面积，以保证猪舍的光照标准，并尽量使舍内光照均匀。在生产中通常根据窗户的有效采光面积与猪舍地面面积之比的采光系数来设计猪舍的窗户，种猪舍的采光系数要求 1：（10～12），生长育肥猪舍为 1：（12～15）。

2. 人工光照 自然光照不足时，应考虑补充人工光照。人工光照一般选用 40～100 W 白炽灯等，灯距地面 2 m，按大约 3 m 灯距均匀布置。猪舍跨度大时，应安装交错排列的两排灯泡，让舍内光照分布均匀。

（四）排污

猪场的主要污染物是粪尿及生产污水。猪每天排泄的粪便量很大，日常管理产生的污水也很大。因此，建立合理的排污系统，及时清除这些污染物，是防止室内潮湿，保持良好空气卫生的重要措施。室内氨气浓度可以用氨气检测仪测量，有助于改善室内空气质量。加强通风可以降低室内氨浓度。

猪场污水排放一般有两种方式。一是将粪便和污水分开处理。一般采用人工清除新鲜粪便，并设置排水管，将污水（包括尿液）排入猪舍外污水池。应随时清除粪便，否则粪便会与污水混合而难以清除，或排入污水管而造成排水管堵塞。另一种是同时清除粪便和污水，可分为水冲洗和机械清洗。水冲清除，应该在屋内修建漏缝地板、粪沟，在舍外修建粪池。漏缝地板可以由钢筋混凝土或金属或竹条制成。当粪便落在漏缝地板上时，液体物质从缝隙流入地下的粪沟，固体粪便被猪踩入沟内。粪沟位于漏缝地板下方，向粪池倾斜 0.5%～1.0%。用水将粪便冲进舍外的粪水池。这种方法不适合北方寒冷地区，因为它耗水量大，会造成室内潮湿，产生大量污水，难以处理。机械清理方法基本上是用刮刀等机械设备将粪便清理到猪舍一端或直接清理到猪舍外。

（五）垫料的使用

垫料也叫垫草或褥草，是在猪栏内一定部位（称猪床）铺设的材料。垫料具有保暖、吸潮、吸收有害气体、增强猪的舒适感和保持猪体清洁等作用。垫料应具备导热性小、柔软、无毒、对皮肤无刺激等特性，同时要求来源充足、成本低等特点。常用的垫料有麦秸、稻草、锯末等。垫料应经常更换，保持垫料的清洁、干燥。冬季使用垫草时，应提前将垫草放入舍内，禁止将带有冰雪的垫草直接放入猪栏内。

（六）栏尺寸计算

以总母猪 500 头为例。人工授精公猪站，按 1∶50 计算，需 10 头人工授精的公猪，配 10 个公猪栏。每个栏尺寸为 3.30 m×2.50 m×1.30 m 或定位栏 2.40 m×0.75 m×1.20 m；采精区域的大小为 3.00 m×3.00 m；人工授精实验室的大小为 3.00 m×5.00 m；实验室附加部分 3.00 m×2.00 m。

配种区配种前，试情公猪数，占总母猪头数 500 头的 1/160，计公猪头数，每栏放 1 头，需 3 个栏；待配青年母猪：500 头×0.33（猪群每年的更新率）/52 周×6，计 19 头，每个栏 2 头 计 10 个栏；断奶母猪：每周 20 头×2 周，每栏放 2 头，计 20 个栏，共计=33 个栏，每栏的最小尺寸为 3.30 m×2.10 m×1.00 m。

配种区：从配种到确定怀孕，每周 20 头母猪产仔/85% 的怀孕率，计每周 24 头配种数，怀孕检测 4 周加上 1 周的配种，每周配种数 24 头×5（周），计 120 个母猪定位栏，每个栏的最小尺寸为 2.10 m×0.60 m×1.00 m。

妊娠区：从确认怀孕到产前，每周 20 头确认怀孕的母猪×12.5 周，计 250 个母猪定位栏，每个定位栏的最小尺寸为 2.10 m×0.60 m×1.00 m；最佳尺寸为 2.10 m×0.65 m×1.00 m。

产仔区：母猪产前到断奶及仔猪出生到断奶，采用全进全出。每周 20 头产仔母猪×5 周，计 100 个产床，每周用 1 个产房，每个产房 20 个产床，每个最小尺寸：2.20 m×1.85 m×0.50 m，保温箱尺寸，计 1.10 m×0.60 m×0.80 m；每个定位栏的最小尺寸，计 2.20 m×0.55 m×1.00 m；最佳尺寸为 2.20 m×0.65 m×1.00 m。

保育/断奶到出栏：24 周龄，采用 50 m×15 m 全封闭式猪舍，单栋可容纳 500 头。

每周上市 194 头猪，每栏 10 头，计每周 20 个栏×2 周，计 40 个市场预备猪用栏，40 个栏放于 2 个房间，每栏的最小尺寸为 3.50 m×2.50 m×1.00 m。

后备母猪培育舍：更新的后备母猪从转出保育舍的猪只中选取，在 24 周龄。每周需更新 5 头，然后放于种猪群中饲养。基于 60% 的选择率，每周需从转出保育舍的猪中选取 9 头进入后备母猪培育舍，以供选择。另外，淘汰母猪也被放进后备母猪培育区，饲养 2～3 周，因此，后备母猪培育舍需 3+2=5 个栏，每栏放 8 头后备或 4 头淘汰母猪，每头后备猪 1.00 m²，每头淘汰母猪 2.00 m²，每栏的最小尺寸为 30 m×2.10 m×1.00 m。

隔离检疫舍：从其他猪场引进的新公猪及祖代母猪，在此区至少要隔离饲养 6 周。该区与猪场隔离，且距离至少 0.5 km，单独饲养。该检疫区位置必须安全，所处的环境不会对从其他场引进的猪造成风险，只有成功度过 6 周的检测期，并且检测疾病呈阴性，才能进入猪群中饲养。

（七）猪舍大小计算

根据每个生产段的猪数目，可知各个阶段所需要的栏位数，过道宽度为 1.2～1.5 m，墙的平均宽度为 0.2 m，然后猪舍的大小就可以计算出来。

以年出栏 10 000 头的 500 头母猪群为例，计算所需要的猪舍大小及数目。

各类猪群在栏时间：配种房在栏时间＝待配 7（d）+妊娠鉴定 21（d）+消毒 3（d）＝31（d）；妊娠舍在栏时间＝妊娠期 114（d）-妊娠鉴定 21（d）-提前入产房 7（d）+消毒 3（d）＝89（d）；产房在栏时间＝提前入产房 7（d）+哺乳期 35（d）+消毒 3（d）＝45（d），上述三项总在栏时间：配种房在栏时间 31（d）+妊娠舍在栏时间 89（d）+产房在栏时间 45（d）＝165（d）。

母猪在各栏舍的饲养时间比例分别为：配种房＝31/165＝18.8%；妊娠舍＝89/165＝53.9%；产房＝45/165＝27.3%。

500 头母猪按上述比例分配，则配种房有母猪头数：500 头×

18.8％＝94 头；妊娠舍有母猪头数：500 头×53.9％＝270 头；产房有母猪头数：500 头×27.3％＝137 头；则：配种房应有栏位 94 个，妊娠舍应有栏位 270 个，产房应有产床 137 个。

（八）具体的服务设施

1. 料的消耗/存放/生产 每年出栏 10 000 头猪，周需料约 61.25 t。

2. 水的使用 每日需水 112.5 t。

3. 安装功率 为 75 kW 的供电线路。

4. 员工的住宿 猪场员工包括场长 2 个，5 个技术员，每 60 头母猪需 1 人，2 个水电工，猪舍的维修工及饲料搬运工，共计 20 人。

5. 更衣室 所有要进入生产区的人员必须要先通过设计合理的更衣室，更衣室提供男士、女士的淋浴、更衣。另外，舒适而又干净的饭厅和休息室也包括在内。

6. 上猪台 连接单独的内外通道。

7. 粪便 每天约产生 8.75 t 干粪（30％为干物质）。

8. 死猪处理 深埋、焚烧消毒等无害化处理。

9. 道路的入口 所有的道路专为猪场的员工使用，离公路干线至少 500 m，与高速路至少 1 000 m。

10. 围墙 围墙应该完全地将生产区和服务区包围，至少 2.0 m 高，与猪舍至少 20 m 远。开设唯一的入口，设置入口大门进入管理服务区，粪便出口等另外开设。

（九）造价及生产运营效益分析

一般标准化猪舍母猪（带引种、设备、土建约）10 000 元/头×500 头，计 500 万元（母猪舍采用全封闭式猪舍，暖风机）；1 250 头保育/育肥舍舍，整体造价 112.5 万元/栋（带地暖＋暖风机）×4，计 450 万元，整个工程约需 950 万元。

养猪生产运营效益预算分析

固定资产投入：1 000 万元，计划 10 年折旧，一期折旧为 100 万元。年出栏育肥猪头数：10 000 头。每头育肥猪所需饲料成本：1 200 元（含母猪分摊饲料成本）×10 000，计 1 200 万元。医药投入：10 000 头×15 元/头，计 150 000 元。固定资产投入：10 000 元。管理人员：5 000 元/月×12×7 人，计 420 000 元。其他人员：1 500 元/月×14 人×12，计 252 000 元。低值易耗品：30 000 元。运输费用：1 250 元/月×12，计 15 000 元。其他管理费用：25 000 元。

合计：固定资产折旧 100 万＋饲料成本 1 215 万元＋人工工资 65.2 万元＋固定资产投入 3 万元＋易耗品 3 万元＋运输费用 1.5 万元＋其他管理费用 2.5 万元，合计 1 390 万元。猪场生产效益：10 000 头×110 kg×16 元，计 1 760 万元，盈利 370 万元。

（十）建 100 头存栏母猪场需投入土地、猪舍、设备、人工及流动资金

1. 占地 占地面积：建筑物占地面积。主要有猪舍，办公、仓库，职工生活用房等共计 1 850 m²。场内道路、隔离绿化带和污池塘等占地面积一般为建筑面积的 2.5 倍左右，需 4 600 m²。以上两项共计 6 500 m²（约 10 亩）左右。租金按每亩每年 800 元计，10 亩需 0.8 万元/年。

2. 建筑物 猪舍、猪栏，配种妊娠母猪舍和分娩舍。存栏 100 头母猪，其中哺乳母猪 18 头，空怀和妊娠母猪 82 头（以每头母猪年平均产仔 2.2 胎、仔猪 28 d 断奶推算）。因猪场规模小和考虑到生产高峰因素，一般猪栏数应比实际饲养量多 10% 左右。所以应建固定栏 90 套、公猪栏 6 套、分娩栏 24 套。

（1）配种妊娠母猪舍和分娩舍 采用双列式，（即舍内安排两列猪栏，中间一条净道，两边各一条污道），分娩栏规格为 1.80 m×3.60 m（2 栏），固定栏 0.60 m×2.10 m，中间净道宽 1.40 m，两边污道宽 1.30 m。则配种妊娠母猪舍的长为 37.10 m（6/2×2.50＋90/2×0.6＋1.30×2＝37.10），宽 8.20 m（2.15×2＋1.30×2＋1.40＝8.30），面积 305 m²；分娩舍的长为 24.2 m（3.60×6＋1.30×2＋1.40＝24.20），宽 8.30 m（2.10×2＋1.30×2＋1.40＝8.20），面积 200 m²。

（2）保育舍 采用双列式，规格为 2.50 m×3.40 m，中间一条净道宽 1.40 m。则保育舍长为 20 m（2.5×8＝20），宽 8.20 m（3.40×2＋1.40＝8.20），面积 164 m²。

（3）育肥猪舍　采用单列式，舍内安排一列猪栏，规格为 3.60 m×6.60 m，旁边一条走道宽 1.20 m。则育舍长为 115.2 m（3.60×32＝115.2），宽 7.80 m（6.60＋1.20＝7.80），面积 900 m²。可根据地形分为 2 栋。

（4）办公、仓库　140 m²

（5）职工生活用房　140 m²

以上建筑物总面积为 1 849 m²，以每平方米造价 400 元计（包括配套的场内道路、水电），需投入约 74 万元。

3. 生产设备

（1）猪栏设备　固定栏 90 套，800 元/套，需 7.2 万元。高床分娩栏 24 套，3 500 元/套，需 8.4 万元。高床保育栏 16 套，3 000元/套，需 4.8 万元。以上 3 种猪栏设备共需 20.4 万元。饲料加工设备：饲料加工机组 1 套，需 1 万元。生产工具：喂饲料手推车，高压清洗机，铁铲，扫帚等，需 1 万元。以上生产设备共计投入人民币 22.4 万元。

（2）存栏猪　100 头母猪的猪场存栏猪约为 1 000 头，按当前物价水平，平均每头猪占用成本约 1 000 元计，1 000 头共占用成本 100 万元。

（3）饲料、兽药　猪场一般要求有 10～15 d 的饲料储备，才能较好应付下雨天、节假日等因素造成的饲料供应流通环节异常的影响。存栏猪约为 1 000 头的猪场，日均消耗饲料 1.5 t，则需储备 19 t 饲料，按 3 500 元/t，则需 6.7 万元。

4. 人工　在猪场设计合理的前提下，存栏 100 头母猪的猪场需雇用 3 名工人，人工费按 9 万元/年。人工费计入存栏猪，不在此单独列出。

5. 资金预算　根据以上估算，投资 100 头基础母猪的养猪场需投入人民币 210 万元。其中猪舍和生产设备等固定资产 96.4 万元，存栏猪投入 100 万元，饲料储备 6.7 万元，地租 0.8 万元。

第八章

猪 场 防 疫

要使猪不发病、少发病，尤其不要发生重大传染病，关键是搞好平时的防疫措施，从选择场舍地址、隔离、卫生、消毒、免疫接种、驱虫、预防用药等方面环环紧抓，重在预防，决不能重治疗、轻预防。

第一节　场舍选址及建设要求

要求远离公路、学校、工厂及人员流动频繁的地区；地势高燥、排水方便、粪尿处理方便；通风透气、坐北朝南；有清净的井水供饮用；最好建高床产仔舍和保育舍，保持栏舍内干燥、卫生；栏舍建成长方形，不能建成正方形；人员生活区要与猪舍严格分开，拉开一段距离；栏舍不能太矮小，檐高 2.5～3 m，便于通风和隔热；猪舍内不能同时养犬、猫、禽等其他动物；要有专门的饲料加工和贮存场地。

第二节　隔离措施

隔离措施主要包括猪舍或猪场与外界完全隔开，有专门的围墙和大门；不准任何外来人员包括亲戚朋友进猪舍参观，尤其是猪贩子和饲料营销人员；饲养人员每次进出猪舍要换鞋、换工作服；猪场要严格遵守隔离制度。

第三节　清洁卫生

要求做到在猪群进栏后的前 3 d，用驱赶的办法调教好猪群，使它们定点排粪尿，定点睡觉，定点吃料；每天上下午喂料前打扫卫生；保持栏舍地面干燥，尽量少用水冲洗地面；定期清扫栏舍上下内外环境；配种和产仔前对清洗猪体。

第四节　消　　毒

要求做到在栏舍门口设消毒池或放消毒盆；猪场须洗澡换衣洗手后进入；每周带猪喷雾消毒一次；每隔 1 天对走廊、舍外地面、道路喷消毒水消毒一次，走廊与道路用石灰铺垫一层；空栏彻底消毒、干燥后才准进猪；粪便堆放泥封后发酵 3 个月才能出场或粪污水经沼气池作用后 3 次沉淀才能排出或制成有机肥。死猪放入深井尸坑封闭发酵处理，或深埋 2 m 深；对运猪车辆严格消毒。

消毒程序执行：即先水洗栏、3％烧碱溶液喷雾、敌百虫溶液喷雾、再用消毒威喷雾 4 步程序，每步程序都必须等栏干燥后，才能进行下一步。对于单独的封闭单元或是整栋空栏，还要用福尔马林（500 mL 加水 250 mL）和高锰酸钾（每 20 m³ 空间 500 g）或用福尔马林煮沸蒸汽消毒 24 h，然后开门窗通风 24 h。每 2 d 给猪舍周围和空间用 3％烧碱溶液消毒一次；每 2 d 给进出猪舍的门口消毒池换水加药一次；雨后天晴等地面干燥后，给走道、干粪道洒上生石灰。

常用消毒药见表 8-1。

表 8-1　常用消毒药

名　　称	适应范围	用法用量	注意事项
福尔马林（40％甲醛）	地面、器具、墙壁	4％的溶液喷洒	对黏膜有刺激作用

（续）

名　　称	适应范围	用法用量	注意事项
维欣（稀戊二醛溶液）	橡胶、塑料、手术器械、畜舍；畜禽消毒	1∶1 500	—
新力消毒剂（二氧化氯） 二氯异氰尿酸钠粉	场地；畜禽消毒	100 g 加水 500 kg 50 g 加水 500 kg	—
来苏儿	畜舍、地面、用具、人员的手消毒	3%～5%溶液喷洒、浸泡	对芽孢杆菌、结核杆菌效果不佳
高锰酸钾	皮肤、黏膜和创口的消毒	皮肤黏膜用0.1%～0.5%溶液	—
漂白粉	畜舍、地面、沟渠、饮水、粪便等的消毒	5%～10%水溶液喷洒，饮水消毒每吨水加 4～8 g	现配现用，不做金属容器、衣服的消毒
生石灰	地面、墙壁、用具、粪便等的消毒	10%～20%的石灰水趁热浇洒	现配现用，待石灰水干后方可与家畜接触
烧碱	畜舍、运输工具、用具、环境、粪便、尸体的消毒	2%～3%的水溶液喷洒	有腐蚀性，消毒后要用清水冲洗干净，金属用具不能接触烧碱
百毒杀（10%溶液）	畜舍、环境、用具、饮水及带猪消毒	稀释 300 倍后喷洒，稀释 1 000 倍饮水	—
复合酚（菌毒敌等）	禽舍、用具、环境和污物的消毒	配成 1%的水溶液喷洒	用药 1 次，可维持7 d
过氧乙酸	玻璃、白色衣服、地面、畜舍、环境、密闭的仓库、加工车间	0.2% 浸泡，0.5%喷洒，5%溶液每立方米，2.5 mL 喷雾	现配现用，对皮肤黏膜有刺激性，有漂白作用，对金属有腐蚀作用

第五节　免疫接种

免疫接种要求：到正规国家疫苗供应点购买疫苗；按规定保存疫苗，不用因停电失效、过期、变质的疫苗，疫苗现用现配不过夜；注射器、针头煮沸消毒，一猪一针头，不打飞针，严格按操作要求办；一般病猪不能打疫苗，几种疫苗不能混合注射，不能随意加大剂量；严格根据场所情况制订免疫程序，进行接种，不能随意更改。

免疫程序见表 8-2 至表 8-4，供参考。

表 8-2　后备种猪免疫程序

项目	免疫时间	疫苗种类	注射剂量	备注
购进种猪	购进 1 周	猪瘟高效弱毒苗	1 头份	购进 4 d 后注射
	购进 2 周	口蹄疫疫苗	1 头份	耳根后肌内注射
	购进 3 周	伪狂犬病弱毒苗	1 头份	耳根后肌内注射
	购进 4 周	细小病毒病苗	1 头份	肌内注射
	购进 5 周	丹肺二联苗	2 头份	铝胶生理盐水稀释肌内注射
	购进 6 周	链球菌病弱毒苗	4 头份	肌内注射
	购进 7 周	变异蓝耳病弱毒苗	1 头份	耳根后肌内注射
	购进 8 周	圆环病毒病灭活苗	1 头份	耳根后肌内注射
	3 月底至 4 月初	乙脑弱毒苗	1 头份	50 kg 以上公母猪耳根后肌内注射
选留种猪	90 d	免疫增强剂 1 号	3 mL/头	后海穴注射
	100 d	口蹄疫疫苗	1 头份	耳根后肌内注射
	119 d 公猪	乙脑弱毒苗	1 头份	耳根后肌内注射
	120 d	变异蓝耳病弱毒苗	1 头份	耳根后肌内注射
	125 d	免疫增强剂 1 号	3 mL/头	后海穴注射
	140 d	伪狂犬病弱毒苗	1 头份	左耳根后肌内注射
	140 d	圆环病毒病灭活苗	1 头份	右耳根后肌内注射
	154 d	口蹄疫疫苗	1 头份	耳根后肌内注射

（续）

项目	免疫时间	疫苗种类	注射剂量	备注
选留种猪	154 d	乙脑弱毒苗	1 头份	耳根后肌内注射
	168 d	细小病毒病苗	2 mL/头	左耳根后肌内注射
	168 d	猪瘟高效弱毒苗	1 头份	右耳根后肌内注射
	175 d	伪狂犬病弱毒苗	1 头份	左耳根后肌内注射
	175 d	圆环病毒病灭活苗	1 头份	右耳根后肌内注射
	182 d	变异蓝耳病弱毒苗	1 头份	耳根后肌内注射
	189 d	细小病毒病苗	1 头份	左耳根后肌内注射
	189 d	乙脑弱毒苗	1 头份	右耳根后肌内注射
	200 d	猪瘟高效弱毒苗	1 头份	耳根后肌内注射
	3 月	细小病毒病灭活苗	2 mL/头	耳根后肌内注射（220 d 以上至怀孕 80 d 前的一胎猪普免，接种 2 周方可配种）
	3 月底至 4 月初	乙脑弱毒疫苗	1 头份	耳根后肌内注射（220 d 以上至怀孕 80 d 前的一胎猪普免，接种 2 周方可配种）

注：猪瘟高效弱毒苗（辽宁益康/大华农），口蹄疫疫苗（金宇），口蹄疫疫苗（中农威特），伪狂犬弱毒苗（梅里亚/勃林格/海博莱），细小病毒苗（山东齐鲁），链球菌病弱毒苗（广东动物疫苗供应站），变异蓝耳病弱毒苗（大华农），普通蓝耳病弱毒苗（勃林格），圆环病毒病灭活苗（勃林格/哈维科/南农高科），乙脑弱毒苗（中牧），链球菌病弱毒苗（广东动物疫苗供应站），（辉瑞/海博莱），大肠四（二）价苗（上海海利）。

表 8-3　生产种猪免疫程序

品种	月龄	疫苗种类	注射剂量	备注
基础母猪	4、8、12 月	伪狂犬病弱毒苗	1 头份	耳根后肌内注射
	1、4、9、11 月	口蹄疫疫苗	1 头份	耳根后肌内注射
	2、5、8、11 月	变异蓝耳病弱毒苗	1 头份	耳根后肌内注射
	10 月	胃流二联苗	2 头份/头	耳根后肌内注射
	3 月低 4 月初	乙脑弱毒苗	1 头份	耳根后肌内注射
	3、9 月	链球菌病弱毒苗	4 头份	肌内注射（计划外免疫）
	3、9 月	气喘病疫苗	2 mL/头	肌内注射（计划外免疫）
	5 月	丹肺二联苗	2 头份/头	肌内注射（计划外免疫）

（续）

品种	月龄	疫苗种类	注射剂量	备注
产房母猪	断奶当天	猪瘟高效弱毒苗	1头份	耳根后肌内注射
	断奶后10 d	细小病毒病苗	1头份	肌内注射（计划外免疫）
公猪	3、9月上旬	猪瘟高效弱毒苗	1头份	耳根后肌内注射
	3、9月下旬	乙脑弱毒苗	1头份	耳根后肌内注射
	6、12月初	伪狂犬弱毒苗	1头份	耳根后肌内注射
	3、10月	变异蓝耳病弱毒苗	1头份	耳根后肌内注射
	9、10月	免疫增强剂1号	3 mL/头	后海穴注射
	10月	胃流二联苗	2头份/头	耳根后肌内注射
	1、4、9、11月	口蹄疫疫苗	1头份	耳根后肌内注射
	3、9月	链球菌病弱毒苗	2 mL/头	肌内注射（计划外免疫）
	3、9月	气喘病疫苗	2 mL/头	肌内注射（计划外免疫）
	5月	丹肺二联苗	2头份/头	肌内注射（计划外免疫）
怀孕母猪	产前8周（一胎）	圆环病毒病灭活苗	1头份	耳根后肌内注射
	产前35 d	免疫增强剂1号	3 mL/头	后海穴注射
	产前30 d	大肠杆菌四（二）价苗	1～2头份	3—8月1头份，9月至翌年2月2头份耳根后肌内注射
	产前30 d	链球菌病弱毒苗	4头份	耳根后肌内注射
	产前2周	变异蓝耳病弱毒苗	1头份	耳根后肌内注射
	产前15 d	免疫增强剂1号	3 mL/头	后海穴注射

表8-4 肉猪免疫程序

周（日）龄	疫苗种类	注射剂量	备注
2日龄	伪狂犬病疫苗	0.3 mL/头	滴鼻
7日龄	气喘病疫苗	2 mL/头	耳根后肌内注射
肉猪 12日龄	圆环病毒病苗	2 mL/头	肌内注射
14日龄	变异蓝耳病弱毒苗	0.1头份	左耳根后肌内注射
14日龄	普通蓝耳病弱毒苗	0.3头份	右耳根后肌内注射
21日龄	气喘病疫苗	2 mL/头	左耳根后肌内注射

（续）

	周（日）龄	疫苗种类	注射剂量	备注
肉猪	21 日龄	圆环病毒病灭活苗	0.5 头份	右耳根后肌内注射
	20～35 日龄	猪瘟脾淋苗	2 头份/头	肌内注射
	6 周	变异蓝耳病弱毒苗	0.2 头份	左耳根后肌内注射（冬季）
	7 周龄	普通蓝耳病弱毒苗	0.3 头份	右耳根后肌内注射（秋季）
	7 周龄	蓝耳病疫苗	2 mL/头	左耳根后肌内注射（秋季）
	8 周龄	普通蓝耳病弱毒苗	1 头份	右耳根后肌内注射（冬季）
	65 日龄	口蹄疫疫苗	1 头份	右耳根后肌内注射
	70 日龄	猪瘟脾淋苗	2 头份/头	肌内注射，加强免疫
	70 日龄	普通蓝耳病弱毒苗	1 头份	右耳根后肌内注射（冬季）
	85 日龄	口蹄疫疫苗	1 头份	肌内注射，加强免疫
	100 日龄	变异蓝耳病弱毒苗	0.1 头份	肌内注射，加强免疫（秋季）
	100 日龄	普通蓝耳病弱毒苗	1 头份	右耳根后肌内注射（冬季）
	10 月龄	胃流二联苗	2 头份/头	肌内注射（计划外免疫）

注：周围或场内为猪瘟疫区时，实行超前免疫程序和紧急预防免疫；其他疫苗，临时设定；针头及注射器煮沸消毒，实行一猪一针头。

第六节　驱　　虫

猪的主要寄生虫有蛔虫和疥螨。猪 2 月龄时进行第一次驱虫，每隔 2 月驱虫 1 次。新购进的猪不管大小，在第 2 周时驱虫。母猪断奶后驱虫 1 次，公猪每年 1 月、6 月各驱虫 1 次。驱蛔虫可用左旋咪唑等药物。驱疥螨可用伊维菌素、阿维菌素类的口服或注射药物，也能同时驱蛔虫等线虫。

第七节　杀虫灭鼠

猪舍内老鼠、苍蝇、蚊子很多，较易传播疫病。对臭浅水沟要经常清扫，用石灰或药物消毒，经常用灭蚊剂杀灭环境中的蚊、虫。用药物、器械、打、堵洞等方法综合灭鼠，每两周进行1次。

第八节　预防用药

预防用药时注意以下7点。

1. 对于新购进的猪，应在饲料中添加多种维生素等，预防应激及腹泻，连喂1周。

2. 高温季节，可在料中添加小苏打粉（100 g/t），或在天气剧变前拌多种维生素等，喂1~2 d。

3. 当个别猪发生呼吸道疾病时，在猪饲料中拌支原净或泰乐菌素及阿莫西林，防止扩散疫病；当个别猪发生腹泻或流行性疫病时，在猪饲料中拌土霉素或阿莫西林，进行预防。

4. 母猪药物保健的重点放在分娩前后，即产前、产后1周加保健药物。母猪分娩前7 d，饲料中加入土霉素（500 g/t）、磺胺粉（200 g/t）或80%支原净（150 g/t）+强力霉素原粉（250 g/t）；分娩后，子宫用0.1%高锰酸钾水冲洗，宫内放青霉素、链霉素粉，并注射抗生素1次。或静脉注射用药：庆大霉素80万 U+头孢喹肟2 g（或头孢噻呋钠2 g）+5%葡萄糖生理盐水500 mL、维生素C 20 mL+地塞米松+0.9%生理盐水500 mL。于产下第5~6头仔猪后，开始第一次输液，8~10 h后进行第二次输液；产仔当天每4 h肌内注射催产素1次，每次30 IU，连续2 d，预防胎衣不下和子宫内膜炎。

5. 仔猪3、7日龄内各肌内注射铁剂1次，口服益生菌液1次；断奶前3 d至断奶后7 d料中拌阿莫西林原粉（500 g/t）或者80%支原净（150 g/t）+强力霉素原粉（250 g/t）；重视仔猪免疫空白期第3~9周龄时的药物保健。仔猪从保育舍转入肥猪舍前后3~5 d，料中拌支原净或强力霉素药物。

6. 对于母猪、大猪猝死病，那西肽拌料10 g/t，恩诺霉素10

g/t 拌料，连续 7 d。

7. 育肥猪出栏前 1 个月禁止用药。

第九节　疫情报告

当发生传染病，并已有大批猪发病时，应立即报告兽医，在兽医和有关技术人员及有关部门的指挥下将疫病控制住，千万不能瞒报，延误防治时机，要做到早发现、早报告、早处理，把疫病控制在萌芽状态。

第 九 章

常见猪病诊治

目前我国养猪生产集约化、现代化程度越来越高，但管理不善、卫生防疫不严、猪舍通风换气不良、猪场及环境污染严重，加之各种应激因素增多，使得猪体抵抗力降低，导致猪群对病原微生物的易感性增高。随着猪易感性增高，加之检疫、诊断与监测手段相对滞后，疫病时有发生，当猪只流动在国内传开，猪病存在的多少或严重与否将成为决定养猪是否盈利的关键。在现代化养殖过程中，由于多种原因，一般会出现 10%～15% 的死亡，即全程成活率一般为 85%～90%。根据疾病发生的原因可分为传染病、寄生虫病、营养代谢病与中毒病以及常见的内外产科疾病，但是疾病发生的原因是多因素性的，是病原体、周围环境及猪群之间相互作用的结果，因此对疾病的预防和治疗必须采取综合措施，从多方面入手，才能从根本上控制和消灭疾病。

猪病流行特征一：环境因素造成猪对疾病的易感性增高，新病不断出现。在流行过程中，由于环境和猪免疫力的影响，一些病原的毒力有所上升或下降，导致出现新的变异株或血清型。加上猪群免疫水平不高，导致某些疾病在流行病学、临床症状和病理变化等方面从典型向非典型转变，呈现温和型病变；从周期性流行转向频繁的大流行。如猪瘟弱毒株的出现或因免疫程序错误而导致温和型猪瘟出现。口蹄疫的大流行存在着周期性，每一个周期大约是 10 年，但从 1999 年至今，口蹄疫在全世界范围内的流行间隔时间越来越短，从每 5 年到每 3 年大流行 1 次；又从每 3 年到每年流行 1

次，甚至1年流行多次，流行周期大大缩短，流行规律相对无序，给疫病诊断、免疫和防控工作带来极大困难。

猪病流行特征二：病原出现变异，疫病呈现非典型化。在猪群中，繁殖障碍性疫病过去很少，布鲁氏菌病等少数几种疫病曾一度得到控制，但近年来在一些地方该病又有所抬头。不但如此，猪繁殖与呼吸综合征、伪狂犬病、细小病毒病和乙型脑炎等猪繁殖障碍性疾病在不少猪场频频出现，甚至两种或多种病在一个场同时存在，母猪流产、产死胎、木乃伊胎的比例增多，最严重的猪场一头母猪一年产两胎，产活仔数仅2～5头。

猪病流行特征三：繁殖障碍性疫病增多，种猪生产性能下降。近年来非洲猪瘟、繁殖与呼吸综合征等疫病日渐增加，发病率、死亡率都在增高，危害严重。

猪病流行特征四：呼吸系统疫病多而杂，危害严重。在集约化、现代化的生猪生产中，防疫和生物安全措施不周全、环境污染和多种传染源以及猪的易感性增加，由两种或两种以上病原体引起的多重或混合感染正在增加。如临床上常见的保育猪高热呼吸综合征就常由猪繁殖与呼吸综合征、仔猪断奶后多系统衰弱综合征、猪气喘病、猪附红细胞体病、链球菌病、大肠杆菌病等多种病原混合感染。

猪病流行特征五：混合感染性疫病突出，免疫抑制性疾病不断涌现，雪上加霜。在猪病中猪繁殖与呼吸综合征、仔猪断奶后多系统衰弱综合征、猪伪狂犬病、猪应激综合征、猪流感和猪霉菌毒素中毒等疾病都能造成猪体免疫抑制，损伤猪的元气。这也是目前猪病越来越多、越来越复杂的重要原因。

上述猪病流行特点表明，在现代化养猪生产中，应该特别注重常见猪病的诊断及防治，给猪群提供良好的生存环境，实行各生长阶段的保健，提高猪的体质，提高猪的免疫力，增强抗病力，这才能从根本上解决问题。

目前，防污染基因试纸卡检测盒的出现，促进了畜禽传染性疫病基因的检测。基因试纸卡能在养殖场基层实验室检测病原基因，

30～60 min 内快速确诊传染病临床病例，对排查检疫外购的商品畜禽或种畜种禽重点疫病起到了关键作用。相比免疫学方法，基因试纸卡极大地缩短了检测期。它的灵敏度比胶体金病原免疫试纸卡高 1 万倍，达到甚至超过了荧光定量 PCR 方法。防污染基因试纸卡检测盒包括基因提取、恒温扩增试剂及基因层析试纸卡 3 部分。其特点是快速、精确和简便，特别适合我国农牧业基层单位的检测条件和需求。所有试剂能常温运输；单类试剂在常温下完成 DNA/RNA 样品提取，仅需微型离心机 10 min 两步离心完成操作；恒温基因扩增时，一步加样后密闭试管在 62 ℃恒温金属水浴锅上保温 30～45 min，扩增完成后将试管插入试纸卡后一步按压就完成了操作，3～5 min 能目视判定层析试纸的线条结果，开启了基因试纸卡步入基层养殖场的新时代。该基因试纸卡全过程操作只需要微型离心机、恒温金属水浴锅和两支移液枪。基层单位几乎可以用其检测任何一种病原体，1 h 就能得到结果。

第一节　病毒性疾病

一、非洲猪瘟

非洲猪瘟（ASF）是一种传染性很强的病毒性疾病，具有高热、皮肤和内脏严重出血、死亡率高等特点。在欧洲，ASF 发生于家猪和野猪；在亚洲和非洲，只通报了家猪中暴发的 ASF。在 2016 年至 2018 年 4 月，欧洲该病的暴发数量（6 741 起）占全球的大多数（98%），扑杀动物 733 706 头，占同期全球扑杀动物数量的 89%。

自 2018 年 8 月首次传入非洲猪瘟以来，截至 2019 年 4 月，中国 100 多起疫情中，只有不到 10 起发生在屠宰场和野猪身上，分布在 30 个省份。非洲猪瘟病毒（ASFV）属于非洲猪瘟病毒属科非洲猪瘟病毒属。病毒颗粒呈六角形，双层质膜，二十面体对称。ASFV 基因组为双链线性 DNA，170～193 kb，151～167 个开放阅读框，共价闭环，末端反向重复 2.1～2.5 kb。

非洲猪瘟病毒的酸碱耐受范围很广。在 pH 4～10 时稳定，反复冻融不影响 ASFV 的感染性。室温或 4 ℃ 保存几个月后仍有传染性；在血清中，5 ℃ 下病毒的传染性可维持 6 年。在猪的尸体、组织和低温下，病毒可以存活 6 个月甚至数年。病毒可以携带在腌制和熏制的猪肉制品中。含有病毒的血液可以在 60 ℃ 30 min 灭活病毒（56 ℃ 70 min）；猪肉中的病毒可以在 70 ℃ 30 min 灭活。一般消毒剂可以杀死 ASFV。洗涤剂、次氯酸盐、碱和戊二醛是最有效的消毒剂。ASFV 不会感染人，也不会直接危害公众健康。然而，ASFV 对生猪贸易、生猪产品和食品安全产生了严重的社会和经济影响。

（一）诊断要点

1. 传染源　感染病毒的猪和野猪。钝缘蜱是主要的生物传播媒介，可长时间贮藏 ASFV。病猪通过所有分泌物和排泄物排出大量 ASFV，包括鼻液、唾液、粪便、尿液、结膜渗出液、生殖道分泌物和流血的伤口。带毒猪伴随高水平抗体，保持长时间的病毒血症，病毒在组织中存活数周至数月。

2. 传播途径　多种多样，可直接接触，消化道（口）和呼吸道（鼻）；气溶胶可引起近距离的传播；带毒或污染的精液经配种传染；感染病毒的猪和野猪的移动、感染病毒的物品及运输工具与人员；污染猪肉制品流通；污染饲料、猪血液源饲料制剂。

3. 致病机制　ASFV 可转移到淋巴结、扁桃体和下颌骨淋巴结、血液或淋巴中的单核细胞和巨噬细胞，进行病毒的二次复制；ASFV 与红细胞膜和血小板相互作用，导致感染猪的血细胞呈现吸附现象。

4. 临床表现及病理变化　最急性和急性型临床表现为病猪体温高达 41～42 ℃；食欲废绝、精神沉郁、呼吸困难；皮肤充血变红或变紫色；鼻腔出血；呕吐，便秘或腹泻，血便；1～4 d 内死亡；有的病猪皮肤黄染，倒地抽搐；发病率和病死率高达 100%。

由于毒株的毒力不同，ASF 病变类型多种多样。急性、亚急性 ASF 以广泛出血、淋巴组织损伤为特征；相反，亚临床型、慢性 ASF 的病变轻微或无病变。脾脏呈黑色、为正常 3～5 倍的肿大、梗死、质脆。有时可见浆液出血性心包积液，在心内、外膜可见斑点状出血，包膜下出血性大梗死区。肺水肿、支气管有大量淡黄色渗出液。有的腹腔充满深红色液体。肾脏皮质部、切面和肾盂常见点状出血，肾脏及肾乳头部肿大。淋巴结肿胀、出血。胃黏膜出血，心外膜出血，肠壁及肠黏膜出血。淋巴结质脆、水肿、出血，似紫红色血肿，有的淋巴结切面呈大理石样变。亚急性型表现为病猪中度发热；食欲下降；皮肤出血和水肿；病死率为 30%～70%。慢性型表现为病猪体重下降；间歇热；耳部、腹部和大腿内侧皮肤发生点状坏死、溃疡、关节炎；耐过猪呼吸道可长时间带毒。亚急性 ASF 与急性 ASF 病变相似，只是相对较轻。亚急性病例的主要病变特征是淋巴结和肾脏有大出血斑点，脾脏肿大、出血。肺充血、水肿，有时可见间质性肺炎。慢性 ASF 主要病变特征是呼吸道病变。病变包括纤维素性胸膜炎、胸膜粘连、干酪样肺炎和淋巴网状组织增生。纤维素性心包炎和坏死性皮肤病变也很常见。

5. 诊断方法　确诊依赖实验室诊断。仅凭临床症状和肉眼病变不能确诊。常采用聚合酶链式反应（PCR），直接免疫荧光（DIF），血细胞吸附试验（HA）综合诊断。

（二）防控方法

一旦疑似 ASF，应及时诊断，隔离，封锁，扑杀，消毒，限制猪群移动；无安全有效的疫苗；无有效的治疗措施；完善生物安全体系是现代化猪场防控非洲猪瘟的重要措施。

养殖场防控非洲猪瘟要点：

1. 提高场内所有人员防控 ASF 的生物安全意识　实施封场措施，严格限制人员进出猪场。制订场内消灭包括钝缘软蜱在内的有害生物的相关措施。所有进出猪场的车辆要严格遵守清洗、消毒和干燥程序。禁止从疫区引入新的后备种猪、精液、卵细胞或胚胎等。禁止使用与泔水相关的任何饲料或其原料，以及污染的水源来饲喂猪。禁止疫区物品入场，特别是生肉和肉制品。禁止猪场之间猪只、人员和物品的共用。如果猪场周边有野猪存在，禁止靠近、猎杀和食用野猪。按照国家规定进行无害化处理死亡猪只和粪污。

2. 养殖场实施非洲猪瘟快速核酸检测操作　对核酸检测阳性的猪，实施精准剔除，常采用剔除位于核酸检测阳性猪的前后左右的猪只或剔除明显的如共水槽、料槽饲养可引起感染的猪群。

3. 认真贯彻落实农业农村部关于《非洲猪瘟等重大动物疫病区域防控工作方案（试行）》，推动区域防控措施落实有效　加强联防联控，加强生猪运输监管，加强动物防疫信息管理，优化养殖、屠宰、加工业布局。在确保生物安全的前提下，要确保仔猪、非洲猪瘟疫区和疫区的生猪、符合"点对点"运输政策要求的生猪顺利调运，有效降低动物疫病跨区域传播风险，确保生猪等重要畜产品安全有效供应。

二、猪瘟

猪瘟俗称烂肠瘟，是由猪瘟病毒（HCV）引起的一种急性、热性、败血性高度接触性传染病。以发病急，高热稽留和细小血管壁变性，引起全身广泛性小点出血和脾脏出血性梗死为特征。世界动物卫生组织（OIE）将其列为 A 类传染病。猪瘟病毒只有一个血清型，毒株的毒力差别很大，疫苗株（C 株）属无毒株。1955 年，我国成功研制出安全性高、免疫原性好的猪瘟兔化减毒疫苗，为控制和消灭猪瘟作出了巨大贡献。该疫苗在国外具有良好的应用效果，在一些国家已用于消灭猪瘟。猪瘟病毒抵抗力不强，一般消毒药均可灭活，常用 5%～10%石灰乳、2%～3%氢氧化钠、5%漂白粉等进行消毒。猪和野猪易感，不分品种、年龄、性别、季节均易发病死亡。病猪可经排泄物、分泌物排毒，猪肉制品、受污染的饲料和饮用水也是危险的传染源。蚊子、苍蝇和其他媒介也能引起疾病的传播。消化道和呼吸道为主要感染途径。主要侵入门户为扁桃体，此组织带毒最多。持续感染和终身带毒是造成免疫失败的主要原因之一。

（一）诊断要点

根据流行病学调查、临床症状、病理学剖检可做现场诊断。发病没有季节性，不同阶段的猪同时或先后发病。潜伏期 5～21 d。

（二）临床症状

急性型：表现突然发病、高温稽留、呆滞，弓背怕冷，体温升到 42 ℃左右，同时食欲减少，停食，喜欢喝脏水；先便秘，后下痢，大便中有黏膜；结膜炎，眼有黏液或脓性分泌物；后期四肢麻痹，颈部、腿内侧、腹下出现少量的发绀，出血点指压不退色。病理诊断以出血和梗死为主要病变。

最急性型：突发高热，无明显症状，迅速死亡。病理改变不明显。浆膜、黏膜和肾脏有少量点状出血。淋巴结轻度肿胀、潮红、出血。

急性型：典型病理改变和全身性脓毒症；皮肤上有紫红色的出血点和斑点，多见于耳根、四肢、胸腹部；全身淋巴结肿大、充血、暗红色、多汁、外周出血、大理石纹；脾不肿大，有的边缘突出于表面，约 30% 病例出现紫黑色梗死灶；肾贫血，表面有密集或少量针尖大出血点；扁桃体出血、肿胀、溃疡；膀胱、喉头、胆囊、心内外膜、肺脏等处黏膜或浆膜普遍有出血斑点。

亚急性和慢性型：除可见到与急性型类似的或较轻病变之外；其典型病变是盲肠、结肠淋巴滤泡肿胀，多在回盲瓣处形成特征性同心轮层状或纽扣状溃疡。

温和型：病变较轻，淋巴结肿胀出血，出血轻微或不出血，肾脏出血也较少，脾梗死灶少，略有肿胀，膀胱黏膜没有出血，大肠黏膜很少有扣状肿。

繁殖障碍型：产木乃伊胎、死胎，产活仔可长期带毒，产生免疫耐受，解剖肾脏表面出现许多凹陷。临床常用抗体交互免疫试验、荧光抗体检测法、ELISA 血清辅助诊断法诊断猪瘟。此外，间接血凝试验、酶联免疫吸附试验（ELISA）、荧光抗体病毒中和试验等血清学试验和分子生物学技术也可用于本病的诊断。临床上注意与黏膜病、猪丹毒、副伤寒、猪肺疫、败血型链球菌病、弓形虫病等区别。

(三) 防治方法

1. 防治没有特效药。平时定期检测免疫效果，做好免疫接种。加强环境控制，防止病毒侵入猪体，实行科学的饲养管理，建立良好的生态环境，切断疾病传播途径等综合性措施是控制或消灭猪瘟的前提条件。

2. 流行时的措施。

（1）封锁疫点，最后1头病猪处理后3周经彻底消毒，可解除封锁。

（2）病猪处理，急宰猪肉高温消毒。对带毒母猪，应坚决淘汰，其仔猪对免疫接种有耐受力，成为传染源。

（3）发生过猪瘟的场所，多用猪瘟超前免疫，即在仔猪喂乳前先接种猪瘟兔化弱毒疫苗1头份，经2h后再给仔猪哺乳。30日龄、60日龄接种注射兔化弱毒细胞疫苗，每头猪4头份；种猪每年免疫两次，母猪与其所生仔猪30日龄同时接种；发生猪瘟时，对未表现症状的猪，采取紧急接种注射兔化弱毒疫苗，每头猪接种4头份，3～4d后可产生免疫力。可和猪丹毒、猪肺疫菌苗同时分点注射，免疫效果影响不大。

（4）每两天用碱性消毒药消毒一次。

（5）料中添加多种维生素和含硒维生素E，提高机体免疫力。

（6）一般脾淋苗较细胞苗免疫效果好。

（7）引进猪群7d内全群注射一次猪瘟疫苗，不建议用三联苗来预防猪瘟。

3. 用血清学监测方法进行免疫效果监测，了解是否感染猪瘟强毒及疫苗的保护情况。通过对仔猪母源抗体的监测，制订恰当的免疫时期，以防止疫苗中和母源抗体或出现空白期。猪群通常在强化免疫后15d左右进行抗体监测，当间接血凝抗体低于1∶16时应补注疫苗。

4. 检测分析认为，导致猪瘟检出率高的主要原因是季节性疾病导致免疫抗体水平不高，其次是免疫程序不科学。通过对多数猪场免疫程序的分析：一是猪场母猪跟胎做疫苗的漏洞，导致猪场猪群带毒；二是普免的猪场仔猪一免的时间过早对母源抗体的干扰以及超免的失败，导致保育猪的猪瘟抗体水平不够，建议猪场在母猪一年3次普免的情况下，小猪一免的程序应在35日龄左右做，二免在70日龄左右做；三是操作管理不当、选择疫苗不合理导致免疫失败。

5. 推荐：①对30～40 d龄发病种猪个例采用肌内注射高免血清5 mL/头，40～100 d龄注射10 mL/头；1倍稀释酚制剂喷洒体表溃烂伤口，每天2次，连续5 d。种猪群体处理采用对无症状的假定健康猪紧急免疫猪瘟灭活细胞苗，50日龄以内免疫2头份/头，50日龄以上免疫4头份/头。特别建议在猪瘟疫区，尽可能使用单苗，虽在注苗后3～5 d可能出现部分猪死亡，但7～10 d后可平息。有条件的可在疫情控制后进行普查，淘汰隐性带毒猪；全群饮水或拌料添加强力霉素600 mg/kg和维生素C，或阿莫西林500 mg/kg，或600 mg/kg磺胺六甲氧嘧啶可溶性粉和600 mg/kg小苏打，连用5 d。②对分娩舍未断奶发病仔猪及同窝仔猪肌内注射高免血清3～5 mL/头，破溃伤口撒蒙脱石黏土进行消毒。全群仔猪饮水添加150 mg/kg泰妙菌素，连用5 d。③对分娩舍已断奶发病仔猪及保育舍发病仔猪及同栏仔猪肌内注射高免血清5～8 mL/头，破溃伤口处用碘酒涂抹消毒；全群仔猪饮水添加150 mg/L泰妙菌素，连用5 d。

6. 中草药处方。中兽医以清热解毒、活血化瘀、凉血救阴、促进食欲为治则。

（1）板蓝根、知母、生地、连翘各30 g，黄芩、栀子、玄参、丹皮、二花、红花、桃仁、桔梗、鲜竹叶、甘草各20 g，黄连、赤芍各15 g、大黄40 g、芒硝100 g、生石膏200 g（为50 kg以上猪用量），水煎2次，取汁约2 000 mL，候温料服。

（2）侧柏炭、地榆炭各20 g，黄连、金银花、枳实、白茅根各10 g，白及、板蓝根各12 g。用法：水煎取汁，候温内服，供体重50 kg猪1次服用，每日1剂，连用3 d。同时，可采用青霉素320

万 U，维生素 C 30 mL，每日一次肌内注射，连用 3 d。多用于治疗中期猪瘟。

（3）金银花 12 g，黄芩、大黄各 9 g，茯苓、知母、地榆、栀子、连翘、黄柏各 6 g，白芍 4.5 g，枳壳、黄连各 3 g，厚朴、甘草各 1.5 g，生石膏 30 g。用法：水煎取汁，供 25 kg 猪 2 次服用，1 日内服完，连用 3 d。多用于治疗后期猪瘟。

三、口蹄疫

口蹄疫属口蹄疫病毒（FMDV）引起的 A 类传染病之一，病毒变异性极强，已发现 7 个血清型，即 A、O、C、SAT1（南非 1 型）、SAT2（南非 2 型）、SAT3（南非 3 型）和 Asia I（亚洲 1 型），每一型又有许多亚型。目前 7 个型至少可分为 65 个亚型，各型间无交叉免疫原性，在同型内的亚型间有部分交叉免疫原性。血清型间不能交叉免疫保护，新变异毒株不断出现。空气、接触是主要的传播方式。碱性消毒剂对病毒的消毒效果好。潜伏期 14 d 左右，短的 24 h；可从乳汁、尿液、粪便、呼出气中排毒，不发生垂直传播。以猪口腔黏膜，鼻端，蹄部和乳房皮肤发生水疱和溃烂为特征。人感染口蹄疫概率较低。有资料报道：近年来该病时有发生，发病高峰自每年的 11—12 月发生，维持到翌年 3 月结束，管理不十分规范的猪场可一年四季处于发病状态，没有明显的季节性和周期性，持续感染、暴发疫情；口蹄疫在个别地区或猪场似乎由周期性流行向常态化、常发病方向转化。

（一）诊断要点

家畜中以偶蹄动物易感，易感性从大到小依次为黄牛、牦牛、奶牛、水牛，其次是猪，再次为绵羊、山羊和骆驼。幼畜比老年畜易感。犊牛比成年牛易感，病死率也高。猪多发于冬季和早春，无明显的季节性；直接接触和被污染的物品是主要的机械传播方式。空气也是一种重要的传播媒介，常呈跳跃式流行。哺乳仔猪发病呈现急性胃肠炎腹泻及心肌炎而突然死亡，死亡率达 60%～80%。病毒侵入仔猪心肌组织内，导致心肌松软，似煮过一样，心肌变性或坏死而出现灰白色或淡黄色的斑点或条纹，俗称"虎斑心"。左心充满凝血块，心外膜有弥漫性或点状出血。成年猪死亡率为3%～5%，以蹄有毛无毛交界部出现水疱为主要特征，体温升高至40～41℃，相继在唇、口舌面、齿、齿龈、咽、腭、乳头等部位出现水疱，水疱破裂后表面出血，形成烂斑，约1周左右结痂痊愈；严重时蹄壳脱落，卧地不起，跛行。感染妊娠母猪常导致流产。

（二）防控方法

1. 平时按时接种灭活苗和弱毒苗两大类疫苗，现多用猪O型口蹄疫灭活油佐剂苗，每头肌内注射2 mL。保护期约6个月。怀孕母猪、感染动物不宜注射。口蹄疫疫苗以体液免疫为主，7 d血清中检出抗体，21 d抗体效价达到高峰，抗体维持时间4～6个月不等。新型疫苗有VP1多肽苗、合成肽疫苗、重组载体疫苗。目前应用口蹄疫O型、亚洲Ⅰ型、A型三价灭活疫苗对低于25 kg以下仔猪肌内注射1 mL，免疫效果较好。

2. 周围猪场疫情暴发流行时，全场加强免疫1次。避免引种和人员无序流动，阻断一切可带毒的人和物进入猪场和猪舍。周围环境和猪舍内需每天消毒，直到周围疫情全部控制半个月以上为止。临床上应注意与猪传染性水疱性口炎鉴别。传染性水疱性口炎发病率低，流行范围小，很少有死亡。不仅感染牛、羊和猪，马、驴等多种动物发生。如用水疱皮或水疱液接种马驴，发生水疱为传染性水疱性口炎，不发病为口蹄疫。也可将上述病料接种两头牛，一头做舌口黏膜接种，另一头肌肉或静脉接种，如仅舌黏膜接种的牛发病为本病；两头牛均发病为口蹄疫。另外，还应与猪传染性水疱病相区别。水疱病传播较口蹄疫缓慢，对仔猪的致死率低，只感染猪，不感染牛、羊。在口蹄疫流行时必须特别注意个人防护，非工作人员不许与病畜接触，防止感染和散毒。

3. 中草药处方。

（1）贯众15 g，木通、桔梗、荆芥、连翘、大黄各12 g，赤芍、天花粉、牡丹皮、甘草各9 g，生地黄6 g。用法：各药混合，共粉碎为细末，加蜂蜜 250 g，开水冲调，候温料服。

（2）贯众、山豆根各 15 g，连翘、大黄各 12 g，桔梗 13 g，赤芍、生地黄、天花粉、荆芥、木通、甘草各 9 g，绿豆粉 30 g。用法：各药混合，共粉碎为细末，加蜂蜜 50 g 药引，开水冲调，候温料服，每日 1 剂，连用 3 d。

（3）煅石膏、锅底灰各 10 g，食盐适量。用法：各药混合，共粉碎为细末，撒布于蹄部患部。

（4）冰片、硼砂、黄连、明矾、儿茶各 5 g。用法：患部用消毒药清洗后，混合粉碎为细末，均匀撒布于患部。

4. 死亡原因分析。

（1）口蹄疫病毒广为散播。冬季高发季节生猪出栏量明显增加，生猪大范围流动，受其他病毒病感染影响，猪群抵抗力整体偏低，促进了该病的发生。具体原因包括：一是疫苗保存有问题，特别是边远地区兽医站停电现象经常发生；二是注射剂量不足，达不到防疫效果；三是免疫次数不够，有的防疫 1 次，保护率达不到 100%。

（2）流行毒株多，难以确定猪场发生的口蹄疫类型。毒株毒力增强，并出现了多个变异株，即缅甸 98 谱系 2 010 流行毒株，牛、猪、羊均易感；古典中国型新猪毒 1、2 群，泛亚株，其中以缅甸 98 为主（82%），新猪毒（10%）、泛亚株（8%）为辅，各型轮番交替流行，各自循环，形成了异常复杂的局面。

（3）仔猪发生口蹄疫时，少见特征性症状（口、蹄出现水疱）。仔猪无病症或仅见腹泻，急性死亡，死亡率有时高达 100%。仔猪剖检常见心肌有灰黄白色条纹和斑点状坏死、呈虎斑心病变，急性肠炎，骨骼肌变性坏死等恶性口蹄疫特征病变。

（4）育肥猪发生口蹄疫时，多见蹄部出现水疱，口腔起水疱现象少见。多与链球菌、沙门氏菌混合感染，病情加剧的，死亡率增加。

四、猪细小病毒病

猪细小病毒病是由猪细小病毒（PPV）引起的一种母猪繁殖障

碍性传染病。2‰氢氧化钠溶液 5 min 可杀死该病毒。不同年龄、性别的家猪和野猪都可感染，猪是唯一易感动物。母猪表现繁殖障碍，初产母猪表现出死胎、畸形胎、木乃伊胎及病弱仔猪，偶有流产，经产母猪无明显症状，公猪只带毒，对受精率和性欲没有影响。本病毒只有一个血清型。

（一）诊断要点

PPV 感染阳性率不尽相同，经产母猪的阳性率高达 60％～80％，初产母猪一般为 80％～100％，公猪为 30％～50％，后备猪为 40％～80％，育肥猪为 60％。初产母猪感染后，不发情，久配不孕，母猪怀孕早期感染，胚胎死亡率达 80％～100％，妊娠 30 d 内感染，胚胎死亡、吸收，使产仔数减少，仔猪、胚胎死亡率高达 80％～100％。妊娠 30～50 d 感染时，主要是产木乃伊胎。妊娠 50～70 d 感染时，胎儿木乃伊化，出现大小不一的死胎，有"八"字形腿、唇裂等畸形胎，产弱仔、死胎。妊娠 70 d 以上感染的，大多数胎儿能产生免疫力，产出时外观正常，但可长期或终生带毒、排毒。首次感染后可获得坚强的免疫力甚至可持续终生。公猪性欲、受精率无明显影响。母猪不规律发情。

母猪流产时，肉眼可见母猪有轻度子宫内膜炎症，胎盘部分钙化，胎儿在子宫内有被溶解和被吸收的现象。大多数死仔、弱仔皮下充血或水肿，胸、腹腔积有淡红或淡黄色渗出液。弱仔出生后多在耳尖、颈、胸、腹部及四肢上端内侧出现瘀血、出血斑，容易死亡。本病诊断时，应与猪布鲁氏菌病、猪日本乙型脑炎、猪繁殖与呼吸综合征、猪伪狂犬病等传染病相区别。

（二）防控方法

1. 无有效的治疗方法 主要是不引带毒种猪。必须采取严格的卫生措施，尽量坚持自繁自养，如需要引进，必须从无猪细小病毒感染的猪场引进种猪。引进后隔离 2 周以上，检测血凝抑制试验呈阴性时，方可混群饲养。

2. 推荐免疫接种 一般后备种猪在 6 月龄接种一次，配种前 3 周再接种一次，断奶后 10 d 接种一次。目前使用的疫苗主要有灭活疫苗和弱毒疫苗。多用灭活疫苗，包括氢氧化铝灭活疫苗和油乳剂灭活疫苗。合理处理猪群发病后的排泄物、分泌物、产出的胎儿及其污染的场所和环境。消毒可选用福尔马林、氨水和氧化剂类消毒剂等进行。

五、猪繁殖与呼吸综合征

猪繁殖与呼吸综合征（PRRS），俗称"猪蓝耳病"，是由猪繁殖与呼吸综合征病毒（PRRSV）引起猪的一种繁殖障碍和呼吸道症状的高度接触性传染病。主要特征表现为流产、死胎、胎儿木乃伊化、呼吸困难。曾先后命名为猪神秘病、猪繁殖失败综合征、猪不孕与呼吸综合征等，至 1992 年在猪病国际学术讨论会上才确定其病名为"猪繁殖与呼吸综合征"，病猪常在耳尖、耳边呈蓝紫色，故又称蓝耳病。现有两个血清型。各病毒株的致病力有很大差异，这是造成病猪症状不尽相同的原因之一。该病于 1996 年在中国报道。世界动物组织将其定为乙类传染病，我国为Ⅱ类动物疫病。该病经常发生在冬季和春季。可通过多种途径传播，呼吸道是该病的主要感染途径。PRRSV 在猪场存在时间长，很难清除。感染猪群在没有继发感染的情况下，猪群一般不会表现出严重的临床症状。疾病发生后，常引起免疫抑制，对全身免疫系统、呼吸道局部黏膜免疫系统、免疫细胞、肺泡巨噬细胞功能造成损害，常继发猪肺疫、猪圆环病毒病、猪伪狂犬病、猪瘟、副猪嗜血杆菌病、附红细胞体病、链球菌病、沙门氏菌病等其他疾病。感染猪群的免疫功能下降，严重影响其他疫苗（如猪瘟疫苗等）免疫接种的效果。

（一）诊断要点

该病只感染猪，以 1 月龄仔猪和妊娠母猪最易感染。主要通过感染动物的唾液、鼻腔分泌物、乳汁、尿液、精液、粪便传播病毒。打耳号、拱咬等直接接触，近距离气溶胶传播也是猪群感染的主要途径。用酸性消毒剂效果较好。主要侵害种猪、繁殖母猪、仔猪，育肥猪感染时呈温和趋势。发病猪持续高热 41 ℃以上，不分年龄段均出现急性死亡，仔猪死亡可达 50％以上。①妊娠母猪：

易发于冬、春季节。主要见于怀孕 100 d 以后母猪，突然出现厌食、眼结膜炎，一部分母猪可能出现打喷嚏、咳嗽、气喘等类似流感的呼吸症状，后躯不能站立，出现摇摆、圆圈运动、抽搐等神经症状，少数出现顽固性腹泻；一部分母猪呼吸急促，体温持续高热41 ℃以上，有一段过程低热，严重的呼吸困难，约 2% 病猪口、鼻、耳尖、耳边呈蓝紫色，四肢末端和腹内侧有瘀血红斑、大的丘疹和梗死，阴门肿胀。急性感染期，母猪发生大批流产或早产，产下木乃伊胎、死胎和病弱仔猪，高死亡率。初产母猪易发生繁殖障碍，出现晚期流产。②公猪：发病率 2%～10%，表现厌食，呼吸困难，消瘦，精液质量下降。③仔猪：以 1 月龄内仔猪最易感，出现呼吸道症状，主要表现为体温高至 40 ℃以上，眼睑水肿，呈腹式呼吸，食欲减退或废绝，腹泻，离群独处或互相挤在一起。少部分仔猪可见耳部、体表皮肤发紫症状。死亡率可高达 80%～100%。耐过猪生长缓慢，易继发其他疾病。④育肥猪：主要表现轻度类似流感症状，暂时性的厌食及轻度的呼吸困难，少数猪咳嗽及双耳背面、边缘和尾部皮肤有一过性的深青紫色斑块。生长缓慢。⑤母猪：发生流产、死胎，产弱仔、木乃伊胎和呼吸困难。荷兰提出怀孕母猪感染后症状明显，20% 以上胎儿死产、8% 以上母猪流产和哺乳仔猪死亡率 26% 等三个指标中只要有两个符合时，就可认为本病临床诊断成立。结合病毒分离鉴定与血清学方法，主要有免疫过氧化物单层细胞染色试验、间接荧光抗体法、血清中和试验、胶体金免疫电镜法和酶联免疫吸附试验（ELISA）等。诊断时应区别于其他症状相似的传染病，如猪细小病毒感染、猪伪狂犬病、繁殖障碍性猪瘟、日本脑炎、衣原体病等。病理改变：病毒主要侵入肺部，但多数病例无继发细菌感染，肺部未见明显肉眼病理改变。病理组织学检查示肺内特征性胞质间质性肺炎，肺泡壁间质增厚，充满巨噬细胞，鼻甲骨纤毛膜脱落，上皮细胞变性，淋巴细胞和浆细胞聚集。脾梗死，肺出血、瘀血，暗红色肉质区主要位于心叶和心尖叶；扁桃体出血、化脓；脑出血、瘀血、病灶软化、胶冻样物质渗出；心力衰竭，心肌出血、坏死；淋巴结出血；部分猪肝呈黄白色坏死或出血；肾脏呈黄褐色，表面和切面有出血点或出血灶，肾表面不平，肠出血。

（二）防控方法

1. 临床上可用蓝耳病免疫金标检测试纸测定。

2. 封锁发病猪群，死胎、死猪固定地方严格无害化处理，育肥猪在疫区内定点屠宰处理，直到死最后一头猪到 8 周后，检不出阳性猪时才能解除封锁。加强猪群的精细管理，减少应激因素发生。用好料，提高猪群的营养水平，增强免疫力。加强猪场内的环境消毒与带猪消毒，降低病毒在猪场的污染率和猪群的感染率。

3. 猪分娩前 20 d，每天每头猪喂给阿司匹林 8 g，其他猪可按每千克体重 150 mg 添加于饲料中喂服，喂到产前 1 周停止，以减轻发热，延长妊娠期，减少流产。对发生早产、流产症状的母猪可肌内注射黄体酮，同时配合中药（黄芩 15 g，白术 10 g，砂仁 10 g）煎水内服，以利母猪安胎与保胎。

4. 高免疫功能，实行疫苗免疫接种。弱毒疫苗：模拟自然感染产生免疫，接种 4 周后产生免疫力，免疫效果较好。没接种 PRRS 疫苗的猪群，会导致产活仔数减少、死胎及木乃伊胎增多。灭活苗：安全，但免疫效果不如弱毒疫苗。变异毒株（NVDC - JXA1 株）制作的油佐剂灭活疫苗，肌内注射 2～4 mL，6～7 d 后可产生抗体。断奶仔猪接种 2 mL，安全，母猪接种 4 mL，不会导致流产，有一过性食欲下降现象发生。也用变异毒株（HuN4 - F112 株）制作活疫苗，只用于接种 3 周龄以上的健康猪，肌内注射 1 mL，14 d 后可产生抗体，免疫持续期 4 个月，个别猪可能出现一过性体温升高、减食或停食等不良反应，一般 2 d 内可自行恢复正常，但不用于阴性猪群、种猪和怀孕母猪，与猪瘟疫苗应相隔至少 1 周。均不用于发病猪群和感染猪群，屠宰前 21 d 内禁用。加强生物安全措施，自繁自养，全进全出，消毒，防蚊，无害化处理死猪，封闭式管理，空栏 2 周以上进新猪等。结合采用头孢类、泰妙菌素、金霉素、强力霉素、利高霉素、阿莫西林、氟苯尼考、磺胺类、替米考星等药物定期轮换或更换以控制继发感染。

5. 临床检测分析认为，蓝耳病常与呼吸道疾病混合感染。在防疫上，很多猪场对蓝耳病有了新的认识，各个猪场使用的疫苗均不一样，免疫程序也不相同，有些猪场在做好生物安全和加强管理的基础上，停掉了蓝耳病疫苗，开始做净化工作。

6. 推荐：①对病猪发热个例采用清开灵注射液或柴胡注射液每千克体重 0.15 mL，头孢噻呋钠每 200 kg 体重 1 g，氟苯尼考注射液每 50 kg 体重 1 g 或氨基比林注射液每千克体重 0.05 mL，恩诺沙星注射液每 100 kg 体重 1 g，分侧肌内注射，每天 2 次，连续 3 d；葡萄糖、多种维生素和补液盐，饮水 5 d。②对于免疫少于 2 次且近 30 d 内没有免疫的猪群，如累计发病率在 20% 以内，采用个体治疗处理，假定健康猪群按 50 日龄以内 0.2 头份、50～100 日龄 0.5 头份、100 日龄以上 1 头份进行免疫变异蓝耳病弱毒苗处理；累计发病率超过 20% 的猪群可不进行免疫。③替米考星 200 mg/kg 和强力霉素 600 mg/kg，磺胺六甲嘧啶 600 mg/kg 和强力霉素 600 mg/kg，或泰妙菌素 150 mg/kg 和泰乐菌素 200 mg/kg，拌料 7 d；0.1% 酸制剂饮水 5 d，之后用多种维生素和补液盐，饮水 5 d 进行保健。

7. 中草药处方。中兽医以清热解毒、通腑泄热、凉血化瘀为治疗原则。

（1）丹参、生地、麻黄各 250 g，柴胡、大黄各 200 g，金银花、连翘各 300 g，桔梗 100 g，甘草 150 g，均为纯 1 000 目中草药散剂（即细度过 1 000 目，100% 破细胞壁，可溶于水的超微粉）。用法：上述量添加于 1 000 kg 全价料中，拌匀饲喂。纯 1 000 目中草药可直接用于饮水，也可加入 500 kg 水中，让猪自由饮食。对高致病性蓝耳病继发的细菌性、病毒性、血液原虫病等有良效。

（2）石膏 60 g，金银花、黄芪、板蓝根、栀子、黄芩各 30 g，连翘 25 g，党参、知母、大黄、赤芍、甘草各 20 g。用法：50 kg 猪用量。水煎取汁，候温，料服，1 剂/d。西药以浓度为 8% 替米考星饮水，防止继发感染，连用 3 d，一般可使疫情得到控制，病猪逐渐康复。

六、猪传染性胃肠炎

传染性胃肠炎（TGE）是由传染性胃肠炎病毒引起的一种急性高传染性胃肠道疾病。其特征是呕吐、严重水样腹泻和脱水。世界动物卫生组织将其列为 B 类动物疫病，我国将其定为三类动物疫病。该病毒存在于感染猪的所有器官、体液和排泄物中，在感染猪的空肠、十二指肠和肠系膜淋巴结中含量最高。病毒对常用的消毒剂 1%～2%氢氧化钠、1%石炭酸、10%～20%新鲜石灰乳、10%～20%热草木灰水等消毒药敏感。该病只感染猪，可感染不同年龄、性别和品种的猪。在新疫区，几乎所有的猪都感染，10 日龄以下仔猪死亡率较高；5 周龄以上的猪很少死亡；母猪和成年猪症状轻微，可自然恢复。病猪和感染猪是主要的传染源，消化道和呼吸道是主要的传播途径。最常见的感染发生在冬季，12 月至翌年 3 月。在新疫区，该病流行迅速，造成不同年龄段的猪患病。在老疫区，呈散发性，发病率较低。

（一）诊断要点

本病多在冬季流行。哺乳仔猪多在吃完奶之后先突然发生呕吐，接着剧烈水样腹泻，下痢为乳白色或黄色，带有小块未消化的凝乳块。发病后期，脱水严重，体重迅速减轻，体温下降，10 日龄以内的仔猪多在 2～7 d 死亡，耐过猪生长缓慢。成年猪无影响，母猪表现高度衰弱。剖检病猪尸体消瘦，脱水明显。主要病变在胃和小肠，胃中充满乳凝块，胃黏膜充血和出血，甚至胃溃疡。小肠壁变薄，弹性降低，肠管扩张呈半透明状，肠内充满灰白色或黄绿色泡沫状液体。低倍显微镜下观察小肠黏膜，可见小肠黏膜绒毛萎缩，正常猪空肠和回肠绒毛长度和隐窝深度之比为 7∶1，而病猪则为 1∶1。通过病毒分离与鉴定，结合荧光抗体检查诊断此病。诊断时，应与仔猪黄痢、仔猪白痢、猪流行性腹泻和轮状病毒感染等相区别。

（二）防治方法

1. 无特效的治疗药物。加强管理，实行全进全出。不要引进带毒病猪，防止人员、动物、用具传播本病。对症治疗，补充体液，以防脱水和酸中毒。让仔猪自由饮服下列配方溶液：氯化钠3.5 g＋氯化钾1.5 g＋碳酸氢钠2.5 g＋葡萄糖20 g＋水1 000 mL。另外，还可腹腔注射5‰葡萄糖盐水加灭菌碳酸氢钠；2周龄以下的仔猪，可肌内注射庆大霉素，每千克体重10～30 mg，每天2次。

2. 推荐。使用抗病毒药物。主要是保持仔猪舍干燥，温度为30 ℃。血清疗法，用猪传染性胃肠炎高免血清，按每千克体重0.5 mL肌内注射，每天1次，连用3 d。

3. 中草药处方。中兽医以祛邪扶正、补气健脾、和胃渗湿为治疗原则。

（1）白头翁30 g，黄连10 g，秦皮、白芍、大黄炭、金银花炭各25 g，黄柏30 g，泽泻、茯苓、木香各15 g，苍术、陈皮、厚朴各20 g，甘草5 g。用法：水煎取汁，每日料服3次，连用2 d。病初可辅以龙胆苏打粉、大黄苏打片、碳酸氢钠片与中草药健胃散等；腹泻出现后可酌情料服土霉素等；对虚脱者可补液和对症治疗。

（2）单方，黄柏100 g。用法：水煎取汁，用灌肠器于肛门灌注，每日1次，连用3 d。

（3）后海穴针刺免疫　以0.2 mL剂量的传染性胃肠炎弱毒苗选后海穴接种3日龄仔猪。用法：尾根与肛门中间凹陷的小窝部位内接种，进针深度为1.5～3 cm。

七、猪流行性腹泻

猪流行性腹泻（PED）是由猪流行性腹泻病毒引起的一种急性肠道传染病。其特点是呕吐、腹泻与脱水。近年来，疫区逐渐扩大，被列为我国三类动物疫病。本病只发生于猪，各年龄段的猪都可感染。哺乳仔猪、仔猪和育肥猪的发病率都很高，尤其是哺乳仔猪。母猪发病率为15％～90％。病猪是主要传染源。病毒存在于肠绒毛上皮细胞和肠系膜淋巴结中，随粪便排泄传播，污染环境、饲料、饮用水、车辆和器具。该病主要通过消化道感染。寒冬季节多发，一般流行 5 周后可自行终止。

（一）诊断要点

主要临床症状为水样腹泻和呕吐，多发生在进食或喝奶后，或腹泻间呕吐。症状的严重程度因年龄而异。年龄越小，症状越严重。7 日龄仔猪腹泻后 3～4 d 严重脱水死亡，死亡率 50%～100%。病猪体温正常或略高，食欲不振或出现排斥反应。断奶仔猪和母猪常表现出精神萎靡、食欲不振和持续腹泻，大约 1 周后逐渐恢复正常。育肥猪感染后出现腹泻，1 周后恢复，死亡率 1%～3%。成年猪症状较轻，部分只出现呕吐，严重者为水样腹泻，3～4 d 后恢复正常。该病的流行病学、临床症状和病理变化与传染性胃肠炎基本相似，但病死率略低于传染性胃肠炎，在猪体内传播速度也相对较慢。根据上述特点，可做出初步诊断。诊断依赖于免疫荧光染色和酶联免疫吸附试验（ELISA）。

（二）防治方法

建议加强预防接种和饲养管理。目前常用的疫苗有轮状病毒与流行性腹泻二联疫苗，流行性腹泻、传染性胃肠炎和轮状病毒三联疫苗。每年 10 月中旬左右，仔猪、架猪、育肥猪每头注射 1 头份，生产母猪每头注射 2 头份。对患病的猪，在分娩前 20～30 d 注射 3 头份。同时，加强饲养管理和营养，做好仔猪、乳猪的保温保健工作。做好场内卫生消毒工作，对猪舍用消毒剂消毒，如用消毒威、百毒杀等，走廊、运动场用干石灰撒布。本病无特效药物治疗，一般采用对症治疗，可参考猪传染性胃肠炎的治疗。

八、猪流行性感冒

猪流行性感冒（猪流感）是由 A 型猪流感病毒（SIV）引起的急性、高温、高度接触性呼吸道传染病。猪流感病毒属于正黏病毒科流感病毒。其特点是起病突然，传播迅速，咳嗽和呼吸困难，发病率高，死亡率低。自 1918 年美国首次报道该病和 1931 年 Shope 首次分离出猪流感病毒以来，该病在世界范围内分布。目前世界上许多国家都发现了猪流感病毒及其相应的抗体。

(一) 诊断要点

根据病毒粒子蛋白的抗原性,可分为 A、B、C 3 种类型。A 型流感病毒是引起猪流感的原因。该病毒能凝集鸡、鼠、马和人的红细胞。病毒对热很敏感。可在 56 ℃ 30 min,60 ℃ 10 min 和65～70 ℃ 5 min 条件下被灭活。病毒耐低温,稳定在－70 ℃ 可以保存几年。病毒在 50％甘油盐水中可存活 40 d。福尔马林、酚类、乙醚、氨离子、漂白粉和碘制剂、一般消毒剂和灭活剂等都能使该病毒灭活。对碘蒸气和碘溶液特别敏感。不同年龄、性别和品种的猪会被感染。该病通常发生在晚秋、早春和寒冷的冬季,也可能散发。本病的流行特点是发病急、病程短。当存在与胸膜肺炎放线杆菌、多杀性巴氏杆菌、猪链球菌 2 型混合感染或继发感染时,病程延长,死亡率增加。

典型症状:1～2 d 内大批猪发病。患猪精神沉郁,食欲减少或废绝,体温达 40～41 ℃,张口呼吸,口流白沫,眼、鼻有浆液性至黏液性分泌物,不活动,蜷缩,肌肉和关节疼痛,常卧地不起。体重明显下降和衰弱。病程短,若无并发症,多数病猪在 7～10 d 后恢复。非典型发病时,传播慢,病猪数量少。患猪食欲减少,持续咳嗽,消化不良,瘦弱,病程较长,有并发症时常引起死亡。妊娠母猪感染时,可出现流产,严重者引起死亡。康复母猪常造成木乃伊胎、死胎,仔猪出生后发育不良和死亡率增高现象。病理变化:病变主要在上呼吸道。鼻腔、喉头、气管和支气管黏膜充血、出血,表面有大量带泡沫的黏液,有时混有血液。肺的病变不一,轻者仅在肺的边缘等部位出现炎症。严重者整个肺均有病变,呈紫红色,触之似皮革,切面实质出血、湿润。颈、纵隔和肺门淋巴结明显肿大,充血、出血。胃、肠黏膜呈卡他性炎症病变。

需进行实验室病毒分离鉴定、血清学试验、中和试验、琼脂扩散试验、免疫荧光试验、聚合酶链式反应 (PCR)、核酸探针等试验进行确诊。

(二) 防控方法

1. 平时严格执行兽医卫生防疫制度。加强饲养管理,保持畜舍干燥、清洁、卫生、通风，注意防寒保暖，定期消毒，防止与易感动物接触。养猪场不养鸡或远离家禽养殖场。患流感的养殖户应调离工作岗位，避免与猪接触。防止疾病的传入、传播和蔓延。

2.本病无特效药物治疗。一般对症治疗可以减轻症状。使用抗生素或磺胺类药物可以预防和控制继发性细菌感染。祛痰药可以减轻症状。

3.在受威胁地区应选择猪流感疫苗进行免疫，使猪的免疫抗体水平趋于一致，以提高机体免疫力，预防疾病发生。疫苗能缩短病程，减少病毒在猪体内传播，控制疾病传播。免疫程序为：母猪接种 2 次，间隔 3～4 周。生产种猪每年接种 2 次。猪是常见的易感动物。SIV 具有感染人类和家禽的能力。养猪场的饲养者和接触猪的人可能接触病猪并感染。猪也是人流感病毒的宿主，是人与禽流感病毒基因重排的重要场所。

4.中草药处方。中兽医以清热凉血、解毒化湿为治疗原则。

（1）大青叶、生石膏各 30 g，川贝 50 g。用法：煎水喂服仔猪。饮服 1～2 次/d，连续喂服 5 d。

（2）薄荷、大葱头、芫荽梗、山楂、神曲、麦芽各 60 g。用法：水煎取汁，候温料服，供大猪 1 次服用，每日 1 剂，连用 3 d。多用于治疗发热病兼腹胀症状的流行性感冒。

（3）针灸疗法　主穴选山根、血印、尾尖、鼻梁，咳嗽者选加配穴曲池、膻中、苏气；无食欲者加玉堂、后三里；便秘者加后海。或主穴选山根、鼻梁、血印、百会、涌泉，配穴选天门、玉堂、苏气、后三里。或主穴选耳尖、尾根、尾尖，配穴选苏气、百会、山根。针灸治疗的同时，可另用清凉油 1～2 盒或大蒜、葱头加少许食盐捣烂，让猪嚼食。亦可肌内注射新鲜鸡蛋清 10～20 mL，严重者加选大椎穴注射氨基比林或安乃近注射液 5～10 mL。

九、猪圆环病毒病

猪圆环病毒病是由猪圆环病毒 2 型（PCV - 2）引起的猪多系统功能障碍的传染病。主要临床表现为断奶仔猪多系统衰竭综合征、新生仔猪先天性震颤和生殖功能障碍、进行性消瘦、皮肤苍白或黄疸、呼吸急促等，因出现严重的免疫抑制，易导致继发或并发其他传染病，被世界各国的兽医公认为最重要的猪传染病之一。PCV 病毒存在两种血清型，即 PCV－1 和 PCV－2。PCV－1 对猪无致病性，但能产生血清抗体。PCV－2 对猪有致病性。3％的氢氧化钠溶液、0.3％的过氧乙酸溶液、0.5％的强力消毒灵和抗毒威对本病毒消毒效果良好。但在 pH 为 3 的酸性环境中长时间不失活。能在 70 ℃时存活 15 min。病毒不能凝集牛、羊、猪、鸡和人的红细胞。自然宿主是猪。所有年龄和性别的猪都可能感染这种病毒。病毒随粪便、鼻腔分泌物排出体外，通过消化道而感染，也可垂直感染。哺乳仔猪和种猪最易感，临床症状明显。圆环病毒能破坏猪的免疫系统，降低猪的免疫力，使猪产生免疫抑制作用。该病不具有季节性。感染圆环病毒的猪易继发或并发猪繁殖与呼吸综合征、伪狂犬病、细小病毒病、猪链球菌病、附红细胞体病和副猪嗜血杆菌病。饲养管理和环境卫生，如拥挤、空气污染、气候变化、饲料变化等应激因素都会削弱畜体的抗病能力，加重疾病继发，造成不同程度的经济损失。

（一）诊断要点

　　猪圆环病毒感染主要引起断奶仔猪多系统衰竭综合征和仔猪先天性震颤。断奶仔猪多系统衰竭综合征，以 5～8 周仔猪多见。病猪表现为抑郁、食欲不振、发热、皮毛粗糙、进行性消瘦、生长迟缓、呼吸困难、咳嗽、喘息、贫血、皮肤苍白、体表淋巴结肿大。有的表现为皮肤及可见黏膜发黄、腹泻、嗜睡。临床上约有 20％的病猪出现贫血和黄疸症状，具有诊断意义。仔猪先天性震颤（抖抖病）的临床症状差异很大，震颤程度不同，同窝仔猪数也不确定，通常表现为双侧震颤。当仔猪休息或睡觉时，震颤可以减轻，但当他们受到寒冷或噪音的刺激时，震颤可以重新激活或加重。1 周内出现严重震颤的仔猪常因无法哺乳而死亡。1 周龄以上的仔猪通常能耐受震颤，并有震颤症状延伸至生长期或育肥期。

　　仔猪先天性震颤的病理改变主要是脊索神经的髓鞘形成不全所

致。发生断奶仔猪多系统衰竭综合征时，剖检可见间质性肺炎和黏液性支气管炎变化。肺脏间质增宽肿胀，质地坚硬似橡皮样，其上面散在有大小不等的褐色实变区，呈间质性肺炎病变，胸腔多量淡黄色液体。肝变硬、发暗，胆汁浓绿色，内有尘埃样残渣。肾脏水肿、呈灰白色坏死点，花斑样外观。脾脏轻度肿胀，有出血性梗死，脾头出血后机化萎缩。胃黏膜水肿，有大片溃疡形成。盲肠和结肠黏膜出血。全身淋巴结肿大，切面呈灰黄色或出血。皮肤黏膜黄染。特别是腹股沟、肺门和肠系膜与颌下淋巴结病变明显，腹股沟淋巴结水肿且不出血，或腹股沟淋巴结肿大至4~5倍。如有继发感染，则可见胸膜炎、腹膜炎，心包积黄色水，有时出现纤维蛋白、心肌出血、心脏变形，质地柔软。皮肤表面出现丘疹，类似蚊虫叮咬后出现的肿块，呈红紫色斑点斑块，主要分布于耳部、背部、后躯，可见耳肿大，丘疹初期发红，后期中心发黑，突出皮肤表面。多伴有消瘦、发热症状。常用酶联免疫吸附试验（ELISA）检测抗体的方法进行实验室诊断。

（二）防治方法

1. 每头猪肌内注射圆环病毒疫苗2 mL，进行预防。

2. 肌内注射黄芪多糖、阿莫西林、复合维生素B。银翘散拌料。或肌内注射双黄连、鱼腥草、氟苯尼考注射液。

3. 据检测分析，圆环病毒的血清型也在不断变异，导致疫苗免疫的效果不理想，然而做过圆环疫苗的猪场，抗体水平大部分都很好，未做过圆环疫苗的猪场感染率较高，因此建议现代化猪场免疫圆环疫苗。具体建议的免疫程序是种猪每年2次，小猪7~12日龄免疫。

4. 推荐。

（1）对个体病例采用长效土霉素注射液每千克体重20 mg，清开灵注射液每千克体重0.15 mL或强力霉素注射液每千克体重10 mg，柴胡注射液每千克体重0.15 mL或阿莫西林每千克体重40 mg，清开灵注射液每千克体重0.15 mL，分侧肌内注射，2天1次，连续2次。

（2）对群体病例采用全群免疫圆环病毒灭活疫苗 1 头份/头；每千克体重用氟苯尼考 80 mg 和强力霉素 600 mg，或氟苯尼考 80 mg 和阿莫西林 100 mg，或强力霉素 600 mg 和阿莫西林 500 mg，拌料 5 d；鱼腥草散煲水和糖饮水，饮用 5 d 保健。

（3）与细菌混合感染，10％的盐酸沃尼妙林 500 g＋1 000 g 强力霉素＋1 000 g 板青颗粒拌料 1 t。

5. 中草药处方。中兽医以清热解毒、宣肺祛瘀、宣肺活血、活血化瘀为治疗原则。

（1）单方，板蓝根。用法：于母猪产前 1 周和产后 1 周，仔猪断奶前 7 d 和断奶后 30 d，按 1.5％拌料喂服。

（2）生石膏 90 g，连翘、板蓝根、大青叶、玄参各 30 g，黄芩、栀子、赤芍、桔梗、丹皮各 18 g，黄连 9 g，甘草 12 g。用法：加开水 2 500 mL，浸泡 30 min，文火煎取 1 000 mL 药液，供 10 头体重 30 kg 猪料服或拌料饲喂，每日 2 次。

（3）针灸疗法。选卡耳穴，在猪耳郭中部稍靠下方，避开血管，用宽针穿 1.7～1.9 cm 深的皮下囊，在囊内塞入绿豆大小的砒霜或蟾酥即可。

十、猪伪狂犬病

猪伪狂犬病是由伪狂犬病病毒（PRV）引起的一种严重传染病。乙醚、氯仿、福尔马林、紫外线、2％氢氧化钠和 3％来苏儿均能杀灭病毒。猪是最易感动物，其他动物如牛、羊、犬、猫、兔子和老鼠也会自然感染。除猪外，马属动物和家禽发病率较低，家兔最为敏感。该病可通过消化道、呼吸道、伤口和交配传播。此外，母猪的感染可通过胎盘传染给后代，导致仔猪流产、死产和死亡。该病可全年发病，但多发于冬春寒冷季节和分娩旺季。猪的感染症状随着年龄的增长而变化，大多数动物在局部皮肤上表现出持续的严重瘙痒。仔猪以中枢神经系统症状为特征，表现为非化脓性脑炎；断奶仔猪和育肥猪的呼吸系统症状以呼吸系统症状为主；怀孕母猪出现流产、死胎和木乃伊胎。2 周龄以下仔猪死亡率为

100％。该病已成为猪场繁殖障碍的主要传染病，被世界动物卫生组织列为 B 类传染病，在我国被列为二类动物疫病。

(一)诊断要点

临床上以中枢神经系统障碍为主症，多数动物皮肤呈持续性剧烈瘙痒。哺乳仔猪和断奶仔猪病情最严重。体温升高、呼吸困难、流涎、呕吐、痢疾、食欲不振、精神萎靡、肌肉震颤、肢体不协调、眼球震颤、间歇性痉挛、前后或转圈等强迫运动。流产与死胎大小较为一致，有不同程度的软化现象，胸、腹腔及心包腔内有大量棕褐色液体。肾及心肌出血，肝、脾有灰白色坏死点，显示是病毒病，脾脏有血晕样坏样出血点。流产母猪可能有轻度子宫内膜炎。公猪表现为阴囊水肿和渗出性鞘膜炎。神经症状出现 1～2 d 内死亡。若出现症状后 6 d 才出现神经症状，则有恢复可能，但后遗症明显，如瞎眼、偏瘫、僵猪。新生仔猪及 4 周龄以内仔猪，表现为最急性型，常突然发病，体温升至 41 ℃以上，病猪精神委顿、厌食、有呕吐或腹泻；然后出现躁动、步态不稳、运动障碍、肌肉痉挛或抽搐；有时不由自主地向前、向后或绕圈移动；或者前肢呈"八"字形；随着病程的发展，出现四肢瘫痪、趴在地上、头向后仰、四肢活动、空嚼、流涎、声音嘶哑、喘息，最后死亡。病程 1～2 d，死亡率较高，可达 100％。4 月龄左右的猪出现轻度发热、流涕、咳嗽、呼吸困难和腹泻，几天内即可恢复。也有部分出现神经症状而死亡。病死率低，病程 4～8 d。妊娠母猪主要表现为繁殖障碍，受胎 40 d 后感染时，发生流产、死胎，延迟分娩。妊娠后期感染则产木乃伊胎，也有活胎儿出生后不久出现典型的神经症状，表现吐泻，痉挛，角弓反张，多在 2～3 d 死亡。母猪流产前后，大多无明显的临床症状。成年猪常为隐性感染，有的表现为呼吸系统症状，如卡他性炎症、发热、咳嗽、流涕等，很少出现神经症状。病死猪主要见呼吸系统的病变和明显的非化脓性脑炎变化。临床上呈现明显神经症状的病猪，死后见脑膜充血、脑脊髓液增加，鼻咽部充血，扁桃体、咽喉部及其淋巴结有坏死病灶，肝、脾有 1～2 nm 灰白色坏死点，胃黏膜有出血块，心包液增加，肺可见水肿和出血点，都非本病的特有变化。组织学检查，呈非化脓性脑膜脑炎及神经节炎变化。可用动物接种、检查血清抗体，用中和试验、间接血凝抑制试验、琼脂扩散试验、补体结合试验、酶联免疫吸附试验（ELISA）等进行实验室诊断。

（二）防控方法

1. 在出现神经症状前，注射高免疫血清。

2. 经检测分析，伪狂犬病病毒和野病毒感染阳性率较高。主要原因有：① 程序不合理，不能根据使用的疫苗制订免疫程序；② 疫苗使用混乱，养猪场不能根据自身情况选择疫苗。一些猪场使用多个制造商的疫苗，一些猪场频繁更换疫苗；③ 操作不科学。猪场伪狂犬病推荐免疫程序为：种猪每年 3 次，仔猪 2～3 日龄滴鼻，60 日龄左右肌内注射 1 次。

3. 建议加强引种，注意不从疫区引种；加强灭鼠灭鸟及消毒；流行时整群淘汰更新；排除阳性反应猪；目前预防猪伪狂犬病的疫苗有两种，一种是全病毒灭活疫苗，另一种是基因缺失疫苗（包括自然缺失和人工缺失）。全病毒灭活疫苗可以在商品化猪场使用，但为了便于疾病的纯化和监测，在养殖猪场使用基因缺失疫苗效果更好。仔猪第一次免疫后，间隔 4～6 周加强免疫一次，然后每半年免疫一次，分娩前一个月加强免疫一次，经过前期常规免疫后，仔猪的母体抗体可维持在 60 日龄左右，因此后备种猪可在 60～70 日龄进行首次免疫。每 4～6 周加强一次免疫作为基本免疫，然后按照种猪的免疫程序进行免疫。育肥猪可在 60～70 日龄时接种基因缺失疫苗一次，每 4～6 周加强一次免疫，直到出场。如果没有正规免疫母猪生产的仔猪，可提前给断奶仔猪注射疫苗，间隔 4～6 周后进行强化免疫，直至上市。可用灭活疫苗对病种猪免疫。首次免疫后，每 4～6 周加强一次免疫。随后按种猪免疫程序进行免疫。对病猪场疑似健康仔猪预先接种疫苗，即鼻腔或肌内注射一剂。紧急免疫可取得良好效果。同时，所有其他品种的猪都可注射灭活疫苗。对感染猪，早期腹腔注射 PRV 高免血清 30 mL 以上，对断奶仔猪有良好疗效。如果病猪出现神经症状，效果并不理想。

磺胺类药物可用于预防继发感染。一般情况下，在养猪场不使用弱毒疫苗。种猪场和育肥猪场应定期监测该病，种猪场每年监测 2 次，商品猪场每年监测 1 次。监测期间，不定期抽检种猪（含后备种猪）100％、种猪（含后备种猪）20％、商品猪 5％；对有流产、死胎等症状的母猪进行 100％抽样。免疫与监测相结合是消除阳性种猪的经济途径。用基因缺失疫苗免疫种猪，用鉴别诊断酶联免疫吸附试验（ELISA）试剂盒对种猪进行定期监测，排除野毒感染阳性者；建立无伪狂犬病种猪群，对阳性母猪出生的仔猪进行隔离饲养，实施早期隔离和断奶，监测仔猪抗体，剔除阳性猪，做好种猪群净化工作。

4. 中草药处方。

（1）延胡索、金银花、知母各 15 g，细辛、白芷、川穹、天门冬、麦门冬、天花粉、黄柏、玄参、白芍、川贝母、前胡、甘草各 10 g，黄芩 1 g。用法：水煎取汁，候温料服，供大猪 1 次服用，每日 1 剂，连用 5 d。

（2）大青叶、板蓝根各 120 g，金银花 150 g。用法：水煎取汁，候温料服。

十一、猪日本乙型脑炎

猪乙型脑炎是由乙型脑炎病毒引起的一种急性人畜共患传染病。高热、流产、死胎和睾丸炎是感染猪的主要特征。该病于 1934 年在日本首次发现，1939 年在中国分离到日本脑炎病毒。由于本病疫区范围广，危害大，被世界卫生组织列为需要重点控制的传染病，我国将其列入二类动物疫病。常用的消毒药如 2％氢氧化钠、5％的来苏儿可将其杀死。在自然情况下，家畜中马、骡、驴、猪、牛、羊、鸡、鸭、犬、猫及野鸟都能感染本病。马最容易发病，猪、人次之，其他畜禽多为隐性感染。猪可以通过"猪—蚊—猪"循环扩大病毒的传播，成为乙型脑炎病毒的主要增殖宿主和传染源。由于本病主要通过蚊虫的叮咬进行传播，所以乙脑的流行呈明显的季节性，多发生于夏秋蚊虫滋生季节。南方一般 6—7 月，北方 8—9 月达到高峰。本病呈散发流行，并多为隐性感染。在自然条件下，常呈现每 4～5 年流行一次的周期性倾向。多在 6 月龄左右发病，与性成熟有关。其特点是感染率高，发病率 20%～30%，死亡率低，常因并发症死亡。

(一) 诊断要点

常突发，体温升高到 41 ℃左右，呈稽留热，短的持续几天，长者可达十多天。病猪精神沉郁，食欲不振，口渴，结膜潮红，喜欢卧地，强行赶起，则猪摇头甩尾，很快又卧下，心跳增加。有时可见猪流鼻涕，能听到鼻塞音，尿色深黄，粪便干结附有黏膜。有些猪后肢关节肿胀疼痛而表现跛行，最后身躯麻痹而死。妊娠母猪发生流产或早产，初产母猪多发，第二胎后较少发生。胎儿多是死胎或木乃伊胎，或仔猪生后几天内发生痉挛而死亡。母猪流产后，其临床症状很快减轻，体温恢复常温，食欲也渐趋正常。公猪常发单侧或两侧睾丸炎，局部发热，有痛感，数天后睾丸肿胀消退，逐渐萎缩变硬，丧失配种能力。

病理变化为流产胎儿脑水肿，脑膜和脊髓充血，皮下水肿，心、肝、脾、肾肿胀并有小出血点。病死猪脑膜及脊髓膜显著充血，肝肿大，有界限不清的小坏死灶。肾稍肿大，也有坏死灶。母猪子宫内膜充血、出血，胎盘增厚。公猪睾丸肿大，切面充血、出血，有的睾丸萎缩，与阴囊鞘膜粘连。结合荧光抗体法、血清中和试验、酶联免疫吸附试验（ELISA）等病毒分离鉴定与血清学方法进行诊断。

(二) 防控方法

1. 驱灭蚊虫，改善环境卫生。消灭蚊虫和预防接种是预防本病的重要措施。在蚊虫活动季节，经常进行沟渠疏通以排除积水、铲除蚊虫滋生地，在蚊蝇繁殖季节要定期用药毒杀、烟熏、药诱、灯诱捕杀，有条件的门窗加纱布阻挡。由于乙脑病毒能在蚊虫体内繁殖，并可越冬，经卵传递，成为次年感染动物的来源，所以冬季还应设法消灭越冬蚊。

2. 感染病猪一般无特效疗法。采用疫苗预防与防继发感染方法。在出现蚊虫前 1～2 个月，对后备和生产种公猪及种母猪用乙型脑炎弱毒疫苗或油乳剂灭活苗进行免疫接种，第一年以两周的间隔时间注射两次，以后每年注射一次。用抗菌类药物防止继发感染可提高自愈率。在治疗的同时要做好工作人员的防护工作。

3. 中草药处方。

（1）板蓝根、生石膏各 100 g，大青叶 60 g，生地黄 50 g，连翘、紫草各 3 g，黄芩 18 g。用法：水煎取汁，候温料服。

（2）白附子、天南星、僵蚕各 12 g，全蝎 9 g，天麻 15 g，蜈蚣 6 条。用法：各药混合，共碾为细末，热黄酒为引，开水冲调，候温料服，每日 1 剂，分 3 次服完，连用 4 d。同时肌肉内注射盐酸山莨菪碱 40 mg 和天麻注射液 8 mL，每日 2 次，连用 3 d。

（3）大青叶 30 g，黄芩、栀子、丹皮、紫草各 10 g，黄连 3 g，生石膏 100 g，芒硝 6 g，鲜生地黄 50 g。用法：加水煎至 300 mL，候温料服。

第二节 细菌性疾病

一、链球菌病

猪链球菌病是由不同血清 C、D、E、L 群链球菌感染引起猪的多种不同临床症状传染病的总称。急性的以败血症和脑炎为特征，慢性的链球菌病以关节炎、化脓性淋巴结炎等为主要特性，其病原体多为溶血性链球菌。特别是猪链球菌 2 型在国内外已引起多起猪链球菌疫情和人类感染。链球菌血清型众多、抗原结构复杂，广泛存在于自然界，在正常动物及人的呼吸道、消化道、生殖道等也常存在。该菌有较强的传染性，一般为接触性传染，也可由呼吸道、消化道、皮肤伤口及黏膜传染。一旦感染，病猪在很长一段时间内可带菌、排菌。有些治愈猪和带菌猪再受注射疫苗、天气骤变等应激，也可能再次反复发病。链球菌为革兰氏阳性球菌，呈长短不一的链状，但猪链球菌多数成短链或成对排列。目前临床上有 35 个血清型，其中 2 型是致病性最强的，其次是 1 型、9 型、7 型。2 型链球菌人畜共患，可存在于50%的正常猪中，任何日龄的猪均可感染。对一般消毒剂敏感。对青霉素、红霉素、金霉素、四环素、磺胺类药物敏感。在自然条件下，猪容易感染这种疾病。不同年龄、性别和品种的猪都可能感染。一般来说，仔猪、仔猪和妊娠母猪的发病率较高。对仔猪有害，尤其是断奶后10 d以上感染并转入猪圈的仔猪，常死于败血症和脑炎。关节炎和化脓性淋巴结炎在哺乳仔猪和母猪中很常见。牛、犬和禽类不易感染。该病全年均可发生，但5—11月发生较多，为地方性流行病。急性败血型来势凶猛且传播迅速。此外，通风条件差、过度拥挤等应激因素也是诱发该病的因素。在现代化养猪条件下，该病极易传播。我国将其列为二类动物疫病。

（一）诊断要点

急性型：多呈败血症型。发病快、病程短，表现无症状突然死亡。体温升高到42 ℃左右，不食，结膜潮红，流泪，有浆液性鼻汁，呼吸困难，耳尖、四肢下端、腹下有出血性红斑，皮肤有突起的脓包，切开有淡黄色液体流出；跛行，病程2～4 d。剖检病变：血液凝固不良，心包积液，心肌变软，心外膜出血炎，有时出现心内膜形成赘生物，淋巴结出血性炎，肝肿大，脾脏肿大到原来2～3倍，肾炎表面可见白色斑块或斑块样出血。

脑膜炎型：表现昏睡状态。主要发生在4～8周龄仔猪，表现体温升高，不食，运动失调，转圈磨牙，四肢做游泳状运动，后肢麻痹，有的猪出现多发性关节炎。脑膜出血炎症。病程1～2 d。

化脓性淋巴结炎型：多见于颌下淋巴结化脓，咽部和颈部淋巴结，淋巴结肿胀，有热感，破溃后流脓，皮肤坏死，并出现全身不适。病程3～5周。

化脓性关节炎型：一肢或几肢关节肿胀，疼痛，有跛行，严重者不能站立，呕吐，病程2～3周。可引起肺炎、母猪流产等。该病常与附红细胞体，猪瘟，弓形虫等疾病混合感染。

（二）防治方法

1. 彻底消毒，清除细菌是关键。防止发生各种外伤，发生外伤时要按外科处理。

2. 预防接种是预防本病的重要措施，自家苗免疫效果好。在 60 日龄首次免疫猪链球菌病氢氧化铝胶苗，肌肉或皮下注射 5 mL；浓缩菌苗注射 3 mL，免疫期 6 个月，母猪产前 20～30 d 注射链球菌苗，对预防产房仔猪链球菌病效果明显。

3. 及时治疗。应早期大剂量使用抗生素和磺胺类药物，青霉素每头每次 80～160 万 U，同时配合磺胺类药物治疗，效果明显。常选用青霉素、喹诺酮类、四环素、强力霉素预防，选用大剂量磺胺类药物、四环素治疗，重症配合使用皮质激素，效果较好。推荐：

（1）对发病猪个例采用每千克体重青霉素 5 万 U、链霉素 3 万 U，清开灵注射液 0.15 mL；或每千克体重头孢噻呋钠 5 mg 和柴胡注射液 0.15 mL；或每千克体重恩诺沙星 10 mg、清开灵注射液 0.15 mL，分边肌内注射，每天 2 次，连续 3 d。

（2）群体病例采用每千克体重阿莫西林 500 mg 和泰乐菌素 150 mg，或恩诺沙星 100 mg 和阿莫西林 500 mg，或阿莫西林 500 mg 和强力菌素 600 mg，拌料 5 d。维生素 C 加电解质，饮用 7 d。或按每吨料 125 g 添加四环素，连喂 4～6 周。

4. 中草药处方。中兽医以清热凉血、平肝熄风、解毒化湿为治疗原则。

（1）生石膏 300 g，细生地、川黄连各 30 g，水牛角、栀子、黄芩、知母、赤芍、玄参、连翘、丹皮、鲜竹叶各 15 g，桔梗、甘草各 9 g。水煎，1 剂/d，分 2～3 次料服，连服 5 d。同时配合解热类药物及抗生素治疗，效果更好。

（2）针灸疗法。主穴选山根、百会、涌泉、滴水、后三里，配穴选蹄叉、前后寸子。

二、猪肺疫

猪肺疫又称巴氏杆菌病、出血性败血症，是由多杀性巴氏杆菌引起的急性或散发性或继发性传染病。巴氏杆菌属于革兰氏阴性菌。病菌对外界的抵抗力不强，加热至 60 ℃、1％石炭酸、5％石灰乳或 1％漂白粉均能在 1 min 内将其杀死。多杀性巴氏杆菌对家畜、野生动物、家禽和人均有致病性。以小猪、中猪发病率高，携菌很常见。健康猪的上呼吸道常带有本菌，但多半为弱毒或无毒的类型。然而在过度拥挤、畜舍潮湿、卫生条件差、长期营养不良、长途运输和气候突变等时，机体抵抗力降低，或在发生传染病时，细菌趁机侵入机体繁殖，增强毒力，引发疾病。也可引起内源性感染。急性病例以败血症和炎性出血、咽喉病变为特征，死亡率高；慢性病例以皮下、关节和各种器官的局灶性化脓性炎症为特征，为散发性。本病四季均可发生，尤其以仔猪、育成猪在春、秋两季更易发生，以秋末春初及气候骤变季节发生最多，是危害养猪业的常见传染病。我国将其列为二类动物疫病。

（一）诊断要点

最急性型：流行初期常见，病猪前一天晚上饮食正常，无明显临床症状，第二天早上已在圈内死亡。有的体温升至 41 ℃ 以上，食欲不振，畏寒，黏膜发绀，耳根、颈部和腹部皮肤出现紫红色斑点。典型症状为急性咽喉炎，咽喉肿胀、呈紫红色，触诊硬而热，严重时波及耳根和前胸，导致呼吸极为困难，声音嘶哑，两前肢分开站立，张口呼吸，口腔和鼻腔流出白色泡沫液体，有时混入血液。最后窒息而死。病程 1～2 d，死亡率很高。常表现为败血症病变，全身皮下及黏膜有明显出血。在咽喉部，由于炎症性充血和水肿，黏膜增厚甚至高度肿胀，声门狭窄，周围组织有明显的黄红色出血胶状浸润。急性淋巴结肿大，切面发红，尤其咽背、颈部淋巴结明显，甚至出现坏死。胸腔和心包积液，有纤维素附着。肺充血和水肿。脾脏有点状出血，但不肿大。心外膜出血。

急性型：一般体温上升到 41～42 ℃，食欲不振，不安或易怒，呼吸困难，伸长头颈呼吸，咽喉肿大，发热，发硬，口鼻冒泡沫。有的表现咳嗽，胸痛，多死于窒息。主要表现为肺炎，肺小叶间水肿增宽，质度坚实如肝，切面有暗红色、灰红色或灰黄色等不同颜色，大理石样。支气管充满分泌物。胸腔和心包内有大量混有纤维素的红浊液体。胸膜和心包粗糙无光泽，并附着纤维素，甚至心包和胸膜粘连。支气管和肠系膜淋巴结有干酪样改变。

慢性型：主要为慢性肺炎和慢性胃肠炎。取肝、脾、肺、胸腹水等病料，做涂片，用碱性美蓝液染色后镜检，如果从各种病料涂片中均见有两极着色的小杆菌时，即可确诊。但如果肺涂片中仅发现少量巴氏杆菌，其他组织涂片中未发现巴氏杆菌，且肺部无明显病变，则可能是带菌猪，不能直接判定为猪肺疫。此外，临床上注意与猪瘟、猪丹毒区别诊断。急性喉咽炎病例应与急性炭疽相鉴别，急性炭疽很少发生在猪身上。

（二）防治方法

1. 免疫接种。春秋两季预防注射。猪肺疫氢氧化铝菌苗，断奶后的大小猪一律皮下或肌内注射 5 mL。注射后 14 d 产生免疫力，免疫期为 6 个月。按瓶签说明的头份，口服猪肺疫弱毒冻干菌苗，即用水稀释后，混入饲料或饮水中喂给，不论大小猪，一律 1 头份，免疫期 6 个月。还有供注射的弱毒疫苗。

2. 发病后，隔离治疗。首选链霉素、磺胺类药物。在疫区，用利高霉素可以有效防治猪肺疫等细菌性疾病。

3. 推荐。

（1）对发病种猪个例采用每千克体重肌内注射头孢噻呋钠 5 mg，发热者加注柴胡注射液 0.15 mL，或注射氨基比林 0.05 mL，或清开灵注射液 0.15 mL，在颈部左右侧肌肉丰满部位注射，每天 1 次，连续治疗 3 d，无效者淘汰；对群体采用每千克体重阿莫西林 100 mg 和泰乐菌素 500 mg，或恩诺沙星 200 mg 和阿莫西林 500 mg 拌料，连用 5 d；用多维和电解质饮水，连用 5 d。

（2）对分娩舍未断奶同单元假定健康仔猪按 3 日龄 0.01 g/头、7 日龄 0.02 g/头、21 日龄 0.04 g/头肌内注射头孢噻呋钠；对分娩舍断奶同单元发病仔猪及同单元保育舍发病仔猪采取每千克体重阿莫西林 500 mg 和氟苯尼考 80 mg，或替米考星 200 mg 和氟苯尼考 80 mg，或恩诺沙星 200 mg 和氟苯尼考 80 mg 拌料，连用 5 d。

（3）每千克体重庆大霉素 1~2 mg 或四环素 7~15 mg，每日

2次，直到体温下降为止。

4. 中草药处方。以清热解毒、宣肺化痰、通利咽喉、消肿止痛为治疗原则。

（1）黄芩50 g，麻黄、金银花、杏仁、瓜蒌仁各20 g，枇杷叶、桑叶、紫菀、陈皮各25 g。用法：水煎取汁，供20 kg猪1次服用，每日1剂，连用5 d。

（2）金银花、射干、知母、山豆根、龙胆草、桔梗、百部各30 g，泽兰、牡丹皮、玄参、天门冬各25 g，连翘40 g。用法：煎汤取汁，候温料服，供大猪早、晚2次服，每日1剂，连用3 d。

（3）针灸配合药物疗法。在猪喉部肿大处，避开血管和气管，以圆利针点刺，见血，再针刺苏气穴、交巢穴、血堂穴、肺俞穴。主穴可选山根、血印、肺俞、锁喉、尾尖，配穴选六脉、后三里、涌泉。或主穴选苏气、肺俞、曲池、断血、脉门、锁喉、膻中，体温升高时，配针刺尾尖、血印。食欲不振时，配针山根、玉堂。或主穴选苏气、肺俞、大椎，配穴选尾尖、山根等。针法为白针或血针。

三、猪传染性胸膜肺炎

猪传染性胸膜肺炎是由胸膜肺炎放线杆菌引起的一种呼吸道传染病。胸膜肺炎放线杆菌有多形态的小球杆菌状，为革兰氏阴性，呈两极着色。病原菌有荚膜，能产生毒素。截至1988年，共鉴定出12个血清型，其中1型和5型致病力最高，发病率和死亡率最高。本菌抵抗力不强，一般消毒剂可杀灭。以胸膜肺炎症状和病理改变为特征。急性型死亡率高，而慢性型往往可以耐受。随着现代化养猪业的发展，该病的发病率逐年上升。

（一）诊断要点

大多数病例发生在4—5月和9—11月。发病与饲养环境突变，饲养密度过大，猪舍通风不良，气候突变和长途运输有关。不同年龄的猪易感，4—5月龄的猪更易发病和死亡。

急性型：病猪体温可升至42 ℃以上，精神沉郁，不食，呼吸急促，常站立或犬坐而不愿卧地，张口伸舌，口鼻流出泡沫样分泌物。耳朵、鼻子和四肢的皮肤通常是蓝紫色的。如果不及时治疗，可在 1～2 d 内窒息死亡。

慢性型：症状轻微，体温不高，39～40 ℃，间歇性咳嗽，生长迟缓，如与巴氏杆菌或支原体混合感染，病程加重，死亡率明显增高。主要病变为肺炎和胸膜炎。在大多数情况下，胸膜表面有广泛的纤维素沉积，胸腔液呈血色，广泛的肺充血、出血、水肿和肝变性。气管和支气管内有大量血色液体和纤维素凝块。病程较长时，肺内有坏死灶或脓肿，胸膜有粘连。本病的症状和肺部病变与猪肺疫相似，难以鉴别。然而，急性猪肺疫呈现喉肿胀，皮肤、皮下组织、浆膜和淋巴结出血，而猪传染性胸膜炎的病变局限于肺和胸部。猪肺疫的病原体为两极着色巴氏杆菌，猪传染性胸膜肺炎的病原菌为小球杆状的放线杆菌。症状与猪气喘病相似，但猪气喘病体温不高，病程长，肺部病变对称，呈胰腺或肉样病变，病变周围无结缔组织包裹。

（二）防治方法

1. 根据猪场情况，可以选用猪传染性胸膜肺炎油佐剂灭活疫苗进行预防注射。目前国内外已有商业化的灭活或减毒疫苗。仔猪可在 6～8 周龄时进行第一次肌内注射多价油佐剂灭活疫苗，8～10 周龄时进行第二次强化免疫。

2. 搞好环境卫生。发生本病后，及时检出阳性带病猪并淘汰。新感染猪群和断奶仔猪可普遍在饲料中每千克体重添加土霉素 600 mg，连喂 3 d，控制新病例出现，早期治疗疗效较好，用药剂量要适当增大。一般首选药物是喹诺酮类、青霉素、庆大霉素、增效磺胺甲基异噁唑（新诺明）、土霉素、得米先。

3. 推荐。对严重病例采用每千克体重头孢噻呋钠 5 mg（1 g/200 kg）、氟苯尼考 20 mg（1 g/50 kg）或恩诺沙星注射液 10 mg（1 g/200 kg）肌内注射，发热者加注清开灵注射液（或柴胡注射液）0.15 mL，每天 2 次，连续 3 d。对群体采取每千克体重替米考星 200 mg 和阿莫西林 500 mg，或金霉素 600 mg 和泰乐菌素 150 mg，或强力霉素 600 mg 加恩诺沙星 100 mg，拌料 5 d；多维饮水 5 d。

4. 中草药处方。

（1）知母、川贝母、款冬花、葶苈子、百部、马兜铃、金银花、黄芩、白药子、黄药子各 10 g，杏仁 9 g，枇杷叶 15 g，栀子 12 g，大黄 6 g，甘草各 5 g。用法：水煎取汁，候温料服，供体重 40 kg 猪服用，每日 1 剂，连用 3 d。

（2）板蓝根 16 g，葶苈子、浙贝母、桔梗各 6 g，或麻杏石甘汤（麻黄 6 g，杏仁、炙甘草各 9 g，石膏 50 g）加味。用法：粉碎成末，水调料服，一日 2 次，连用 3 d。

四、猪气喘病

猪支原体肺炎（MPS）又称猪地方流行性肺炎，属一种慢性呼吸道传染病。只有一个型，只感染猪。猪肺炎支原体为多形性，多用瑞氏或姬姆萨染色。病原体存在于病猪呼吸器官内，随病猪咳嗽、气喘和喷嚏的飞沫排出体外。四季均可发生，气候多变、阴湿、寒冷的冬春季节发病严重。以慢性经过为主，新发病的疫区常呈急性暴发，老疫区呈隐性经过。主要临床症状为咳嗽、气喘、呼吸困难，病变为融合性支气管肺炎，可见尖叶、心叶、间叶和膈叶前缘呈"肉样"或"胰样"实变。本病死亡率不高，属最难净化的疫病之一。常用的化学消毒剂均能达到消毒目的。对青霉素、链霉素和磺胺不敏感。在人工感染时，用壮观霉素、金霉素、土霉素、卡那霉素、林肯霉素、泰乐菌素等广谱抗生素，可阻止肺炎病变发展。

（一）诊断要点

大多呈慢性经过，咳嗽和气喘，体温、食欲和精神都无明显变化，随着病情的发展，其主要症状表现明显和严重。

早期：特别是小猪，在吃食、剧烈跑动、早晨出圈、夜间和天气骤变时，多发单声干咳。体温、精神、食欲无明显变化。随着病程延长，咳嗽增重，次数增多至十余声连续咳嗽，干咳变为湿咳。病猪咳嗽常站立不动，弓背、伸颈、头下垂几乎接近地面，直到呼吸道分泌物咳出为止。

中期：出现腹部随呼吸动作而有节奏扇动的气喘症状，静卧时明显，呼吸次数达到每分钟 100 次左右。

后期：呈犬坐姿势，张口呼吸，呈腹式呼吸，并有喘鸣声，消瘦，不愿走动，或将嘴支于地面而喘息，咳嗽次数少而沉弱，似有分泌物堵塞，难以咳出。听诊肺部有干性或湿性啰音，呼吸音似拉风箱样。体温达 40.5 ℃，被毛粗乱，结膜发绀，怕冷，行走无力，最后衰竭窒息而死。X 线诊断：早期病猪的肺野心侧区和心膈角区呈现不规则云絮状的阴影，密度中等，边缘模糊，肺野的外周区无明显的变化。但对阴性猪应隔 2～3 周后再复检。主要病变在肺脏和肺门淋巴结及纵膈淋巴结。肺以对称性实变为主，实变区大小不一，呈淡红色或灰红色，随病程延长，病变部转为灰白色或灰黄色。病初带有胶样浸润的半透明状，呈淡灰红色，界限分明，如鲜嫩肉一样，称"肉变"，切面压之流出黏性混浊的灰白色液体。随病程发展，病变部的颜色转为灰白或灰黄，硬度增强，和胰脏组织相似，称"胰变"。随病期延长，胶样浸润减轻，在肺膜下陷处可见粟粒大黄白色小点，切面结实、隆起，从小支气管壁中，流出白色黏液或带泡沫的暗红色液体。肺门和纵膈淋巴结肿大，质硬，断面呈黄白色，淋巴滤泡明显增生。其他内脏一般无明显变化。

（二）防治方法

1. 对假定健康妊娠母猪，在产前 1 个月至断奶期间，饲料中加土霉素 400～800 g/t。出生乳猪在 2 日龄、7 日龄和 21 日龄时，各分别肌内注射 0.5 mL 土霉素长效注射液。配合乳猪早期断奶，逐步培育出健康猪群。

2. 推荐。

（1）对发病个例采用每千克体重长效土霉素 20 mg，分两边肌内注射，间隔 1 d 注射 1 次，连续注射 3 次；尽快淘汰长期治疗无效、治疗后反复的病猪。

（2）对群体采用泰妙菌素 200 mg/kg、泰乐菌素 200 mg/kg 或泰乐菌素 200 mg/kg、磺胺六甲嘧啶 600 mg/kg、小苏打 600 mg/kg、

三甲氧苄氨嘧啶（TMP）150 mg/kg、替米考星 200 mg/kg、磺胺六甲嘧啶 600 mg/kg、小苏打 600 mg/kg、TMP150 mg/kg，拌料 5 d；维生素 C 可溶性粉和多维，饮用 5 d，进行保健处理。

（3）对于未断奶仔猪，此阶段一般不表现症状，做好日常的饲养管理，个别发病仔猪按（1）方案进行治疗。

（4）已断奶仔猪及保育舍仔猪发病，参照（1）方案治疗；饮水添加 150 mg/kg 泰妙菌素，连用 5 d。

（5）治疗支原体和放线杆菌、巴氏杆菌等细菌性呼吸道疾病混合感染，10％的盐酸沃尼妙林 500 g＋1 000 g 强力霉素拌料 1 t 连用 7 d；支原体引起的细菌和病毒混合感染，10％的盐酸沃尼妙林 500 g＋1 000 g 强力霉素＋1 000 g 板青颗粒拌料 1 t。净化支原体，10％的盐酸沃尼妙林 250 g＋1 000 g 强力霉素拌料 1 t，连用 7 d。0.25～1 kg 利高霉素拌料 1 t，连用 7 d。

3. 接种疫苗。采用猪支原体灭活疫苗和猪肺炎支原体兔化弱毒苗 2 mL 剂量肌内注射。1 周龄的哺乳仔猪，首免一次。种猪春秋各注射疫苗一次，留种时再进行第二次免疫，育肥猪不做二免。

4. 中草药处方。中兽医以清热、平喘、止咳为治疗原则。

（1）紫苏、马兜铃各 35 g，大青叶、金银花各 45 g，远志 40 g，忍冬藤、地龙各 50 g，麻黄、杏仁、桑白皮、款冬花、甘草各 15 g，黄芩、苏子、葶苈子各 20 g，白果 15 g，半夏 10 g。水煎，2 次/d，连服 3 剂。

（2）针灸疗法 1　主穴选苏气、肺俞、卡耳，配穴选鼻梁、山根、血印、后三里、膻中、尾尖。或主穴选肺俞、苏气、山根、尾尖，配穴选卡耳、膻中埋线、鼻梁、血印、百会、后三里。或选苏气、肺俞膻中、六脉等穴为主，注入蟾酥、穿心莲、鱼腥草、桉树叶、断肠草或蛋清或盐酸土霉素、硫酸卡那霉素等药液。

五、猪传染性萎缩性鼻炎

猪传染性萎缩性鼻炎（AR）是由多杀性巴氏杆菌单独或与支气管败血波氏杆菌联合引起的一种慢性呼吸道传染病。支气管败血波氏菌为革兰氏阴性菌。常规消毒剂可达消毒目的。任何年龄的猪均可发生感染，尤其以幼龄猪和生长阶段的 3 月龄以上的猪易感。人及其他动物如犬、猫、牛、马、鸡、兔、鼠，也能引起慢性鼻炎和支气管肺炎。本病传播比较缓慢，多为散发。存在明显的年龄相关性，年龄越小感染率越高，临床症状越严重。只有仔猪在出生后几天到几周内感染，才会产生鼻甲萎缩，成年猪成为无症状的感染猪。营养水平、遗传因素、品种和品系不同、饲养密度高、卫生条件差、通风不良等都会促进该病的发生。其特征是生长迟缓、慢性鼻炎、颜面部变形、鼻甲骨萎缩和鼻变形。断奶以后的仔猪感染，症状较轻，感染多呈隐性。世界动物卫生组织将其列为 B 类疫病，我国将其列入二类动物疫病。

（一）诊断要点

病初仔猪出现打喷嚏、鼾声，鼻有少量浆液性或黏脓性分泌物等鼻炎症状，多见于 6～8 周龄仔猪。当饲喂和运动时表现尤为剧烈喷嚏，将鼻端向周围的墙、物上摩擦，鼻腔流出少量浆性或黏、脓性鼻汁，吸气时鼻开张，发出鼾声，严重的张口呼吸。由于鼻泪管阻塞，同时可见流泪，眼内角下附着有弯月形的黄、黑色斑点，俗称泪斑。经 2～3 个月后，出现鼻甲骨萎缩，致使鼻腔和面部变形，是该病的特征症状。剖检见鼻腔的软骨和骨组织软化和萎缩，主要是鼻甲骨萎缩，特别是鼻甲骨的下卷最为常见。有时上下卷都呈现萎缩状态，甚至鼻甲骨完全消失。有时也可见鼻中隔部分或完全弯曲。鼻黏膜充血水肿，鼻窦内常积聚多量黏性、脓性或干酪样分泌物。肝肾表面有瘀血斑，脾脏表面有广泛点状出血，肺萎缩。如鼻甲两侧骨质病变同时损伤，出现鼻腔缩短；如果一侧鼻甲骨萎缩严重，鼻子会向一侧弯曲；鼻甲骨质萎缩，额窦不能正常发育，使两眼间距变小，头部轮廓变形。一般来说，体温正常，病猪生长停滞，难以育肥，有的变成僵猪。但多数病猪鼻甲萎缩的发生，与感染年龄、反复感染等应激因素密切相关。感染时年龄越小，鼻甲骨萎缩越严重。单次感染后，如果没有新的反复感染或混合感染，萎缩的鼻甲骨可以再生。有的鼻炎延及筛骨板，感染扩散至大脑，发生脑炎。此外，病猪常有肺炎发生，其原因可能是由于鼻甲骨损坏，异物和继发性细菌侵入肺部造成，也可能是病原直接作用的结果。结合细菌分离培养与病理解剖学进行诊断。鉴别诊断时注意与坏死性鼻炎、骨软病、传染性鼻炎、包涵体鼻炎等相区别。

（二）防治方法

1. 严格防止从外单位引进病猪。

2. 及时免疫接种。妊娠母猪在分娩前 8 周和分娩前 3 周各皮下注射我国制备的支气管败血波氏杆菌Ⅰ相菌油佐剂灭活菌苗 1 次，剂量分别为 1 mL 及 2 mL，下一胎在分娩前 4 周加强免疫一次，剂量 2.5 mL；对未免疫的母猪所生仔猪，在 1 周龄和 3～4 周龄分别皮下注射免疫 1 次，再配合滴鼻用药。此外，还可采用支气管败血波氏杆菌Ⅰ相菌和产毒性 D 型多杀性巴氏杆菌油佐剂二联灭活菌苗，对妊娠母猪在分娩前 4 周注射免疫 1 次，对未免疫的母猪所生仔猪，在 1、4 和 8 周龄各注射免疫 1 次。

3. 预防性投药。用喹诺酮类、四环素、土霉素等抗菌药物及磺胺类药物防治本病有效。土霉素按每千克饲料拌 0.6 g，连喂 3 d，可防止新病例出现。100～450 g 磺胺双甲基嘧啶拌料 1 t，连用 5 d，0.06～0.1 g/L 磺胺双甲基嘧啶钠饮水 2～3 周。

4. 中草药处方。中兽医以辛散风热、化痰利湿、宣肺散邪、通鼻开窍为治则。

（1）辛夷、黄柏、知母、半夏各 40 g，栀子、黄芩、当归、苍耳子、牛蒡子、桔梗各 15 g，白鲜皮、射干、麦冬、甘草各 10 g。用法：粉碎后分 2 份，早、晚各料服 1 份，连用 9 d。体重为 25 kg 猪每天用量。鼻液带血或鼻流血者，加棕炭、地榆炭、白及及仙鹤草；鼻变形或扭歪者，加海藻、海带、石决明及龙骨；体温升高并伴有全身症状时，加蒲公英、黄连、双花、大青叶、瓜蒌及杏仁；机体衰弱者，加生黄芪、党参、黄精、何首乌及山药。

（2）防风、半夏、百合、川贝母、大黄、白芷、薄荷各 16 g，桔梗、款冬花各 22 g，细辛 9 g，蜂蜜 60 g。用法：各药混合，共粉碎为细末或水煎，分 2 次喂服，每日 1 剂，连用 3 d。

六、猪痢疾（血痢、黑痢）

猪痢疾又称血痢、黑痢等。病原为猪痢疾密螺旋体，革兰氏染色阴性，严格厌氧菌，苯胺染料或姬姆萨液着色良好，组织切片以镀银染色更好，新鲜病料在暗视野显微镜下可见活泼的螺旋体活动。对消毒药敏感，普通消毒药如过氧乙酸、来苏儿和氢氧化钠均能迅速将其杀死。只感染猪，各种品种和年龄的猪均易感染，但以2—3月龄猪发病多，哺乳仔猪发病较少。以大肠黏膜卡他性、出血性及坏死性炎症为特征。常见于幼猪，四季均有发生。本病仔猪的发病率和死亡率都较高，育肥猪患病后生长速度下降，饲料利用率降低，给养猪业带来巨大的经济损失。

（一）诊断要点

最急性型见暴发初期。突发死亡，死亡率高，多食欲废绝，肛门松弛，剧烈下痢，便呈黄灰色，含黏液、血液或血块，气味腥臭，随后迅速转为水样腹泻，高度脱水，寒战、抽搐、死亡。

急性型：多见于流行初期，体温高达 40.5 ℃，食欲减少，因腹痛而拱背，并迅速消瘦，贫血。病初排胶冻状便，夹杂血液或血凝块及褐色脱落黏膜组织碎片。存活的病猪 1 周左右转为慢性。

亚急性和慢性型：见于中、后期，病情较轻，食欲正常或稍减退，下痢时轻时重，反复发生，粪带黏液和血液，病程长的进行性消瘦，生长严重受阻，病死率低。病变主要局限于结肠、盲肠和直肠等大肠段，以回盲口为其明显分界。

最急性和急性病例表现为卡他性出血性炎症、病变肠壁肿胀，肠腔充满黏液和血液，呈红黑色或巧克力色。当病情进一步发展时，大肠壁水肿减轻，而黏膜炎症逐渐加重，出现坏死性炎症。后期，病变区可分布于整个大肠部分，小肠和小肠系膜及其他脏器病变不明显。大肠黏膜表面见有点状坏死和呈麸皮样伪膜，刮去伪膜露出糜烂面，肠内容物混有坏死组织碎片。肠系膜淋巴结轻度肿胀、充血，腹水增量。结合实验室镜检即取病猪新鲜带血丝的黏液的粪便少许，或大肠黏膜直接涂片，以草酸胺结晶紫、姬姆萨氏或复红染色液染色 3～5 min，水洗阴干后，在显微镜 400 倍视野下观察，能看到 3 个以上蛇形螺旋体，即可初步确诊。

（二）防治方法

1. 本病目前尚无有效菌苗，在饲料中添加药物，有短期预防作用，但易复发，须采用综合防治措施：禁止从疫区购猪，外地引进猪需隔离观察 1 个月以上；发生本病时，最好全群淘汰，猪场彻底清扫和消毒，并空圈 2～3 个月，粪便及猪舍均应彻底消毒；应用凝集试验或其他方法进行检疫，对感染猪群实行林可霉素、泰妙菌素药物治疗，无病猪群实行药物预防。经常定期消毒，严格控制本病的传播。

2. 采用每 500 kg 饲料加 1 kg 土霉素碱粉拌喂；尚无菌苗预防，在每吨饲料中加痢菌净 50 g 或杆菌肽 50 g 可预防本病。

3. 推荐。

（1）发病种猪个例采用乙酰甲奎注射液每千克体重 2.5～5 mg，分两点肌内注射，每天 1 次，连续 3 d。0.5％痢菌净溶液 0.5 mL/kg，肌内注射。对群体采用泰妙菌素 150 mg/kg、强力霉素 500 mg/kg 或林可霉素 150 mg/kg 或泰乐菌素 150 mg/kg、磺胺六甲嘧啶 600 mg/kg、小苏打 600 mg/kg、白糖 2％拌料，连用5 d；用多维和电解质连饮 7 d。

（2）对分娩舍未断奶仔猪可采用肌内注射长效土霉素或乙酰甲奎注射液每千克体重 2.5 mg，7 日龄以内 1 mL/头，7～14 日龄 2 mL/头，大于 14 日龄 3 mL/头，2 d 1 次，连用 2～3 次进行保健。

（3）对分娩舍断奶仔猪、保育舍猪，参考第 1 点治疗。

4. 中草药处方。中兽医以清热解毒、止血定痛、收敛止泻为治疗原则。

（1）当归注射液 2 支（2 mL/支），黄芪注射液 2 支（2 mL/支），维生素 B_{12} 两支 0.5 mg/(mL·支)。用法：混合后 1 次静脉注射，每日 2 次，连用 3 d。多用于治疗仔猪慢性痢疾。

（2）木炭末、山楂炭各 30 g，烧炭石榴皮 25 g。用法：粉碎为细末，料服。多用于治疗猪肠炎痢疾。

（3）针灸疗法。或选穴位为后海穴，水针注射 10％葡萄糖注射液 2 mL，0.5％～1％普鲁卡因注射液 2 mL，穿心莲注射液 5 mL，黄连素注射液 2 mL，维生素 C 注射液 5 mL 等，每日注射 1 次，3 d 即可痊愈。或主穴选脾俞、后海、风门、三脘，配穴选尾根、天门、乳基穴。用油灯芯或火柴灸法，迅速烧灸，一穴点燃一下，依次进行灸疗。

七、仔猪梭菌性肠炎

仔猪梭菌性肠炎又叫仔猪红痢、仔猪传染性坏死性肠炎，由 C 型和/或 A 型魏氏梭菌引起的急性传染病。革兰氏染色为阳性杆菌。C 型魏氏梭菌繁殖体的抵抗力不强，一般消毒药均能杀死梭菌的繁殖体，但形成芽孢后，对热力、干燥和消毒药的抵抗力就显著增强，强力消毒液如 20％漂白粉、3％～5％的氢氧化钠溶液才能使其失去活力。魏氏梭菌常存在于土壤、尘埃、饲料、污水、粪便及人畜肠道中，母猪的肠道中也有，仔猪出生后很快接触被污染的环境，将本菌随奶或污染物吞入消化道，随后进入空肠，侵入绒毛上皮组织并产生毒素，组织受害充血、出血和坏死。任何品种的猪都易感此病，全年发生。主要发生在 3 日龄以内的新生仔猪，且发病快，病程短。仔猪发病频率多在 1 周以上，同一猪群仔猪发病率差异较大。死亡率高，一般为 50％～70％，有时高达 100％。本病的主要特点是出血性腹泻和肠坏死。病程短，常导致整胎死亡，损失大。

（一）诊断要点

最急性型：仔猪在出生当天就会生病，后腿上布满血样粪便，病猪身体虚弱，拒绝进食、行走摇晃，很快进入死亡期。病猪没有出现症状，突然晕倒死亡。病变空肠呈暗红色，与正常肠段边界清晰。肠腔充满暗红色液体，有时结肠后部的肠腔也含有血性液体。肠黏膜广泛出血，肠系膜淋巴结深红色。

急性型：病程持续 2 d 左右，病猪排出红褐色水样粪便，粪便中含有灰色组织碎片。病猪脱水、消瘦迅速，一般在第 3 天死于劳累。出血不明显，可见肠壁增厚，弹性消失，颜色发黄。坏死肠段浆膜下可见大小不等的小米粒小气泡，使肠壁粗糙肥厚。肠系膜淋巴结充血。

亚急性型：表现精神食欲不振，持续腹泻，部分仔猪出现呕吐和不自主活动，粪便开始呈黄色和软便，然后由于坏死组织碎片和气泡而变成"米粥"样。随着病程的发展，病猪逐渐消瘦脱水，出生后5～7 d死亡。病程1周以上，体温不高，出现间歇性或持续性腹泻，粪便呈黄灰色糊状。几周后，甚至整窝死亡。亚急性和慢性病变时，肠段黏膜受损，可形成坏死假膜，易脱落，肠管外观正常。脾脏边缘有小出血点，肾脏灰白，其他实质器官有组织变性和出血点。结合组织病料抹片镜检，发现大量革兰氏染色阳性的产气荚膜梭菌即可确诊。

（二）防控方法

1. 本病发展迅速，病程短，一旦临床症状明显，治疗几乎不能改变病程的进展。因此，日常管理中应认真打扫产房，并进行消毒，清洁母猪奶头，减少本病的发生和传播。发病猪场，可在仔猪出生后，用青霉素、链霉素、土霉素、泰乐菌素、黏杆菌素等抗生素进行预防性口服，可取得良好的预防效果。

2. 对常发病猪场，给第一和第二胎的妊娠母猪各肌内注射2次C型仔猪红痢干粉菌苗免疫母猪，第1次于分娩前1个月，第2次于分娩前半个月左右，剂量为每次5～10 mL。每次在产仔前半个月注射3～5 mL，使母猪产生免疫力，仔猪则通过初乳获得被动免疫保护。应用C型魏氏梭菌福尔马林氢氧化铝类毒素，对产前1个月的母猪肌内注射5 mL，2周后再补注，母猪可得到免疫。初生仔猪如及时吮吸到免疫母猪初乳，即可防止本病。

八、猪丹毒

猪丹毒是由猪丹毒杆菌引起的急性热性传染病，主要感染架子猪。其他动物，如牛、羊、马、犬、老鼠和禽类也可能受到感染。人可以被感染，称为类丹毒。猪丹毒的特点是急性败血症和亚急性皮疹，慢性病例以多发性关节炎或心内膜炎为主。一般消毒剂如

1%漂白剂、3%来苏尔、10%～20%石灰乳等都能迅速杀灭病菌。猪丹毒杆菌对青霉素最敏感，四环素次之。该病可以通过受损的皮肤，蚊子、苍蝇等吸血昆虫传播。在不利条件下，感染猪的抗药性降低，也会引起内源性感染。该病可全年发生，常为散发性或地方性感染，有时暴发。在我国北方，5—8月高温多雨季节易发生本病，其次是春季和秋季；在南方，冬春季节流行较多。

（一）诊断要点

急性出血型：最常见，少数猪突然死亡，无任何症状。大多数病猪呈现败血症。体温42℃以上，躺地，步态僵硬或跛足。站立时，背部和腰部呈拱形，结膜充血。发病后，皮肤上出现红疹，从皮肤表面凸出，随着指压而褪色。主要表现为败血症、淋巴结肿大充血、切面多汁及常见小出血。脾脏充血肿大，呈樱桃红色。肾脏常有出血性肾小球肾炎，肿胀，颜色暗红色，称为"大红肾"。胃肠道有卡他性或出血性炎症，尤其是胃或十二指肠。心包积液、心包和心外膜出血。肝充血，肿胀。肺瘀血和水肿。

亚急性皮疹型：病程较轻，以皮肤表面皮疹为特征，俗称"打火印"。起病后2～3 d，胸部、腹部、背部、肩部和四肢皮肤常出现方形、菱形或圆形或不规则的皮疹肿块。早期出现充血、变色；后期血瘀呈紫黑色。皮疹血管扩张，皮下组织水肿浸润，皮疹中心苍白。耳、背、肩、尾等部位常发生皮肤坏死。患部皮肤变黑变硬，像皮革一样，2～3个月后，坏死的皮肤脱落。皮疹发生后，体温逐渐恢复正常。几天后，病猪大多自行康复。病程1～2周。

慢性型：一般由急性和亚急性转化而来，也有原发性。常见类型有关节炎、慢性心内膜炎和皮肤坏死。关节炎型主要表现为四肢腕关节、跗关节肿痛，跛行或卧倒，关节增生肥大，无化脓，关节囊切开后有浆液性纤维素渗出。食欲正常，但消瘦、虚弱，病程数周至数月。心内膜炎主要表现为消瘦、贫血、乏力、不愿行走、听诊心脏杂音、心跳加快、心律失常、气促，有时因心脏麻痹死亡。心内膜炎型心脏瓣膜表面有菜花样疣状赘生物，由肉芽组织和纤维素凝块组成，常见于二尖瓣。结合涂片镜检和动物试验诊断。

（二）防治方法

1. 发病后 24～36 h 内首选青霉素治疗有很好的疗效，按每千克体重 2 万 U 静脉注射，同时肌内注射，20 kg 以下 20 万～40 万 U，20～50 kg 40 万～60 万 U，50 kg 以上酌情增加，每天 2 次，直至体温、食欲正常达 24 h 后，不可过早停药，以防转为慢性病例。其次土霉素、泰乐菌素也有疗效，土霉素 7～15 mL/kg，肌内注射，泰乐菌素 2～10 mg/kg，每天 2 次，肌内注射。预防主要是加强管理，定期消毒，同时按免疫程序接种。

2. 每年定期进行预防接种是控制本病的最有效方法，菌苗有：

（1）猪丹毒弱毒菌苗（GT10 和 GC42）。用 20％氢氧化铝生理盐水稀释，每头猪皮下注射 1 mL，7～10 d 产生免疫力，免疫期半年。其中，GC42 可口服，口服时，剂量加倍，口服后 9 d 产生免疫力，免疫期半年。

（2）猪丹毒氢氧化铝甲醛菌苗。对断奶 15 d 以上的猪，肌内注射 5 mL，14～21 d 产生免疫力。未断奶猪注射 3 mL，间隔 1 个月后再补注 3 mL。

（3）二联苗（猪瘟-猪丹毒）、三联苗（猪瘟-猪丹毒-猪肺疫）。给断奶 15 d 以上的猪免疫，免疫期半年。

3. 推荐。对发病种猪个例采用每千克体重注射恩诺沙星 10 mg、氨基比林 0.05 mL，或头孢噻呋钠 5 mg、柴胡注射液 0.15 mL，或青霉素 8 万 U、清开灵注射液 0.15 mL，分边肌内注射，每天 2 次，连续 3 d。对发病群体采用阿莫西林 500 mg/kg 或恩诺沙星 200 mg/kg，饮水或拌料，连用 5 d。

4. 中草药处方。中兽医以抗菌消炎、清热解毒、泻热消肿、宣毒发表、透诊外出为治疗原则。

（1）金银花、淡竹叶、桑树叶、水灯芯、野菊花、夏枯草等，具有疏散风热、清热解表的功效，配金沙藤、红叶辣蓼、蒲公英、鱼腥草等解表功效更强，同时有利水通淋、散结消肿、痈肿疮毒的作用。煎水隔天或每周 2 次当饮用水喂服，可治疗慢性猪丹毒。对急性、亚急性猪丹毒还需肌内注射青霉素治疗，剂量为每千克体重注射 20 000~40 000 U，每天 2 次，连续 3 d。

（2）黄芩、黄柏、黄连、栀子、知母各 15 g，生石膏、青蒿各 20 g，厚朴、生姜各 10 g 为引。用法：水煎，快煎好的时候加入生石膏，取汁候温料服，供 40 kg 猪 1 次服用，每日 1 次，连用 3 d。用于治疗疹块型猪丹毒。

（3）连翘、木通、青皮、荆芥各 20 g，麻仁、防风各 15 g，栀子 25 g，川弓 30 g，生麻、薄荷、金银花、酒大黄、雄黄、贯众各 15 g。用法：车前草，蜂蜜为引。煎水取汁，候温内服，每日 1 剂，分 2 次服完，连用 3 d。用于治疗无疹块型猪丹毒。

（4）针灸疗法。主穴选山根、耳尖（血印）、肺俞、锁喉、尾尖，配穴选六脉、后三里、涌泉；或主穴选血印、尾尖、天门、卡耳，配穴选后三里、山根、八字、涌泉、滴水；或主穴选血印、天门、断血、尾尖等穴，配穴选玉堂、山根等。针法为白针或血针。

九、仔猪副伤寒

仔猪副伤寒又称沙门氏菌病，属于冬季恶性传染病，是条件致病菌。由沙门氏菌感染引起。沙门氏菌有 2 000 多个血清型，在我国已发现 200 多个菌型。猪霍乱和猪伤寒沙门氏菌是引起仔猪发病的主要原因。以 1~4 月龄、密集饲养的断奶仔猪多发，呈急性型。6 月龄以上的仔猪、成年猪及哺乳猪很少发生。潜伏期为 3~30 d，病猪及带菌猪是该病的主要传染源。该病呈地方流行或散发，四季可发，但以多雨潮湿季节多发。暴发往往发生于断奶后饲养良好的仔猪和高应激反应的猪。

（一）诊断要点

以急性败血症、慢性坏死性肠炎、顽固性下痢为特征。粪便呈粥状或水样，灰白、黄绿、黄褐、灰绿或污黑色，气味恶臭，有时混有血液。有的病猪咳嗽时，稀粪呈喷射状排出。部分病猪下痢与便秘交替进行，伴发肺炎时，出现咳嗽和呼吸加快。一般慢性病猪体温稍高或正常，喜喝脏水，初期有一定食欲，后期废绝；部分病猪濒临死亡时仍在进食。有的病猪皮肤上出现湿疹样变化。常引起断奶仔猪大批发病，当并发或继发感染其他疾病或治疗不及时，死亡率较高，造成重大损失。本病可四季发生，多与猪瘟混合感染。猪沙门氏菌由粪、尿、乳汁以及流产的胎儿、胎衣和羊水排出。健康猪因采食了被病原体污染的饲料、饮水及土壤而发病。饲养管理差、气候突变、环境改变、仔猪饲养管理不当、圈舍潮湿拥挤、仔猪缺乏运动、饲料单一、缺乏维生素及矿物质或品质不良、突然更换饲料、长途运输、患寄生虫病、断奶过早、去势等应激因素是该病诱因。发病率在 50% 以上，死亡率高达 90%。临床上较难控制该病，治疗效果往往不理想。

急性败血型，41～42 ℃，食欲废绝，精神沉郁，鼻端干燥，先便秘，后下痢，恶臭，有时带血，弓背尖叫，耳、腹、四肢皮肤呈深红色，后期呼吸困难，全身淋巴结索状肿大、出血坏死，有黄疸病变，脾肿大、质脆、呈橡皮样的紫红色。心内外膜、喉头、肾及膀胱黏膜出血。肠臌气、积液、出血，肠壁变薄，弹性降低。肝瘀血，有散在坏死点。体温下降，痉挛，4～10 d 死亡。

慢性坏死性结肠炎型：病猪多为 3 月龄左右，盲肠、结肠呈坏死性炎症，肠壁增厚，失去弹性，表面附着一层纤维素性伪膜、呈糠麸样物质。肠系膜淋巴结肿大，髓样增生。肝脏有散在坏死灶，胆囊黏膜坏死。肺脏肿大，呈紫红色。呈坏死性肠炎，肝见灰白色坏死灶，有时发生卡他性或干酪性肺炎。有的皮肤上出现痂样湿疹，病程 2～3 周或更长，最后死亡。

（二）防治方法

1. 沙门氏菌对应用于猪的大多数抗生素均具有抗药性。沙门氏菌对四环素耐药率高达 89.29%，对大观霉素、甲氧苄啶、氨苄西林耐药率也较高，对头孢噻呋不耐药。选择分离菌株实验证明敏感的抗生素来进行治疗。治疗首选阿米卡星、氟苯尼考、新霉素和强力霉素等抗生素。发病后需要隔离病猪，及时治疗。可选用土霉素，每日按每千克体重 50～100 mg，分 2～3 次口服，连用 3～5 d 后，剂量减半，继续用药 4～7 d。也可用磺胺类等药物。

2. 加强饲养管理，初生仔猪应争取早吃初乳，仔猪 35 日龄时按每头拌料副伤寒菌苗 8～10 头份进行防疫，特别注意期间不投加各类保健药物。

可在地面撒糟糠或铺干稻草，减少地面的潮湿。装保温灯的同时加装一台保温炉，确保栏舍温度达到 20 ℃左右，可促进疾病的好转。

常发地区，可对 1 月龄以上的仔猪用 20%氢氧化铝稀释仔猪副伤寒弱毒冻干菌苗接种，肌内注射 1 mL，免疫期 9 个月；口服时，严格按照相关说明，服前用冷开水稀释成每头份 5～10 mL，掺入料中及时喂服。

3. 推荐。对发病仔猪个例采用庆大霉素注射液 5 mg/kg 或卡那霉素注射液 20 mg/kg 或硫酸链霉素每千克体重 4 万 IU，发热者采用清开灵注射液或鱼腥草注射液每千克体重 0.2 mL，分边肌内注射，每天 2 次，连续 3 d。对群体采用泰乐菌素 150 mg/kg、氟苯尼考 80 mg/kg 或硫酸黏杆菌素 500 mg/kg、氟苯尼考 50 mg/kg 或新霉素 500 mg/kg、阿莫西林预混剂 500 mg/kg 拌料，连用 5 d；多维和电解质饮水 7 d。

4. 中草药处方。中兽医以清热解毒、除湿、益气养阴、扶正健脾为治疗原则。

（1）白头翁 20 g，黄柏、黄芩、金银花各 15 g，苦参 5 g。用法：煎汤，候温料服。

（2）黄连、木香各 8 g，白芍、槟榔、茯苓各 8 g，甘草 3 g。用法：共碾细末，制成舔剂，每日 3 次服下，连用 3 d。

（3）针灸疗法。针法为白针或血针。主穴选玉堂、后三里、血印、脾俞、尾尖，配穴选百会、山根、交巢、大椎。或主穴选耳根、玉堂、尾尖、鼻梁（鼻中），配穴选后三里、山根、蹄叉、涌泉。

第三节　寄生虫疾病

一、弓形虫病

弓形虫病由刚地弓形虫寄生于动物细胞内引起的一种人畜共患

寄生虫病。刚地弓形虫为细胞内寄生虫，速殖子发现于疾病的急性期，常散布于血液、脑脊液和病理渗出液中，速殖子形态常呈月牙形、香蕉形或弓形。以高热、呼吸及神经系统症状和流产、死胎、胎儿畸形等繁殖障碍为特征。2～4月龄猪多发弓形虫病，多无明显症状。本病7—9月多发，病死率达60%。发病后，其临床症状与猪瘟、链球菌病、流感相似。

(一) 诊断要点

猪感染途经有口、眼、鼻、呼吸道、肠道、皮肤等。发病初期体温达40～42℃，稽留1周左右，精神不振，食欲废绝，粪干带黏液，断乳仔猪排水样粪，后期呈腹式呼吸，尾部、四肢下部及腹下部、耳翼出现瓦片状紫红色斑，耳朵边上卷。有的全身肌肉强直。心包、胸腹腔积水；全身淋巴结肿大，切面灰白色、黄色坏死点及不同大小的出血点；肺常泡沫性气肿，大叶性肺炎，暗红色，间质增宽；肝肿大变硬，并有散在针尖至黄豆大的灰白或灰黄色的坏死灶；大肠部分发生出血点、溃疡；脾有丘状出血点，脾脏肿大到原来2～3倍，后期萎缩；肾有针尖大出血点和坏死灶。确诊需采用实验室涂片法、PCR、荧光PCR等检查虫卵。

(二) 防治方法

1. 重视饲养管理，搞好猪场卫生和定期消毒工作；猪群生活区禁止养猫。

2. 首选磺胺类药物治疗。一旦发现此病，要立即选用磺胺类药物治疗，其他抗生素效果不佳。易发季节，用每吨料加500 g磺胺嘧啶和25 g乙胺嘧啶，配等量碳酸氢钠，喂料1周，同时多供饮水。磺胺嘧啶每千克体重60 mg、磺胺-6-甲氧嘧啶每千克体重25 mg等肌内注射或口服均有较好疗效，但要早期用药。剂量应以体重计算，首次加倍量，每日1～2次，连用3～5 d。

3. 中草药处方。

(1) 蟾蜍3只，苦参、大青叶、连翘各20 g，蒲公英、金银花各40 g，甘草15 g。用法：水煎取汁，供50 kg猪1次喂服。

(2) 槟榔12 g，常山20 g，柴胡、桔梗、麻黄、甘草各8 g。

用法：先用文火煎煮槟榔、常山20 min，然后将柴胡、桔梗、甘草加入同煎15 min，最后加入麻黄煎5 min，过滤去渣，供35 kg猪一次服用，每日2剂，连用3 d。

二、球虫病

球虫病是由艾美耳属球虫寄生于仔猪小肠上皮细胞内所致的消化道原虫病。发病率高，死亡率低，以腹泻、消瘦、发育受阻为主要临床症状，表现为7～14日龄仔猪腹泻，呈现非出血性的黄色至白色腹泻，且抗生素治疗无效。成年猪多发混合球虫感染。

常伴发细菌、病毒性疾病，死亡率高。球虫为原虫，球虫卵囊较小。由于球虫需要在仔猪体内经过5 d之后才会使球虫病的症状出现。卵囊随粪便排出，在外界经一定的温度（20 ℃）和湿度时，约经7 d发育成熟，具有感染性。卵囊对化学药品和低温的抵抗力很强，紫外线对各个发育阶段的球虫均有很强的杀灭能力。高温和干燥环境下卵囊容易死亡，大多数卵囊可以越冬。

（一）诊断要点

7～11日龄仔猪感染率最高。断奶仔猪也可感染，成年猪感染，不表现临床症状，成为带虫者。消化道是主要的传播途径，即"病经口入"。全年均可感染，但以夏秋季发病率最高。卵囊不仅能抵抗干燥，而且几乎能抵抗所有的消毒剂。本病主要临床症状为腹泻，粪便呈糨糊状或水样，黄色至灰色，有隐血时呈褐色。起初，粪便软或呈糊状，腹泻可持续4～6 d。常因脱水而死亡，或虚弱，消瘦，生长迟缓。空肠和回肠黏膜呈特征性黄色纤维素坏死、有异物覆盖，肠绒毛萎缩和脱落。实验室诊断采取观察小肠病变，结合漂浮法即取仔猪粪便10～20 g，加饱和盐水50 mL，搅拌静置10 min，将表面液体滴于玻片上，镜下观察，如有大量球虫卵囊，可以做出诊断。临床上注意与仔猪大肠杆菌病（黄痢、白痢）相区别。仔猪黄痢常发生在7日龄内的仔猪，以1～3日龄的仔猪最多见；仔猪白痢是发生于10～30日龄的仔猪，且多见于10～20日龄的仔猪。

(二) 防治方法

1. 消毒清扫。清扫猪舍,收集猪粪堆积发酵,杀灭球虫卵囊。

2. 产前和产后 15 d 内的母猪饲料中,用氯苯呱、氨丙啉等抗球虫药拌料防感染。也可用磺胺脒、磺胺甲嘧啶、莫能霉素和马杜霉素治疗。仔猪口服 5% 甲苯三嗪酮 (5% 百球清口服液),按每千克体重 20 mg,3~6 日龄一次口服可有效预防仔猪球虫病的发生。可用氯苯呱每千克体重 30 mg 或尼卡巴嗪按每千克体重 125 mg 与饲料混饲,连喂 6 d。或阿克洛胺按 0.05 g/kg 与饲料混饲,连喂 4~6 d。5% 甲苯三嗪酮按每千克体重 0.4 mg,料服即可。脱水严重的应结合加入维生素 C、维生素 B 和三磷酸腺苷等药物进行补液治疗。

3. 中草药处方。鸭跖草、旱莲草、地锦草、败酱草、翻白草各等份。用法:水煎取汁,候温料服,按每次每头猪 100 g,每日 1 次,连用 5 d。

三、附红细胞体病

附红细胞体病是由附红细胞体寄生于红细胞表面或血浆中引起的急性发热性传染病,又称类边虫病、红皮病等。主要以猪高热、贫血、溶血性黄疸、呼吸困难和全身皮肤发红为特征。附红细胞体属原核生物,立克次氏体目附红细胞体属乏浆体科,单细胞原虫。其形态呈环状、哑铃状、S 形、卵圆形、逗点形或杆状,附着在红细胞表面或游离于血浆中,其形态呈圆形、卵圆形,直径为 0.2~2 μm,无细胞壁,无明显的细胞核、细胞器,无鞭毛。在高倍光学显微镜下,观察到单独或链状附着于红细胞表面,呈芒刺状,感染的红细胞变为星形或不规则的多边形。对干燥和化学药品的抵抗力很低,但耐低温,在冷藏时可保存数十天,冻干保存可存活几年。常用消毒剂均能杀死病原。

可发生于各年龄猪,但以哺乳仔猪和胖架子猪死亡率较高,可达 80%~90%。母猪的感染也严重。其他猪多为隐性感染。传播途径有血源性、接触性、垂直性和媒介昆虫等传播方式。吸血昆虫间接传播，也可经胎盘传播。该病多发于温暖的夏秋季，多雨之后的夏季最易发，呈地方流行性。附红细胞体对人及牛、猪、羊等多种动物均可感染。小于5日龄猪感染后皮肤苍白、黄疸，1月龄以上感染猪呈贫血、黄疸、发热、发抖、步调不稳。病程长的皮肤发黄。急性溶血性黄疸、贫血。血液稀薄水样，不易凝固。肝肿大质地硬，呈黄褐色。胆肿大呈绿色、囊内有胶胨样胆汁。脾大软呈暗黑色。肾苍白，有时有出血点。皮下水肿，有胸水、腹水、心包积水，全身淋巴结肿大。

(一) 诊断要点

急性感染时，母猪体温高达42℃，偶见乳房和阴户水肿，慢性感染则黏膜苍白或黄疸，不发情或屡配不孕，生产性能下降。哺乳仔猪感染时，皮肤苍白或黄疸，到1周龄时偶有恢复，最初表现为贫血，后出现黄疸，四肢抽搐，发抖，黄色腥臭粪，死亡可达90%。部分猪生长发育不良，成为僵猪。育肥猪感染时，日增重下降，呈现急性溶血性贫血。育肥猪感染分3种类型：急性型，病例较少见，病程1～3 d。亚急性型，病猪体温高达39.5℃以上，精神委顿，食欲减退，颤抖转圈，离群卧地，便秘、腹泻或交替出现。指压耳朵、颈下、胸前、腹下、四肢内侧皮肤红紫不退，成为"红皮猪"。重者两后肢麻痹，流涎，呼吸困难，咳嗽，眼结膜发炎，经3～7 d后，转慢性或死亡。慢性型患猪表现贫血和黄疸，生长缓慢。尿呈黄色，大便表面带有黑褐色或鲜红色的血液，干如栗状。

诊断时采用组织涂片镜检，取心、肝、脾、肺、淋巴结等触片，染色，镜检发现附红细胞体而确诊。也可结合新鲜血片镜检，取病猪血液一滴于载玻片上，加入等量生理盐水混合，加盖玻片，在高倍镜下观察，发现红细胞变形，血浆中有多量圆形、短杆形及月芽形强折光性的虫体在血浆中不停地抖动、翻转和做不规则运动而确诊。或取病猪血液，推片，姬姆萨染色镜检，见红细胞边缘不整齐，表现出菜花状、星状，虫体呈淡紫色或紫红色，折光性很强；以瑞氏染色，则虫体呈淡蓝色，均可确诊为附红细胞体病。

（二）防控方法

1. 重点驱灭蚊蝇，防鼠和定期驱除猪体内外的寄生虫；断尾、阉割时器械要消毒；注射时勤换针头，减少人为传播的机会。加强饲养管理，搞好猪舍内外的环境和饲养用具的卫生及消毒工作，及时清理粪便，减少应激因素。

2. 一般采用药物预防。对患病猪及早治疗，常用药物有三氮脒、贝尼尔（血虫净）、四环素类（土霉素或四环素）、咪唑苯脲、对氨基苯胂酸钠或阿散酸。但母猪不宜使用毒性较大的血虫净。仔猪和慢性感染的猪配合补铁如右旋糖酐铁、硫酸亚铁，以促进机体的抵抗力和解毒能力。发病猪采用三氮脒、贝尼尔（血虫净）每千克体重 $5\sim10$ mg，用 5% 生理盐水配液分点肌内注射。同时配合土霉素注射液每千克体重 20 mg（或强力霉素注射液每千克体重 10 mg 或复方磺胺 5-甲氧嘧啶钠注射液每千克体重 10 mg），柴胡注射液每千克体重 0.15 mL（或氨基比林每千克体重 0.05 mL），分边肌内注射，每天 1 次，连续 3 d。对群体病猪采用强力霉素 600 mg/kg（或泰乐菌素 150 mg/kg）、磺胺六甲嘧啶 600 mg/kg、小苏打 600 mg/kg、甲氧苄胺嘧啶（TMP）150 mg/kg（或强力霉素 600 mg/kg、泰乐菌素 600 mg/kg），拌料 5 d。对体表严重黄染的肌内注射右旋糖酐铁补铁制剂。

3. 复方磺胺间甲氧嘧啶拌料、土霉素、三氮脒、伊维菌素，肌内注射阿莫西林或盐酸多西环素甲氧苄啶肌内注射，右旋糖酐铁注射。

4. 中草药处方。中兽医以清热营血、解热透邪为治疗原则。

①柴胡 30 g，细辛 25 g，青蒿、槟榔各 2 g，常山 20 g，桔梗、甘草各 15 g。用法：常山、槟榔先用文火水煎 20 min，再加入其余各药煎煮 20 min 取汁，候温用胃管投服。每天使用剂量为种公猪、种母猪每头 1 剂，育肥猪每 2 头 1 剂，小猪视体重情况 12 头 1 剂。若病情严重，可每日服药两剂，每剂合并头次及二次煎液，1 次投服，连用 4 d，同时，配合用四环素、黄色素、贝尼尔（血虫净）

等药物治疗。多用于治疗猪流行性感冒并发的猪附红细胞体病。

②高热不退者，配合肌内注射或静脉滴注双黄连注射液40 mL/头，2 次/d，连用 3 d。对有食欲的大群猪，可拌料或饮水板蓝根 20 g/头、香薷粉 30 g/头，2 次/d，连用 7 d。

四、疥螨病

由疥螨寄生于猪表皮内引起的一种接触性皮肤病。以剧痒、皮炎、脱毛，具有高度的接触传染性为特征。疥螨属不完全变态，整个发育过程经过卵、幼螨、若螨和成螨 4 个阶段，是一种肉眼不易看到的小型蜘蛛类动物，成虫寄生于表皮深层由虫体挖成的隧道内。虫体细小、呈圆形或龟形，暗灰色，头、胸、腹融为一体，腹面有 4 对足。虫卵椭圆形，黄白色，长约 150 μm。虫体在猪真皮层以其咀嚼式的口器挖掘穴道、以角质层组织和渗出的淋巴液为食，在隧道内产卵 40～50 枚，虫卵经 1 周左右孵化出幼虫，幼虫经 1 周左右发育成成虫。雌、雄成螨交配产卵，雄螨交配后不久死亡，雌螨寿命 4～5 周。整个发育过程为 8～22 d，平均 15 d。

（一）诊断要点

多发秋冬季节，潮湿和阴暗的环境极易发生。幼猪多发。常从眼周、颊部和耳根开始，再蔓延到背部、体侧、股内侧。阴湿寒冷的冬季，因皮肤表面湿度较大，病情较严重，阳光充足、空气流通的夏季，体表绒毛脱落，且天气干燥，大多螨虫死亡，病势随之减轻。因剧痒，病猪常摩擦或以肢蹄擦患部出血，以致患部脱毛，结痂干枯，皮肤肥厚，形成龟裂，龟裂常有血水流出。

临床检查时，刮取病变交界处的新鲜痂皮组织，直接检查。或放入培养皿中，皿底下面垫放一张黑纸，置于灯光下检查。也可刮取病变的组织，放入 10%氢氧化钠溶液浸泡 2 h，离心沉淀，取渣镜检虫体。

（二）防控方法

1. 治疗与预防、环境杀虫相结合。隔周 2 次用药是防治本病的关键措施。目前许多杀虫药对成虫和幼虫效果较好，对虫卵的杀灭作用较差，因此用一次药时往往只是杀死了成虫和幼虫，1周后没有被杀死的虫卵又重新孵化出来，造成新的危害，临床上常用1‰敌百虫水溶液，洗擦患部；或喷淋猪体。因伊维菌素或阿维菌素对体表吸血寄生虫和体内线虫驱杀效果好，首选阿维菌素、伊维菌素注射或伊维菌素预混剂，每1 000 kg饲料2 g，混饲。规模场，首先要对全场用药。以后公猪每年至少用药2次，母猪产前1～2周用药1次，后备猪于配种前用药1次，新进猪先用药再混群。注意猪舍清洁卫生和消毒。

2. 推荐。

（1）发病种猪个例采用多拉菌素注射液每千克体重0.3 mg或伊维菌素针剂3～5 mL/头，肌内注射1次。皮下注射伊维菌素、灭虫丁30 μg/kg，20%碘硝酚10～12 mg/kg。

（2）若全群发病严重，可全群肌内注射多拉菌素注射液（或伊维菌素注射液）。若零星发病，用阿维菌素体表驱虫液体1∶500倍稀释冲洗猪体或用12.5%双甲脒1∶250倍稀释喷雾到猪体湿润，处理全群。40%赛福丁1 000倍稀释药浴、螨净250 mg/L溶液药浴。

（3）对仔猪病例采用每千克体重0.5 mg阿维菌素注射液进行体表搽拭处理。

3. 中草药处方。

（1）蛇床子、白鲜皮、当归、百部各15 g，地肤子、紫草、荆芥、狼毒各12 g。用法：各药混合，共碾为细末，另用硫黄20 g、冰片12 g、棉籽油或猪脂500 mL，将前8味药放入油内炸3 min，待降温后将硫黄、冰片加入拌匀即可。同时，患处先用温肥皂水洗净，待干后分次涂擦，每次面积不可过大，以免中毒。多用于治疗仔猪疥螨病。

（2）苍术、木鳖子、蛇床子、大枫子、松针各15 g，地肤子30 g，苦参各20 g，花椒60 g，连翘10 g，硫黄30 g。用法：混合粉碎后过40目筛，用茶油调匀，患处先用温肥皂水洗净，待干后分次涂擦，每次面积不可过大，以免中毒。

（3）烟叶末或烟梗 1 份，水 20 份。用法：混合放锅中煮 60 min，然后将烟叶捞出，取剩下的水溶液擦洗猪体，防止进入眼、鼻内。

（4）生石灰 4 份、硫黄 6 份、水 10 份。先用少量的水加入生石灰中，搅拌成稀糊状，然后再加入硫黄末，混合搅拌，再加水，一面加热，一面继续搅拌，煮沸后再继续加温 30 min，一直煮到液体呈棕红色为止。待凉却后取出澄清液备用。用法：使用时将以上澄清液装入喷雾器中喷洒患部。

（5）硫黄 1 份、菜籽油（植物油）1 份。用法：煎开，凉后涂擦。

（6）硫黄 50 g，雄黄 25 g，枯矾 75 g，花椒、蛇床子各 40 g。用法：捣细末后调油涂擦。

第四节　其他疾病

一、中暑

中暑是日射病和热射病的总称。强烈阳光直照猪体，引起中枢神经发生急性病变，大脑和脑膜充血，神经功能发生严重障碍，称为日射病。气候炎热、环境湿润，多发生体热、散热少、全身过热、中枢神经功能紊乱的现象称为中暑。猪因皮下脂肪厚，散热困难，易发。炎热季节，猪舍防暑设备差，过分拥挤，潮湿、闷热、通风不畅，放牧时大量出汗、失水、失盐过多，车船运送中阳光直射，或密闭卡车运送，易引发中暑。

（一）诊断要点

夏季日光直射头部，或畜舍潮湿闷热、通风不良时，易突发此病。育肥猪易出现突然发作、喘息、流涎、呕吐、口吐白沫、步态不稳、烦躁不安等症状；心跳强烈，甚至全身震动，心跳节律异常，脉搏微弱，手感不强；呼吸急促，有时呈间歇性呼吸。体温高达 42 ℃以上，结膜充血或紫绀，瞳孔初散大以后缩小。倒地不起，四肢呈游泳状划动，常在几小时内或 1～2 d 内死亡。病变为鼻腔血流样泡沫、肺水肿、脑部充血或水肿。

（二）防治方法

1. 降温，减轻心肺负担，纠正水盐代谢和酸碱平衡紊乱。立即先用冷水喷洒全身或用冷水反复灌肠，再将病猪移至通风阴凉处，保持安静，给予清凉饮水。在耳尖或尾端放血 100～300 mL，同时，灌服 20 mL 左右的藿香正气水或十滴水；重症猪呈昏迷状态，应静脉注射 5％葡萄糖生理盐水 300～500 mL、地塞米松 5～20 mg，并肌内注射安乃近 10～20 mL、强尔心等，同时内服十滴水或薄荷水 10～20 mL，樟脑酊 30 mL。也可用酒精擦拭体表，肌内注射氯丙嗪以促进散热。神经症状明显猪，肌内注射 2.5％氯丙嗪 2～4 mL；心衰昏迷猪，肌内注射 10％安钠咖 5～10 mL 或 10％樟脑磺酸钠 10 mL。

2. 推荐。个体病例采用地塞米松 10 mL/头加维生素 C 注射液 10 mL/头，分边注射，一次即可。对出现休克的猪只用肾上腺素急救。结合将猪转移到阴凉地方，加强通风，喷雾降温或淋水降温，饮水添加维生素 C 加电解质，连用 5 d。

3. 中草药处方。中兽医以清热解毒、安神开窍为治疗原则。

（1）滑石、朴硝、生石膏各 60 g，知母 50 g，栀子、野菊花各 30 g，大黄 20 g。用法：煎汤料服、供 50 kg 大猪一次服用。

（2）生石膏 250 g、粳米 150 g、香糯 20 g、钩藤 15 g。用法：熬粥候温料服。多用于治疗猪日射病。

（3）香糯、神曲、茵陈、扁豆各 60 g，石菖蒲、麦门、金银花、菊花、柴胡、黄芩、茯苓、薄荷各 45 g，木通、牙皂各 30 g，甘草 15 g。用法：水煎取汁候温料服。

（4）香糯、石膏、金银花、连翘、白术、山楂各 20 g，知母、佩兰、滑石、生姜各 15 g，当归、陈皮、槟榔、茯苓、大黄各 10 g。用法：煎汤料服。

二、感冒

感冒多因气温骤变、忽冷忽热而引起的以恶寒发热、鼻塞、咳嗽、流涕为特征的一种急性上呼吸道黏膜发炎的疾病。临床上常分普通性感冒和流行性感冒两种。

(一)诊断要点

本病幼畜易发。一年四季均可发生,风寒感冒多见于早春、晚秋、冬季,多因气候突变,或大汗后被贼风、冷雨侵袭而引起;风热感冒多发春夏季,因感受风热而引起,临床表现咳嗽、畏光流泪、流鼻液、体温突然升高。营养不良、过劳、长途运输等可导致机体抵抗力下降,使呼吸道内的常在菌得以大量繁殖而引发本病。普通感冒表现为精神沉郁,食欲减退或废绝,体温突然升高,有寒战;初期流鼻液为浆液性,后期转为黏液性或黄色黏液性,再后可变为脓性分泌物;胸部听诊,肺泡呼吸音增强,常伴咳嗽,呼吸次数增多;伴发结膜炎时结膜潮红,畏光流泪。流行性感冒表现为发病急,高热稽留,精神高度沉郁、喜卧;打喷嚏,鼻塞,流涕,轻微咳嗽,带有少量白黏痰;轻者2~3 d恢复。实验室检查呈现血沉加快,白细胞减少,淋巴细胞增多,有继发性感染时,血中白细胞常增高。不及时防治,易继发支气管肺炎。

(二)防治方法

1. 治疗方法。气温骤变时,采取防寒措施,防止动物突然受凉,建立合理的饲养管理和制度。常采取清热镇痛,抗菌消炎的治疗原则。生产上用安乃近、柴胡、阿司匹林、银翘片清热镇痛,体重60 kg以上猪,用氨基比林注射液20 mL,柴胡注射液20 mL,2次/d,连用3 d;加用抗生素,以防继发感染。

2. 中草药处方。中兽医以辛温解表、疏散风寒风热为治疗原则。

(1)大青叶、板蓝根各15 g,金银花、荆芥、防风、桂枝各10 g。跛痛、肌肉损伤加牛膝、木瓜各15 g;咳喘明显时加马兜铃、麻黄各10 g,杏仁15 g;腹泻严重时,加白头翁、黄柏各15 g,秦皮10 g;高热明显时,加黄芩、黄连、黄柏各10 g;食欲减退时,加神曲、麦芽各5 g。用法:水煎取汁,料服,供50 kg猪1次服用,每日1剂,连用3 d。

(2)荆芥、柴胡、防风、神曲各30 g,独活、羌活、前胡、川芎、茯苓各 20 g，甘草 10 g。用法：每剂水煎 2 次，候温后分 2 次料服。或共碾为细末，开水冲调，候温料服，每日 1 剂，连用 3 d。多用于治疗猪风寒感冒。

（3）贯众、苦参各 4 份，金银花 3 份。用法：将各药分别粉碎，按比例均匀混合，每袋装药粉 50 g，供 100 kg 猪一次服用，可掺入饲料中，自由采食。多用于治疗猪风热感冒。

（4）针灸疗法　主穴选天门、大椎、耳尖、尾尖、涌泉、滴水，配穴选山根、苏气、六脉。或主穴选山根、鼻梁、耳尖、尾尖，配穴选玉堂、理中，食欲差加选后三里，咳嗽加选曲池，便秘加选后海穴。

三、便秘

便秘是肠平滑肌运动机能和分泌机能降低，干硬粪便蓄积于肠腔内，水分被吸收后，堵塞肠腔导致排出困难的一种肠道疾病。以小猪多发，便秘多见于结肠部位。

（一）诊断要点

猪空腹时间较长后急食饲料，食后立饮冷水，饲料积聚于结肠或直肠，而形成结症；或长期饲喂粗硬坚韧不易被消化、含粗纤维过多的饲用牧草、藤和秸秆类劣质饲料或以纯米糠饲喂仔猪；或妊娠后期或分娩不久肠道迟缓的母猪；或继发于某些热性病，慢性胃肠炎及肠道传染病和寄生虫病等。

便秘严重猪，食欲下降，喜卧，腹胀，腹痛，呻吟。频繁出现排便姿势。可用双手从两侧触诊小猪腹壁，可感觉到圆柱状或串珠状的粪球。

（二）防治方法

消除病因，疏通肠道，强心补液，解痉镇痛。

1. 消除病因。改善环境，降低密度，加强运动，防止高温缺水；防止药源不足、粗纤维不足、矿物质脱霉剂过多、饲料粒度过细、饲喂量过多；预防猪瘟、弓形虫、附红细胞体等高温性传染病发生；防止胎盘中胎儿生理性过度生长，增加对直肠壁的压迫，减缓蠕动。

2. 处理方法。找到便秘肠段，进行按压、握压，粉碎粪结；内服缓泻剂：液体石蜡（或植物油或硫酸镁或硫酸钠 10 d 用量 50 g）＋鱼石脂 3 d 用量 5 g＋酒精 30 mL＋水；250 g 蜂蜜加水，连饮 3 次；重者温肥皂水深部灌肠，即用大注射器吸取后，再用输精管插入肛门中推入后驱赶猪运动，以排便。

3. 中草药处方。中兽医以通肠、导泻、气血补益为治疗原则。

（1）地黄 18 g，天门冬 20 g，天花粉、元参各 15 g，麻仁 30 g，滑石 18 g，蜂蜜 50 g。用法：水煎取汁，候温内服，每日 1 剂，连用 3 d。

（2）柴胡、党参、大枣各 35 g，黄芩、生姜各 25 g，半夏 100 g，甘草 15 g。用法：水煎取汁，候温料服，每日 1 剂，分 3 次服用，连服 2 d。多用于治疗母猪产后便秘。

（3）虎杖、芒硝各 25 g，大黄、枳实各 20 g，厚朴 15 g，贯众 10 g。用法：各药混合，碾为细末，用沸水冲服。

（4）白术 15 g、生地黄 50 g、升麻 9 g。用法：水煎候温料服，每日 1 剂。多用于治疗猪泻后便秘。

四、胃肠炎

胃肠炎是指胃肠黏膜表层和深层组织发生的剧烈炎症，临床上以体温升高、剧烈腹痛、腹泻为特征。胃炎与肠炎多一同发生，对幼龄猪危害大。凡能引起消化不良的因素均可导致胃肠炎发生。

（一）诊断要点

按病因分为原发性和继发性两种，按炎症性质分为黏液性、出血性、化脓性、纤维素性、坏死性胃肠炎。本病以重度胃肠机能紊乱，腹泻便中常带血液、坏死组织、脓汁等，体温升高，脱水和自体中毒为临床特征。饲喂霉烂变质饲料、冰冻饲料、不洁饮水，误食有毒物质、刺激性化学物品均可引起胃肠黏膜组织发生剧烈炎症；天气突变、消化不良、大量或长期使用抗生素药物，某些沙门氏菌、大肠杆菌、传染性胃肠炎、传染性腹泻等传染性疾病，常见消化道线虫、球虫等寄生虫病，均可继发胃肠炎。前期肠音增强，后期减弱或消失，肛门松弛，排便失禁，出现里急后重现象。以胃炎为主的常呈现初期腹泻症状不明显，口臭及食欲废绝明显，后期出现腹泻。以小肠炎为主的常呈现前期排少而干的粪便，腹泻出现稍晚，当炎症波及大肠时才出现腹泻，有时可见结膜黄染，腹痛明显。以大肠为主的常呈现较早出现腹泻，迅速脱水，里急后重，口臭不明显。病时检查白细胞总数增加，中性粒细胞增加，尿呈酸性，粪呈碱性。

(二) 防治方法

1. 治疗方法。寻找病因并消除病因，消炎，止泻，补液，防止酸中毒及对症治疗。根据引起胃肠炎的原因不同，生产上采用的抗菌消炎药物也不同。沙门氏菌引起的多用氟苯尼考，大肠杆菌引起的多用氨基糖苷类、喹诺酮类药，球虫引起的多用地克珠利及磺胺 6-甲氧嘧啶治疗。对病毒引起的胃肠炎也不可忽视抗菌消炎。配合使用阿托品、山莨菪碱抑制胃肠蠕动，起到止痛作用，应用木炭末、鞣酸蛋白以吸附毒素，保护胃肠黏膜，应用微生态制剂，恢复肠道菌群平衡，调整胃肠消化功能起到止泻作用；配合进行糖盐并补、先盐后糖的输液原则，对呕吐严重的适当补钾；配合应用 11.2%乳酸钠或 5%碳酸氢钠，以缓解体液酸中毒；需强心时，配合肌内注射应用 10%安钠咖或 10%樟脑磺酸钠。

2. 中草药处方。

(1) 白头翁 72 g，黄连、黄柏、秦皮各 36 g，水煎后候温料服。

(2) 牡丹皮、牛角各 30 g，栀子、金银花、钩藤各 25 g，连翘 20 g，槐花 15 g，生地黄 60 g。用法：汤煎取汁，候温料服。供 60 kg 以上猪 1 d 内分 2 次服完。本法凉血止泻，多用于治疗猪急性胃肠炎。

(3) 大黄 50 g，郁金 36 g，诃子 28 g，栀子、黄柏、黄连、白芍各 18 g，黄芩 15 g。用法：混合粉为细末，开水冲调，候温料服。同时肌内注射 1%仙鹤草素注射液 10 mL，效果良好。多用于猪急性胃肠炎。

（4）针灸疗法。主穴选用后海、百会、后三里、脾俞、六脉，配穴选用关元俞、玉堂、耳尖、尾根、尾尖、山根。或主穴选玉堂、脾俞、后三里、尾尖、血印，配穴选山根、百会、带脉、后海、蹄叉。

五、猪应激综合征

猪应激综合征是猪遭受内外多种环境因素的刺激所引发的非特异性病理反应。本病多发于密闭饲养或运输后待宰的猪，表现为死亡或屠宰后猪肉苍白、柔软和水分渗出，从而影响肉的品质。引起猪应激综合征的病因有：常见的应激原包括感染、创伤、烧伤、冻伤、毒物中毒、药物麻醉、药物治疗、噪声、车船运输、饥饿、重新分群、驱赶、抓捕、交配、产仔、咬斗、去势、注射疫苗、保定、环境突变、分娩、泌乳、血压升高、维生素缺乏、饲养管理不善、失血、脱水、缺氧、异常运动等，这些应激原刺激机体，促使机体垂体—肾上腺皮质系统引起特异性障碍与非特异性的防御反应，产生应激综合征。皮特兰猪、波中猪、兰德瑞斯某些品系猪（如长白猪），红细胞抗原为 H 系统血型的猪也多为应激易感猪，常与遗传因素有关，如瘦肉型、肌肉丰满、腿短股圆而身体结实的猪，表现易受惊，难管教，肌肉和尾部发抖。

（一）诊断要点

1. 猝死型　通常发生在运输、预防性注射、繁殖、分娩等受到强烈应激刺激，无任何临床症状和猝死的情况下。死亡后病理改变不明显。

2. 高热型　多发生在拥挤炎热的季节。最初表现肌肉纤维颤动，尤其是尾部快速颤抖，然后依次为背肌和腿肌，最后肌肉僵硬，呈现运动障碍或卧地不动。皮肤外周血管收缩和扩张，出现阵阵潮红现象，相继发生紫绀。症状包括体温升高、皮肤发红、紫斑、黏膜发绀，全身颤抖、肌肉僵硬，呼吸困难、口吐白沫，心动过速可达 200 次/min 以上。死后，尸体变得僵硬，腐烂得很快；

内脏充血，心包积液，肺充血和水肿。

3. 急性背肌坏死型　多见于长白猪。病猪背部肌肉肿胀疼痛，棘突向一侧弓形或弯曲，不愿意活动。消肿止痛后，病变肌肉萎缩，脊柱棘突突出。

4. 白猪肉型（PSE 猪肉）　在长途运输和饥饿猪中更为常见。起初，尾巴迅速颤抖，全身僵硬伴随肌肉僵硬，皮肤出现不规则的苍白区和红斑区，然后转为紫绀。张口呼吸，高温，虚脱致死。死后不久，尸体变得僵硬，关节不能弯曲和伸展。死亡后 45 min，肌肉温度仍为 40 ℃，而且 pH 低于 6，而正常猪肉的 pH 应高于 6。有些猪肉颜色比正常猪肉颜色更暗，称为"黑硬干猪肉"（DFD 猪肉）。这种肉不易保存，烹调加工质量差。

5. 胃溃疡型　多见于屠宰。应激使胃泌素分泌旺盛，形成自体消化，导致胃黏膜糜烂和溃疡。急性表现为发育良好，呕吐，胃出血，粪便中有煤焦油。如果胃大出血，体温下降，体表黏膜和皮肤会变白，猝死。慢性表现为食欲不振，有时腹痛、排出深褐色大便。如胃壁穿孔，常继发腹膜炎。

6. 肠炎水肿型　常见仔猪腹泻、水肿病、应激反应。在应激过程中，机体的防御功能降低，大肠杆菌成为条件致病因子，导致出现非特异性炎症病理过程。

（二）防治方法

1. 治疗原则为镇静、补充皮质类固醇。首先，转移到非应激环境区域，用冷水喷在皮肤上。皮肤发紫、肌肉僵硬的猪必须使用镇静剂、皮质类固醇和抗应激药物。如用盐酸氯丙嗪镇静，剂量为每千克体重 1～2 mg，肌内注射 1 次；或肌内注射复方氯丙嗪，每千克体重 0.5～10 mg；或静松灵、安定每千克体重 1～7 mg，肌内注射 1 次。也可选用维生素 C、亚硒酸钠、维生素 E 合剂、盐酸苯海拉明、水杨酸钠等。静脉注射 5％碳酸氢钠溶液可预防酸中毒。

2. 加强遗传育种工作。通过氟烷试验或肌酸磷酸激酶活性检测和血型鉴定，逐步淘汰应激易感猪。饲养管理中的应激因素应尽量减少，以免引起疾病。如改进饲养管理，减少各种噪声，避免过冷或过热、受潮、拥挤，减少开车、接种、麻醉等各种刺激物；避免屠宰前用电棍驱赶。为降低应激引起的死亡率，可在应激发生前使用安定、氯丙嗪、硒和维生素 E 等。

3. 中草药处方。香糯、车前草、知母各 15 g，连翘、金银花、葛根、紫苏、沙参、芦根各 20 g，神曲、麦芽、山楂、生石膏各 40 g，竹茹、佩兰、陈皮、砂仁各 10 g，黄连、黄芩、大黄各10 g。用法：加水 1 500 mL，水煎至 1 000 mL，候温供 50 kg 猪分 3 次灌用，服用药物期间应停止供水。本方按 1‰～1.5‰ 加入饲料中，可起到预防本病的作用。

六、铁缺乏症

猪铁缺乏症又称仔猪缺铁性贫血，是 2～4 周龄哺乳仔猪机体所需铁元素不足而引起的造血系统功能紊乱所致的一种营养性贫血症。

（一）诊断要点

本病主要因喂养失节，致使脾肾亏虚，气血生化不足而未采取补铁措施引起，可造成一定的死亡。因脾乃血之生化之源，脾土的运化要靠肾水的滋助。因此，贫血的发生与脾肾有密切的关系。此外，母猪乳汁或饲料中铜、铁、钴等微量元素的缺乏也会引起仔猪贫血。缺铁易导致血红蛋白含量下降，而缺铜则是红细胞数量减少。发病仔猪精神沉郁，离群独卧，被毛逆立，初期膘情尚好，但可视黏膜颜色苍白、有轻度黄疸，精神委顿，呼吸及心跳快而弱；肌肉无力、皮肤松弛、被毛粗乱、体温正常、食欲不振；部分病猪出现水肿、腹泻等症状。血液稀薄如红墨水、凝固性低，肌色苍白；心肌疏松柔软；肺水肿、肝肾实质变性；浆液性或纤维蛋白渗出常见于胸腹腔。

（二）防治方法

中草药处方

（1）黄芪 60 g、熟地黄、当归、党参各 30 g，白术 24 g，川芎

15 g，白芍、茯苓各 24 g，炙甘草 15 g。用法：水煎取汁，候温料服。多用于治疗猪气血两虚性贫血。

（2）何首乌、菟丝子、党参、补骨脂、黄芪、枸杞子各 45 g，生地黄、当归、肉苁蓉、熟地黄、阿胶各 30 g，肉桂 20 g，甘草 10 g。用法：水煎取汁，候温料服。此法温补脾肾，用于治疗猪脾肾阳虚性贫血。

七、霉菌毒素中毒

霉菌在自然界分布广泛，污染饲料后不仅影响饲料适口性，降低营养价值，还能产生多种毒素。目前约有 200 种霉菌毒素，其中许多对人畜健康构成威胁，如黄曲霉毒素、玉米赤霉烯酮毒素、T－2毒素等。长江以南地区上半年气温高、湿度大，易滋生霉菌，饲料常被霉菌污染，造成动物中毒。因此，本病也是一种常见病。黄曲霉毒素中毒是由黄曲霉毒素等特定霉菌产生的代谢物引起的严重中毒性疾病。主要损害肝脏、血管和中枢神经系统。患病动物出现全身出血、消化障碍和神经症状。该病的病原是黄曲霉毒素，由黄曲霉和寄生曲霉产生。它在自然界分布广泛，对粮食、饲料、农副产品都有污染。特别是花生、玉米、大豆、棉籽等农作物及其副产品易感染黄曲霉，且含有较多霉菌毒素。黄曲霉毒素非常稳定，200 ℃高温不能被破坏，紫外线辐射等都不使之破坏。猪吃了黄曲霉毒素污染的饲料就会发生中毒病。

（一）诊断要点

临床上可分为急性、亚急性和慢性 3 种类型，其中亚急性较常见。急性中毒多发于食入毒素污染饲料 1～2 周，常在运动中死亡，或发病后 2 d 内死亡。病猪体温正常，精神沉郁，不食，后躯无力，粪干便燥，直肠出血。黏膜苍白或黄染，皮肤出血和充血。以后出现间歇性抽搐，表现过度兴奋，角弓反张，消瘦，可视黏膜黄染，皮肤发白或发黄。慢性病例，表现为精神委顿、行走僵硬，出现异嗜癖，嗜吃泥土和垃圾。常常独居，头低垂，弓背，卷腹，大便干涸。还有兴奋、不安、狂躁。体温正常，黏膜发黄，一些病猪的眼、鼻周围皮肤呈红色，然后转为蓝色。急性病例，以充血、出血为主，胸腹腔大出血，常伴有液体。大腿前部和肩胛下区皮下肌肉出血多见。胃肠黏膜可见出血斑点，肠内混血呈煤焦油状。肾脏有出血点。肠系膜常水肿，呈透明蛋白胨样。全身淋巴结出血。肝肿大，黄棕色，易碎，表面有出血点。胆囊扩张。心内膜和心外膜常有出血点。慢性病例以肝硬化、黄色脂肪变性、胸腹腔积液为主，有时结肠浆膜呈胶状浸润。肾脏苍白肿胀，淋巴结充血水肿。必要时进行黄曲霉毒素测定和霉菌病原的分离培养。

（二）防治方法

1. 发现本病后，采取排除毒物、解毒保肝、止血、强心等综合防治措施。应立即停止喂养霉变变质的饲料，使用新鲜富含维生素的饲料。这种疾病没有专门的解毒疗法。使用维生素 C、葡萄糖、抗生素、维生素 B、硫酸钠等药物。禁止使用磺胺类药物。轻度霉变的玉米用 1.5% 氢氧化钠和草木灰水浸泡，然后用清水多次洗涤，直至洗涤液澄清。但处理后的玉米仍含有一定的有毒物质，应限量饲喂。

2. 每吨饲料中添加 200～250 g 大蒜素，可降低霉菌毒素的毒性。可在饲料中添加 0.05%～0.2% 脱霉素、霉可脱、霉可吸吸附剂进行防治。

八、直肠脱

直肠脱是直肠末端部分黏膜或直肠肠壁全层脱出肛门之外而不能自行缩回的一种疾病。主要发生在仔猪和母猪分娩期间。长期努责是直肠脱落的主要原因，如长期腹泻、便秘、肠炎等。主要是由于便秘、腹泻、病后虚弱、用刺激性药物灌肠后，或慢性便秘或腹泻、母猪妊娠晚期等，强烈努责，腹内压增高，肛门括约肌松弛，促使部分或大部分直肠从肛门转出，无法回缩。此外，维生素缺乏、饲料突变、猪舍寒冷潮湿是继发该病的诱因。

（一）诊断要点

发病初期，排便时直肠黏膜常翻出来，肛口处可见浅红色至暗红色的圆形球形肿胀，但常能自行收缩，脱垂时间长。肠黏膜发炎后，自身无法恢复，黏膜肿胀、红紫色、糜烂，甚至引起创伤和撕裂。肛门外可见浅红色至深红色脱垂物。

（二）防治方法

1. 肛门周围注射酒精法。复位脱垂的直肠后，分别在肛门上、下、左、右4个点注射，注射深度3~8 cm。注射前，先将食指放入肛门内，用固定针绕过直肠外壁，再进行注射。每点注射95%乙醇0.5~2 mL。一般来说，注射后不久就不再脱出。如果脱出直肠有严重水肿和糜烂，不易修复，应考虑截断直肠。

2. 手术治疗。患猪倒立保定，用0.1%高锰酸钾溶液冲洗去除直肠和肛门周围的污垢，去除坏死组织，然后进行修复。双手握住脱垂的直肠，两拇指缓慢内翻纳入骨盆腔里。肛门周围用2%盐酸普鲁卡因皮下浸润局麻，距肛门1.5~2.5 cm处做5~7针荷包缝合，两线拉紧打结。以直肠不能出来，中心间隙能排泄粪便为宜。注意：复位前，双手指甲应剪短并磨平。还原时，如努责频繁，可在尾椎1~2间做封闭麻药。破损严重，需使用抗菌药粉。术后注射抗生素或口服抗生素。必要时用0.1%高锰酸钾溶液冲洗直肠，每日1~2次；术后加强喂养管理，单圈喂养，喂粥或嫩饲料等易消化食物，以利排便，减少排便，1周后拆线。

3. 处理脱垂肠管。为改善喂养管理，防止便秘或痢疾，脱垂的肠管必须先用0.1%高锰酸钾清洗，然后用油润滑黏膜。小心地把它推入肛门，如肠管水肿严重，可针刺水肿黏膜，用纱布包裹肠管挤出水肿液，再将脱垂的肠管整复。为避免影响排便，1周内应给予易消化的饲料，如绿色饲料。如果2~3 d内大便堵塞，必须进行灌肠，努责消失即可拆线。

4. 中草药处方。

（1）麻黄30 g、石膏250 g，杏仁、甘草各45 g。用法：粉碎，按0.5%添加饲料中，连用5 d，便秘者加芒硝100 g，辅助治疗。多用于伴有气喘咳嗽严重者。

（2）针灸疗法。取2%盐酸普鲁卡因注射液10 mL，直肠整复后于后海穴注射。

九、疝

疝是腹部脏器通过腹壁的自然孔或病理裂隙口而脱出。疝内容物可通过疝孔进入腹腔称为可复性疝，因疝孔闭塞或疝囊粘连不能进入腹腔称不可复性疝。依疝的部位分为脐疝、腹股沟疝和腹壁疝。前两种情况比较常见，后一种情况不太常见，通常由外伤引起。脐疝是腹部脏器通过疝孔漏入皮下，称为脐疝。腹股沟阴囊疝是指腹部脏器通过腹股沟环内口脱出进入阴囊，称为腹股沟阴囊疝。多发生于幼猪。主要原因是生理性孔未完全或完全闭锁。腹壁疝是腹壁受到撞击、踢打等钝性外力的影响，使皮下肌肉和腱膜断裂，形成病理性孔道，跑、抓、压时，腹压升高，腹部器官通过生理或病理孔进入皮下所造成。

（一）诊断要点

20 kg 以下的仔猪多见脐疝，脐部有大小不一的圆形凸起，触感柔软，无痛无热。当疝囊受压或仰卧时，疝内的内容物可以恢复；当病猪挣扎或站起来时，驼峰又出现了，这是可复位疝。少数病例内容物粘连或嵌顿，囊壁紧张，体位无法恢复。如果疝气内容物是肠管，则表现为腹痛、饮食废绝、呕吐、继发性肠扩张和死亡。腹股沟阴囊疝阴囊部膨大，听诊可见肠管蠕动音，后肢提起或推压时消失，但复原后又出现。

（二）防治方法

1. 脐疝治疗。将肠管还纳腹腔，然后在脐部周围分点注射75％～95％酒精，每点 1～2 mL，打上腹绷带。可使脐部周围发生炎性肿胀，结缔组织增生，将脐孔闭锁。手术治疗：术前停食半天以上，仰卧或半仰卧保定，局部剪毛消毒，1％普鲁卡因 10～20 mL用于浸润麻醉。切开疝囊，露出疝内容物。如果疝气没有粘连或阻塞，应将其送回腹腔。如果发生粘连，钝性剥离时应小心。如果疝环太小，可以扩大后复位。修补疝环，闭合疝孔，缝合腹壁。治疗腹股沟阴囊疝的方法：手术复位，局部剪毛消毒，阴囊切开，将疝内容物复位，尽量在创口深度闭合腹股沟环，并尽量在环壁周围多带组织。

2. 中草药处方。吴茱萸 15 g，小茴香、川楝子、海藻、木瓜各 10 g，三棱、莪术各 8 g，去壳荔枝 7 个，甘草 6 g。用法：水煎内服。

十、乳腺炎

乳腺炎又称乳痈，多由链球菌、葡萄球菌、大肠杆菌或绿脓杆菌等病原微生物侵入乳腺，出现硬、肿、热、痛，拒绝哺乳的一种疾病，多见于产后哺乳期的母猪。感染途径主要是仔猪咬破的乳管伤口。此外，门栏尖锐、地面不平或粗糙，经常挤压、摩擦乳房，引起外伤出现乳腺炎。母猪患子宫内膜炎时，常继发此病。

（一）诊断要点

患病乳房潮红、肿胀，触之有热感，拒乳。发生黏液性乳腺炎时，最初可见乳汁较稀薄，以后变为乳清样，乳中含絮状物。随炎症发展成脓性时，形成脓肿，破溃而排出带臭味的淡黄色或黄色脓汁。脓汁排不出时，形成坏疽性乳腺炎，波及多个乳房时，母猪出现全身症状，体温高，食欲减退，喜卧，不愿起立等。

（二）防治方法

1. 在分娩前及断乳前 3 d，减少精料及多汁饲料，以减轻母猪乳腺的分泌作用。同时保持清洁干燥，多垫柔软干草。

2. 首先应隔离仔猪，对症状较轻的乳腺炎，可挤出患病乳房内的乳汁，局部涂 10％鱼石脂软膏、10％樟脑软膏或碘软膏等消炎软膏。对乳房基部封闭：用 0.5％盐酸普鲁卡因溶液 100 mL，加入 20 万 U 青霉素，在乳房实质与腹壁之间的空隙，用注射针头平行刺入后注入。亦可用乳导管向乳池腔内注入青霉素 10 万 U，或再加入链霉素 10 万 U，一起溶于 0.5％盐酸普鲁卡因溶液、生理盐水或蒸馏水中，一次注入。对乳房发生脓肿的病猪，应尽早由上向下纵行切开，排出脓汁，然后用 3％过氧化氢溶液或 0.1％高锰酸钾溶液冲洗。脓肿较深时，可用注射器先抽出其内容物，最后向腔内注入青霉素 10 万～20 万 U。病猪有全身症状时，可用青霉素、磺胺类药物治疗。青霉素每次肌内注射 40 万～80 万 U，每日 2 次。内服磺胺嘧啶，初次剂量按每千克体重 200 mg，维持剂量按每千克体重 100 mg，间隔 8～12 h 1 次。另外，可同时内服乌洛托品 2～5 g，以促使病程缩短。

3. 推荐：个体病例采用长效土霉素每千克体重 20 mg（青霉素每千克体重 5 万 U）＋链霉素每千克体重 3 万 U，每天 2 次，连续 3 d。发热猪肌内注射柴胡注射液 0.15 mL/kg。每天 2 次热敷，以热毛巾擦拭母猪乳房，促进血液循环，促进恢复。或肌内注射头孢噻呋钠每千克体重 5 mg，每天 2 次，连续 3 d。发热猪肌内注射穿心莲或鱼腥草注射液，每千克体重 0.15 mL。

4. 中草药处方。

（1）王不留行、赤芍、白芍、当归、丝瓜络各 30 g，陈皮、青皮各 25 g，甘草 15 g。用法：各药混合，共粉碎为末，每日 1 剂，分 3 次料服。多用于治疗气血瘀滞型母猪乳腺炎。

（2）蒲公英 60 g，紫花地丁、芙蓉花各 50 g，大蓟 40 g。用法：煎汁喂服，药渣敷患处，每日 1 剂。鲜品捣汁内服，药渣敷于患处，效果好。

（3）鲜鱼腥草 150 g、鲜铁马鞭 100 g。用法：洗净后加清水 2 倍煎煮，取药液拌料喂服，每日 1 剂，连用 3 d。如病初配合使用 0.5％普鲁卡因注射液和青霉素，在乳房周围进行局部封闭，则效果好。

（4）蓖麻籽、大黄各 30 g。用法：共碾成细末，鸡蛋清调涂患处，1 日 2 次。

（5）金银花、连翘、蒲公英、地丁各 10 g，知母、黄柏、大黄、木通、甘草各 6 g。用法：共碾成细末，开水冲，候温料服。

十一、无乳

泌乳不足和无乳是指母猪产后开始泌乳时正常，而在当天或 2～3 d 后出现泌乳减少或无乳、厌食、便秘、对仔猪淡漠等病症。

（一）诊断要点

无乳主要是由于母猪在妊娠期和哺乳期饲养管理不良，营养不足所造成。另外，母猪患严重的全身性疾病、热性传染病、乳房疾病，内分泌失调，过早配种，乳腺发育不良，服用过量泻药，误食回乳的药物如麦芽，或难产、早产、胎衣不下等均能引起本病。气血虚弱型无乳症主要表现为乳房松弛或干瘪，挤不出乳汁或乳汁稀薄如水样。气血亏损者，可见身体瘦弱。经脉阻滞者，可见乳房肥大，但挤不出乳汁。乳汁为血所生化，血的运行又赖以气的推动，并且气可以生化血。所以乳汁的多少与气血的旺盛与否有密切关系。气血旺盛则乳汁生成充足。在实际生产中，由于母猪产后气血虚弱所致的无乳症占很大比例。肝气郁滞型无乳症的主要原因是母猪运动不足、过于肥胖、生产时受惊，惊则气乱，气机壅滞，受到责打，肝气不舒，肝气郁结，气机不畅，乳脉瘀滞。

（二）防治方法

中草药处方

（1）刺猬皮、王不留行各 60 g，通草 40 g，当归 30 g。用法：水煎取汁，候温内服，每日 1 剂，连用 3 d。同时适当补充蛋白质含量较高的精饲料，结合喂服鲫鱼汤，用药 3 剂后，乳量可明显增加。多用于治疗母猪寒凝经络所致的肝气郁滞型无乳症。

（2）木通 30 g，干荷叶、红糖各 120 g。用法：将前 2 味药水煎取汁，再加入红糖，调匀，候温内服，每日 1 剂，连用 3 d。多用于治疗母猪泌乳不足。

（3）当归、川芎、通草各 30 g，木通、黄芩各 25 g，生地黄、白芍、白术、蒲公英各 20 g，萱草根 50 g、王不留行 40 g、甘草 10 g、黄酒 500 mL 为引。用法：水煎取汁，候温内服，同时静脉注射脑垂体后叶素 40 U、50%葡萄糖注射液 60 mL，肌内注射青霉素 160 万 U。本法活血、补气养血、消除壅滞，用于治疗母猪缺乳症。

（4）黄芪、党参、白术各 30 g，当归、川芎、白术各 25 g，瓜蒌、木通、通草、路路通、甘草各 20 g。用法：共为细末，开水冲开，候温用胃管投服，每日 1 剂，连用 3 d。同时肌内注射维生素

E 100 mL，每日 2 次，连用 2 d。多用于治疗气血虚弱型无乳症。

十二、子宫内膜炎

子宫内膜炎是母猪子宫黏膜呈黏液性或化脓性炎症，属生殖器官常见疾病之一。炎症发生后，表现发情不正常，或发情虽正常但不易受孕，也易发生流产。多数因分娩时产道损伤、污染，胎衣不下或胎衣碎片残存，子宫弛缓时恶露滞留，难产时手术不洁，人工授精时消毒不彻底，自然交配时公猪生殖器官或精液内有炎性分泌物而感染。此外，母猪过分瘦弱，抵抗力下降时，其生殖道内的非致病菌也能致病。

（一）诊断要点

急性子宫内膜炎，多发于产后及流产后，全身症状明显，食欲减损或废绝，体温升高，常努责，从阴道内排出带臭味污秽不洁的黏液或脓性分泌物。慢性子宫内膜炎，多由于急性子宫内膜炎转化而来，症状不明显，间或从阴道内排出多量混浊的黏液。即使能定期发情，也屡配不孕。

（二）防治方法

1. 保持猪舍干燥，临产时地面上铺干草，助产时应小心谨慎。取完胎儿、胎衣，应用弱消毒溶液冲洗产道，并注入抗菌药物。遵守人工授精消毒规程。

2. 炎症急性期首先选择 1% 盐水、0.02% 新洁尔灭溶液、0.1% 高锰酸钾溶液冲洗子宫，清除积留在子宫内的炎性分泌物，最后向子宫内注入 40 万 U 青霉素或 1 g 金霉素（金霉素 1 g 溶于 40 mL 注射用水中）。对慢性子宫内膜炎，用青霉素 40 万 U，链霉素 100 万 U，混于高压灭菌的植物油 20 mL 中，向子宫内注入。使用皮下注射垂体后叶素 20～40 IU，促使子宫蠕动，排出子宫内炎性分泌物。结合使用抗生素或磺胺类药物进行全身疗法。

3. 推荐。个体病例采用长效土霉素注射液每千克体重 20 mg，两天 1 次，连用 3 次。严重者用 500 mL 生理盐水＋氟苯尼考 0.5～1 g（按原粉计算），用输精管输入母猪子宫内进行冲洗，每天 1 次，连续 2 d。同时在母猪配种前后及分娩前后，利高霉素每千克体重 1 000 mg＋强力霉素每千克体重 600 mg 拌料，每个阶段连续 5 d。或肌内注射强力霉素注射液每千克体重 10 mg，每天 1 次，连用 3 次。用 500 mL 生理盐水＋阿莫西林 1 g＋注射用链霉素 400 万 IU，用输精管输入母猪子宫内进行冲洗，每天 1 次，连续 2 d，同时在母猪配种前后及分娩前后，用氟苯尼考每千克体重 50～80 mg＋金霉素（或强力霉素）每千克体重 600～800 mg 拌料，连用 5 d。或肌内注射青霉素 500 万 IU＋注射用链霉素 400 万 IU，每天 1 次，连续 3 d。严重者用 500 mL 生理盐水＋头孢噻呋钠 1 g，用输精管输入母猪子宫内进行冲洗，每天一次，连续 2 d。同时在母猪配种前后及分娩前后，泰乐菌素每千克体重 150 mg＋强力霉素每千克体重 600 mg 拌料，用 5 d。

十三、不孕症

不孕症是母猪生殖功能发生障碍，在体内成熟之后，经数次配种仍不受孕或在分娩之后超过正常的时限仍不能发情配种受胎的一种疾病。

（一）诊断要点

分先天性不育，如种间杂交、幼稚病、性别畸形、生殖道畸形等；饲养不良性不育，如营养缺乏或比例失调，饲料腐败等；管理利用性不育；繁殖技术性不育；气候水土性不育；衰老性不育等。除生殖器官先天发育不良以外，主要是母猪营养不良，形体消瘦或过肥、内分泌紊乱导致卵巢功能减退、卵巢囊肿、永久黄体等。阴道炎、子宫内膜炎等也可引起本病。母猪卵巢功能减退时，呈现发情周期不明显、发情表现微弱，或只发情不排卵；母猪卵巢囊肿时，性欲亢进，屡配不孕；发生持久黄体时，母猪则表现长期不发情；子宫炎发生时，一般可见母猪阴户萎缩，流出脓性分泌物。

（二）防治方法

1. 西药治疗。每头肌内注射苯甲酸雌二醇注射液 10 mg，或绒毛膜促性腺激素 1 000 U。

2. 中草药处方。中兽医以活血化瘀、调补气血、暖腰补肾为治疗原则。

（1）当归、川芎、熟地黄、白芍、党参、白术、黄芪各 15 g，甘草、淫羊藿、菟丝子、巴戟天各 12 g，阳起石 6 g。用法：水煎 2 次取汁，候温分 2 次料服，连用 6 d 即可发情。多用于治疗母猪产后不发情。

（2）菟丝子、枸杞子、淫羊藿、熟地黄各 30 g，五味子、覆盆子、车前子、阳起石、当归、益母草、白芍、川芎各 20 g，香附、红花各 10 g。用法：各药混合粉碎为末，分 6 次拌入饲料中喂服，每日 2 次，连用 6 d 后，母猪通常有发情表现。

（3）当归、熟地黄、赤芍各 10 g，阳起石、补骨脂各 8 g，枸杞子 5 g，香附 15 g。用法：水煎 3 次取汁液，每日拌食喂服 1 次，服药时间为发情配种前的 5 d，连续服用 3 次后，可促进母猪排卵，防止屡配不孕。

（4）针灸疗法。白针，选百会、后海、阴俞、开风、肾俞穴，施以捻转提插法，每日 1 次，每次 15 min，连用 7 d，发情后则停用。取最后 1 对乳头外侧基部 15 cm 处的阳明穴，用圆利针向腹腔方向刺进 10 cm，可起到催情效果。

十四、难产

难产是指因产力、产道、胎儿或其他因素，导致母猪分娩的开口期或产出时间延长，导致胎儿不能顺利产出的一种疾病。

（一）诊断要点

分娩主要取决于产力、产道和胎儿 3 个因素。可将分娩过程人为地分为开口期、产出期和产后期 3 个阶段。各种动物均可发生难产，猪场发病率在 1%～2%。除产力、产道和胎儿因素外，引起难产的因素还与遗传、环境、内分泌、饲养管理和传染病等有关。产力微弱主要是由于妊娠期饲养失调，管理不当，饲料中缺乏维生素和无机盐，致使母猪虚弱，分娩无力。另外，母猪过肥或瘦弱、运动不足、跌打损伤、骨盆变形、胎儿过大、子宫扭转、产道狭窄、胎位不正、胎儿死亡、产道干燥等都可导致难产。临产母猪阵缩及努责微弱，不能顺利产出仔猪，表现起卧不安，频频努责，阴门肿胀流出黏液或流血水；或在产出 1～2 头小猪后，其余仔猪间隔超过30 min 仍不能产出。分娩时间过长的母猪，易衰竭而死亡。

（二）防治方法

1. 预防与助产。生产上配种不宜过早，合理喂养，适当运动，减少应激，做好临产检查。胎儿异常的助产原则：先将胎儿向母体头部方向顺子宫推进，腾出空间，便于矫正胎位、胎向、胎势不正常的胎儿，矫正后，向后拉出胎儿。严重者，实施截胎或剖宫产手术。

2. 中草药处方。

（1）益母草、当归各 15 g，川芎、桃仁各 10 g，炮姜 6 g。用法：煎汁，分 3 次料服。多用于胎位正常、子宫颈开张、产道正常猪难产初期的催产。

（2）鳖甲 30 g，红花、桃仁各 25 g，炒蒲黄、当归尾各 30 g，赤芍 20 g。用法：水煎取汁，然后用铁锈棒烧红淬入药汁中。对确诊有死胎的难产，投服此药后 1 d 即可使子宫内的死胎、胎衣和浊物排出，且对下次配种无不良影响。

十五、胎衣不下

胎衣不下是指母猪在产出全部仔猪后，经过 0.5～1 h 还不见胎衣排出或只排出部分胎衣的现象，也称胎盘停滞。

（一）诊断要点

胎衣又称胎膜，一般在胎儿产出后经 10～60 min 即可排出。主要是妊娠期间饲养管理不良，造成营养失调，运动不足，致使母猪过肥或过瘦，易引起子宫弛缓。加上受胎多、胎儿过大，或分娩时间过长、母猪过度疲劳、子宫收缩无力等都可导致发生。当子宫内膜和胎盘有炎症时，胎儿胎盘与母体胎盘发生粘连，导致发生胎衣不下。临床上表现母猪不断努责，精神沉郁，喜伏卧，食欲减退或废绝，泌乳减少，但喜饮水，体温升高。排出的胎衣不完整，阴道流出红白色夹杂恶臭的污物，且恶露不止，严重的可伴发化脓性子宫内膜炎，甚至脓毒血症而死亡。

（二）防治方法

1. 综合预防。孕期饲喂维生素丰富的全价饲料，适当增加运动，母猪生产前一周要减料，防止过肥与过瘦。对易发母猪，产后皮下注射垂体后叶素注射液或催产素注射液 30 U，也可皮下注射麦角浸膏 2 mL，促使胎衣排出。同时静脉注射 10％氯化钙 20 mL，或 10％葡萄糖酸钙 50～100 mL，以兴奋子宫平滑肌，促使胎衣排出。

剥离胎衣法：剥离前消毒母猪外阴部，然后将消毒并涂油的手伸入子宫内，剥离和拉出胎衣，将金霉素或土霉素 1 g，加入 50 mL 蒸馏水中，注入子宫内。一般情况下，不宜采用药液冲洗子宫。

推荐助产后同时静脉注射，第一瓶：5％葡萄糖生理盐水 500 mL＋青霉素 500 万 U＋链霉素 400 U；第二瓶：5％生理盐水 250 mL＋复合维生素 B 20 mL＋鱼腥草注射液 20 mL。或助产时同时静注，第一瓶：5％葡萄糖生理盐水 500 mL＋头孢噻呋钠 1 g；第二瓶：5％生理盐水 250 mL＋维生素 B 20 mL＋穿心莲注射液 20 mL。或肌内注射 2 mL 缩宫素，同时静注：10％葡萄糖生理盐水 500 mL＋复合维生素 B 20 mL，并肌内注射长效土霉素 20 mL/头。

2. 中草药处方。中兽医以理气散瘀、活血止痛为治疗原则。

（1）黄芪 15 g，红花、木通各 10 g。共碾末料服。

（2）益母草 12 g，红糖 100 g。水煎候温料服。

（3）香附、当归各 15 g，川芎 10 g，红花、桃仁各 6 g，炮姜 9 g。水煎取汁，候温 1 次料服。

（4）针灸后海、会阴、百会、肾门等穴，也可水针后海穴，注入氯化铵甲酰甲胆碱 2 mL。

十六、产后瘫痪

产后瘫痪是母猪产后突发的一种代谢性疾病。过多的产仔数或分娩时仔猪体积过大导致产后母猪哺乳期身体负荷过大、身体机能失衡，血糖降低，后肢肌肉损伤，最终引起瘫痪。常分为 3 类，即风湿性瘫痪、外伤感染性瘫痪和营养性瘫痪。

（一）诊断要点

母猪突发四肢麻痹，重者瘫痪。多在产后 2~5 d 发生，有的在产后数小时开始。主要原因是母猪各类营养物质摄入不充分，加上产仔多，哺乳量大，消耗母体大量营养物质和能量之后，造成某些无机盐、维生素的缺乏以及钙、磷比例的失调，加之分娩时失血过多，造成气血两亏，肝血不足，以致出现筋脉拘急或四肢麻痹等证。母猪运动不足，栏舍狭小，长期卧睡或因胎儿过多，后躯压力过大，损伤神经，引起局部麻痹而瘫痪。母猪长期睡卧在贼风侵袭的阴暗潮湿栏舍，易发风湿性瘫痪。病猪精神萎靡，反射减弱，甚至消失。食欲减退或废绝，粪便少而干硬，逐渐停止排粪、排尿。轻者站立困难，重者无法站立、呈昏睡状态。乳汁少无乳，病猪喜卧厌动，不让仔猪吮乳。

（二）防治方法

1. 预防。母猪产后，结合其年龄、生产次数等科学搭配饲料，保证母猪营养物质的摄入，补充骨骼生长所需要的钙、磷、钾等元素；同时选择体健年龄适宜合适的配种母猪；改善饲养环境，保证圈舍卫生清洁，温度适宜，光照充足，安排母猪进行适量运动，接受阳光的照射，增加自身维生素 D 的合成，提升母猪的身体抵抗力，降低产后瘫痪发生率。产后，可用温热的粗布摩擦母猪皮肤，促使母猪神经机能快速恢复，有效预防产后瘫痪。

2. 治疗。取葡萄糖注射液、氯化钙注射液，混合静脉注射，每天 1 次，连注 5 d。

3. 中草药处方。

（1）麻黄、桂枝、杏仁、川芎、白芍、防己、生姜各 50 g，附子、黄芩、甘草各 40 g，党参、防风各 60 g。水煎取汁，候温料服。

（2）当归 40 g、桂枝 20 g、白芍 30 g，细辛、木通各 15 g，甘

草 8 g、红枣 5 个为引。水煎取汁，候温料服。此方对母猪产后营养性血虚气滞瘫痪有治疗作用。

（3）黄连 30 g，黄芩、黄柏各 60 g，栀子 45 g。煎汤料服，或碾末拌全价料 10 kg，分 2 次喂服，3 d 为 1 个疗程，用 2 个疗程。多用于治疗母猪外伤感染性瘫痪。

（4）针灸疗法。0.2% 硝酸士的宁注射液 1～2 mL，行大胯穴，进针 3 cm 注射，并用维生素 B_{11} 6 mL，肌内注射。每日 1 次，5 d 为 1 个疗程，或 20% 安乃近注射液 5～10 mL，行百会穴注射。或选穴位为山根、风门、百会、抢风、大胯、掠草，血针、白针或电针均可，配合温敷按摩。

十七、死胎

死胎是妊娠母猪常发疾病。引起死胎的原因有外部因素，如腹部受到冲撞而损伤胎儿；繁殖因素如子宫内膜炎；传染性因素如布鲁氏菌病、猪细小病毒病、乙型脑炎感染。

（一）诊断要点

妊娠母猪不断弓背努责，时起时卧，阴道流出污浊液体。怀孕中后期，持续多天，眼观腹部不见膨大，按压腹部检查久无胎动。若时间过长不见腹部胎动，厌食，体温升高，呼吸急促，心跳加快等全身症状，阴户流出不洁液体，说明胎儿已死，应及时排出，如治疗不及时，继发子宫内膜炎，引起败血症造成母猪死亡。

（二）防治方法

1. 对怀孕母猪加强饲养管理，防止引起死胎因素的发生。确诊死胎后，先对母猪肌内注射脑垂体后叶素或一次皮下注射催产素 10～50 U。对体虚母猪，手术前后适当补液。术后体温高者，连续数天子宫内投入金霉素或土霉素 200 万～300 万 U 的胶囊，同时肌内注射青霉素、链霉素。

2. 推荐。肌内注射缩宫素 2 mL，待排出死胎或木乃伊且胎衣顺利排出后，再静脉注射：第一瓶配药 5% 葡萄糖生理盐水

500 mL＋青霉素 500 万 U＋链霉素 400 U；第二瓶配药 5％生理盐水 250 mL＋复合维生素 B 20 mL＋清开灵注射液 20 mL。采血检测抗体，做好疫苗的补免工作。重者先用手掏出死胎及木乃伊胎儿，排净胎衣之后，肌内注射缩宫素 2 mL，同时静脉注射，第一瓶用 5％葡萄糖生理盐水 500 mL＋头孢噻呋钠 1 g；第二瓶用 5％生理盐水 250 mL＋复合维生素 B 20 mL＋穿心莲注射液 20 mL。或肌内注射 2 mL 缩宫素，促进死胎及木乃伊排出或掏出死胎及木乃伊，排净胎衣，静注：第一瓶用 10％葡萄糖生理盐水 500 mL＋青霉素 500 万 U＋链霉素 400 U；第二瓶用 5％生理盐水 250 mL＋复合维生素 B 20 mL＋清开灵注射液 20 mL。

赵越，杨发奇，2016. 规模猪场场长成才必经之路［J］. 吉林畜牧兽医，37（4）：49 - 50.

成建国，2017. 怎样当好猪场场长［M］. 北京：中国科学技术出版社.

王京仁，李淑红，成钢，等，2015. 生猪健康养殖与管理实用技术手册［M］. 北京：新华出版社.

王京仁，李淑红，彭敬，等，2015. 复方中草药饲料添加剂对仔猪生长性能及血清蛋白的影响［J］. 黑龙江畜牧兽医（11）：126 - 128.

王京仁，李淑红，成钢，等，2012. 常德市郊仔猪沙门菌的分离鉴定及药敏试验［J］. 黑龙江畜牧兽医（19）：103 - 105.

王京仁，李淑红，曾文虎，等，2009. 常德规模化猪场仔猪大肠杆菌与绿脓杆菌并发感染的诊断［J］. 养猪（5）：69 - 70.

周立华，王天力，杨雪滢，等，2012. 管理学［M］. 北京：清华大学出版社.

吴琴，2017. 规模化猪场管理现状及改进建议［J］. 养殖与饲料（6）：86 - 87.

高旺龙，谢水华，黄珍，等，2019. 规模化猪场管理中容易忽视的几个问题［J］. 养猪（2）：87 - 88.

崔振宇，2016. 规模化猪场数据的收集［J］. 猪业科学，33（9）：32 - 34.

李清林，冷电波，李兵，2018. 新时期规模猪场提升管理能力降低成本的对策［J］. 养猪（1）：84 - 88，5.

魏丽贤，秦宝龙，李辉，等，2020. 新形势下猪场管理要点和误区［J］. 北方牧业（4）：22.

郑瑞强，谭祖飞，翁贞林，2015. 新业态下猪场托管模式作用机理及发展策略探讨［J］. 黑龙江畜牧兽医（22）：1 - 4.

张兆康，陈初波，2018. 实施猪场成本核算提高市场竞争力［J］. 浙江畜牧兽医，43（5）：13 - 14.

张兆康，2018. 规模猪场分群栋批的成本核算方法［J］. 新农村（3）：25 - 26.

王帅，胡小亮，黄涛，等，2020. 信息化管理系统在母猪生产中的应用效果评

价 [J]. 家畜生态学报，41（11）：74-78.

高娅俊，顾招兵，2015. 规模化猪场猪群结构、猪群组数的一种简单计算方法——以年出栏1万头商品肉猪的规模化猪场为例 [J]. 中国畜牧杂志，51（16）：65-67.

邢凯，张永红，郭勇，等，2020. 母猪批次化生产猪场的各类猪群存栏数及占栏数的计算 [J]. 猪业科学，37（9）：108-110.

汤德元，陶玉顺，2011. 实用中兽医学 [M]. 北京：中国农业出版社.

王京仁，李淑红，刘勇，等，2019. 生猪中草药饲料添加剂与中兽医诊疗技术 [M]. 北京：中国农业出版社.

李淑红，王京仁，成钢，等，2016. 复方中草药对临床分离猪大肠杆菌的体外抑菌作用试验 [J]. 黑龙江畜牧兽医（5下）：155-156.

李淑红，王京仁，黄春红，等，2015. 复方中药油剂治疗野猪疥螨病的疗效试验 [J]. 黑龙江畜牧兽医（12）：47-48.

李淑红，王京仁，成钢，等，2014.12种中草药对金黄色葡萄球菌体外抑菌作用的研究 [J]. 黑龙江畜牧兽医（7上）：148-149.

李淑红，王京仁，成钢，等，2013. 四种中草药对小鼠抗炎作用比较研究 [J]. 湖北农业科学，52（4）：892-894.

李淑红，王京仁，成钢，等，2012.8种中草药对猪大肠杆菌的体外抑菌试验 [J]. 广东农业科学（22）：131-135.

汪德刚，陈玉库，王长林，2012. 中兽医防治技术 [M]. 北京：中国农业出版社.

李淑红，卢俏玲，王京仁，等，2011. 中草药对山羊病原菌体外抑菌作用试验 [J]. 黑龙江畜牧兽医（10上）：124-125.

赵建平，张素梅，2011. 兽用中药方剂精编 [M]. 郑州：中原出版传媒集团，中原农民出版社.

荆所义，刘永录，胡忠彬，等，2011. 中药防治畜禽疾病实用技术 [M]. 郑州：中原出版传媒集团，中原农民出版社.

程波，2010. 畜禽养殖业规划环境影响评价方法与实践 [M]. 北京：中国农业出版社.

谭树辉，黄海波，2009. 中草药野外识别手册 [M]. 广州：广东科技出版社.

唐志书，李敏，2009. 中药学笔记图解 [M]. 北京：化学工业出版.

李淑红，王京仁，夏维福，等，2008. 补饲不同剂量黄芪对家兔分类白细胞的影响 [J]. 安徽农业科学，36（13）：5459-5460.

郑继方，刘汉儒，2007. 中草药饲料添加剂的配制与应用［M］. 北京：金盾出版社．

李淑红，曾文虎，张建平，等，2007. 日粮中不同黄芪水平对家兔血液理化指标及生长性能的影响［J］. 安徽农业科学，35（12）：3546－3547.

杜向党，莫娟，焦显芹，等，2007. 中草药免疫增强剂在养猪业中的应用［J］. 养猪（6）：5－6.

刘来富，2006. 猪病中西医结合治疗［M］. 北京：金盾出版社．

陈士林，肖培根，2006. 中药资源可持续利用导论［M］. 北京：中国医药科技出版社．

周应群，陈士林，张本刚，等，2005. 中药资源调查方法研究［J］. 中国中药杂志（7）：127－128.

梁生旺，2003. 中药制剂分析［M］. 北京：中国中医药出版社．

葛长荣，韩剑众，田允波，等，2002. 作为饲料添加剂的猪用天然植物中草药组方研究［J］. 云南农业大学学报，17（1）：45－50.

葛长荣，韩剑众，田允波，等，2002. 作为饲料添加剂的猪用天然植物中草药组方研究［J］. 云南农业大学学报，17（1）：45－50.

安建中，许志惠，2001. 新技术在中草药提取方面的应用［J］. 时珍国医国药，12（5）：465－467.

刘崇义，钟民，2001. 中草药饲料添加剂研究综述［J］. 乳业科学与技术（1）：63－67.

徐国钧，2001. 中国药材学［M］. 北京：中国医药出版社．

中国兽药典委员会，1990. 中华人民共和国兽药典［M］. 北京：中国农业出版社．

刘新淮，1987. 实用兽医中草药方剂［M］. 贵阳：贵州人民出版社．

于船，1984. 中兽医学［M］. 北京：中国农业出版社．

华光，方文，1983. 畜禽疾病中草药处方选辑［M］. 南宁：广西人民出版社．

北京农业大学，1979. 中兽医学（上、下册）［M］. 北京：农业出版社．

附录 1　某养殖场工资绩效考核细则

由场长、副场长及各岗位实行包干制，体现"多劳多得""以效益论英雄"的精神，场长和副场长对养殖场所有成本包干，按劳动计酬方案，统一考核。

（一）成本包干指标

1. 从后备猪到初产母猪，总成本每头不超过×××元。

2. 每出一头 15 kg 保育猪，总成本每头不超过×××元。

3. 每出一头 110 kg 育肥猪，总成本每头不超过×××元（不含保育成本）。

4. 保育猪、育肥猪相关成本考核按高于上述标准的 20% 核算。另给予技术服务部后备母猪、保育猪、育肥猪各 5 元/头的费用；年终核算盈余部分×× %归入技术服务部，×× %归入养殖场，统一核算分配使用。

（二）场长工资标准

场长工资标准见附表 1-1。

附表 1-1　场长工资标准

基础母猪存栏规模 N（头）	场长			副场长		
	月工资总额（元）	基本工资（50%）	绩效工资（50%）	月工资总额（元）	基本工资（50%）	绩效工资（50%）
N≤1 000	—	—	—	—	—	—
1 001<N≤2 000	—	—	—	—	—	—

（续）

基础母猪存栏规模 N（头）	场长			副场长		
	月工资总额（元）	基本工资（50％）	绩效工资（50％）	月工资总额（元）	基本工资（50％）	绩效工资（50％）
2 001＜N≤4 000	—	—	—	—	—	—

备注：①按照企业预算核定的基础母猪存栏数，确定场长及副场长工资标准；②场长及副场长每月工资总额中，50％为固定工资，50％为绩效考核工资；③此工资标准不包括根据企业制度执行的其他福利补贴；④未正常生产前及出现重大疫情的情况下，绩效为0，同时工资按基本工资的80％发放；⑤当月绩效工资只发放60％，余下40％按每半年小结核算计发20％，余下20％年终核算与年终奖一并发放；⑥规模猪场场长标准配置为一正两副，副场长带岗，由兽医或配怀、分娩、保育主管担任。

（三）场长考核方案

1. 场长和副场长每月考核方案和考核指标相同。拥有育肥功能的种猪场考核满分110分，计绩效分100分；其他场满分100分，计绩效分100分。

带育肥功能的种猪场：绩效分＝实际各项累计得分×100/110；不带育肥功能场：绩效分＝实际各项累计得分×100/100。

2. 按包干成本按月核算，有效益的发放绩效工资，年终核算有效益，补发计提亏损的月效益工资后仍有余额，盈余的90％由场长确定年终奖发放方案。由财务部、技术部结合各场情况进行综合核算并初步考核，报企业同意后发放。猪场（副）场长月份绩效考核明细见附表1－2，猪场主管与员工工资标准（考核详见考核方案）见附表1－3。

（四）绩效考核指标

按生产成本考核、生产指标考核、非生产指标三部分考核。

附表 1-2　猪场（副）场长月份绩效考核明细

序号	1	2	3	4	5	6	7	8	9	考核得分	折算分	校正分
考核指标	保育成本指标	PSY指标	活仔指标	产房成活率指标	保育成活率指标	育肥舍成活率指标	疫苗执行指标	安全疫情控制指标	育肥、后备猪成本指标			
计算方法	每头15 kg 365元	D.P：26.24，桃黑20	（当月产活仔数）/（当月产活仔计划数×100）-70	2.5×（当月产房成活率×100-92）	2.5×（当月保育成活率×100-94）	2.5×（当月育肥成活率×100-95）			755元/110 kg·头，后备900元·头			
满分	25	15	10	10	10	5	10	10	15	110		
成绩												
得分												

产房死亡率=产房死亡数/当月产活仔数；保育死亡率=保育死亡数/当月产活仔总数，育肥猪死亡率=育肥死亡数/（月初存栏数+转入数-转出数）

附表 1 - 3　猪场主管与员工工资标准（考核详见考核方案）

类别	级别	基本工资	绩效工资	考核方式									
主管	一级	—	—	按照配怀和分娩各项考核指标，预设成绩 100%×绩效分数（详见生产指标考核）									
	二级	—	—										
	三级	—	—										
	优秀	—	—	连续 6 个月各项指标达标率 100%									
部门员工	分娩			接产健仔	转群仔存活率	发情率	药品消耗	低值易耗	母猪死亡	饲料消耗	饲养量	水电消耗	其他
	保育			保育销售	保育转群	转群成活率	药品消耗	低值易耗	母猪死亡	饲料消耗		水电消耗	其他
	配种及育肥			母猪饲养量	健仔数	母猪饲养量	药品消耗	低值易耗	母猪死亡	饲料消耗			其他

1. 生产成本考核

（1）保育成本

考核比重：25 分

满分标准：保育猪 15 kg 所有成本为＜×××元，高于×××元当月绩效得分为 0。育肥猪 110 kg 所有成本为＜×××元，高于×××元当月绩效得分为 0。后备猪按技术部核定的成本，高于核定的成本绩效得分为 0。

（2）育肥猪、后备猪成本

考核比重：15 分

该指标考核育肥猪、后备成本，每头育肥猪每 110 kg ×××元，后备猪＜900 元；高于肥猪和后备猪核定的成本，所有绩效考核指标均为 0 分。

2. 生产指标考核

（1）PSY 指标

考核比重：×××分。

PSY 指标及考核比重见附表 1-4。

附表 1-4 *PSY* 指标及考核比重

PSY 单月绩效			
PSY（D、P/其他）/黑猪	基数	系数	绩效分
24（22）/18	15	0.6	9
25（23）/19	15	0.8	12
26（24）/20	15	1.0	15
27（25）/21	15	1.2	18

说明：满分标准，当月 PSY 达到 26（24）/20 头＝100%；0 分标准，当月 PSY＜24（22）/18。

PSY 表示母猪的年平均断奶仔猪数；D 代表杜洛克猪；P 代表迪卡猪。

（2）活仔数指标

考核比重：×××分

满分标准：当月活仔数＞当月产活仔计划数＝当月保育猪计划头数/0.96。

计算方式：当月产活仔得分＝［（当月产活仔数/当月产活仔计划数）×100］－70。

得分范围：本项得分可低于 0 分，也可以超过 10 分；（当月产活仔数/当月产活仔计划数）＜70％，取消当月全部绩效工资。

（3）产房成活率指标

产房成活率＝［1－（当月哺乳仔猪死亡数/当月产活仔数）］

考核比重：×××分；

满分标准：当月产房成活率≥96％；0 分标准：当月产房成活率＝92％。

计算方式：产房成活率得分＝2.5×（当月产房成活率×100－92）。

得分范围：本项得分可低于 0 分，也可以超过 10 分；成活率＜88％，取消当月全部绩效工资。

（4）保育成活率指标

保育成活率＝［1－（当月保育猪死亡数/当月产活仔数）］

考核比重：×××分

满分标准：当月保育成活率≥98％；0 分标准：当月保育成活率＝94％。

计算方式：保育成活率得分＝2.5×（当月保育成活率×100－94）。

得分范围：本项得分可低于 0 分，也可以超过 10 分；成活率＜90％，取消当月全部绩效工资。

（5）育肥猪成活率指标

成活率＝［1－死亡数/（期初存栏＋当月转入数－当月转出数）］

考核比重：×××分

满分标准：当月育肥成活率≥99％；0 分标准：当月肥猪成活率＝95％。

计算方式：育肥成活率得分＝1.25×（当月育肥成活率×100－95）。

得分范围：本项得分可低于 0 分，也可以超过×××分；成活率＜93％，取消当月全部绩效工资。

3. 非生产指标考核

（1）疫苗执行指标

考核比重：×××分

满分标准：严格执行养殖运营中心制订的免疫程序，次数和用量同时符合免疫程序，疫苗用量允许10％的差额，如遇特殊情况（需紧急免疫时），经技术服务部批准后计分；0分标准：每个疫苗免疫次数和用量两项指标中，有一项不符合免疫程序。

计算方式：0或者10分

（2）安全生产、质量安全和烈性疫情控制指标

考核比重：×××分

满分标准：当月不发生经济损失超过×××元的工伤事故；当月不存在烈性传染病情；当月不存在死亡生猪出场现象；0分标准：当月发生经济损失超过×××元的工伤事故；当月存在烈性传染病情；当月存在死亡生猪出场现象。

烈性传染病情判定标准由技术服务部制订。如当月发生烈性传染病情，当月所有绩效分为0，企业保留另行处理的权力；如前期发生烈性传染病情，且当月还存在病情，本项全扣。如发生工伤且损失×××元以上，本项10分全扣；如发生工伤且损失超过×××元的工伤事故，当月所有绩效分为0，企业保留另行处理的权力。如查出猪场发生私自出售生猪，当月所有绩效分为0，企业保留另行处理的权力。

（五）养殖场人员岗位配置及基本工资设置

猪场人员配置要根据场所设计、基建、设施、设备自动化程序高低等因素，系统配置，没有相对固定的计算公式。1 000头基础母猪场养殖场人员岗位配置及基本工资设置见附表1-5。

附表1-5　1 000头基础母猪场养殖场人员岗位配置及基本工资设置

岗位	主要责任	人数	基本月工资标准（元）	各岗位合计（元）	绩效（元）
场长	全场工作	1	—	—	—
副场长	配怀负责人、产房、保育主管兼任	2	—	—	—
保育主管	产房、保育、母猪仔猪的疾病预防与治疗	1	—	—	—
配怀主管	查情采精配种记录档案饲养公猪	1	—	—	—
副配员	协助主管（副场长）查情采精配种记录档案饲养公猪	1	—	—	—
配怀饲养员	空怀、妊娠、后备饲养及本舍饲料及猪群变动报表	2	—	—	—
产房饲养员	哺乳母猪、仔猪饲养及本舍饲料及猪群变动报表	4	—	—	—
保育饲养员	保育仔猪饲养及本舍饲料及猪群变动报表	2	—	—	—
育肥饲养员	育肥猪饲养及本舍饲料及猪群变动报表	1	—	—	—
统计员	记帐、统计、考勤、库房管理	1	—	—	—
水电维修工	水电、机械设备、安装与维修	1	—	—	—
炊事员	饮食保障	1	—	—	—
门卫、保安	人员出入登记、安全保障及公共区消毒	1	—	—	—
驻场外经理	负责场外周边环境治理与协调处理	1	—	—	—
污水处理员	场内所有污水处理及场外周边卫生打扫	1	—	—	—
消毒员兼门卫	人员出入登记、场外道路消毒、安全保障	1	—	—	—
合计			—	—	—

　　主管与员工工资发放方案：未能正式生产或没有绩效前，所有员工月发×××元，特殊任务奖励除外。其他月份当月绩效工资按基本工资加绩效工资之和的60%发放，余下40%，按考核方案半年考核一次，合格后计发20%，余下的20%年终总核算，合格后与年终奖一并发放。

附录2 某养殖场种猪繁育养殖责任制

为了加强企业种猪养殖场的管理，增加生猪出栏数量与质量，提高养殖效益和养殖人员的积极性，本着互利双赢的原则，特制定本责任制，以资双方共同遵守。

（一）责任人代表企业负责管理养殖场，对责任区域的养殖生产、卫生、质量、防疫等负总责，协助负责运输、环保等工作，并服从企业统一管理。

（二）责任期限：叁年。自××××年××月××日至××××年××月××日。如因责任人原因导致责任制中止执行，责任人需承担全部责任并赔偿由此给企业造成的全部损失。

（三）责任期目标管理及奖罚办法：

1. 饲养任务 责任人管理饲养母猪年出栏保育猪27 562头（第一年），保育猪出栏标准达15 kg/头，按×××元包干；育肥猪出栏标准达110 kg/头，按×××元包干核算费用；企业按批次进行核算，盈利部分10%归入技术服务部，90%归入养殖场（附表2-1至附表2-3）。

附表2-1 某猪场某年生产任务（头）

生猪类别	数量	产仔	断奶仔猪成活率96%	63日龄仔猪成活率98%	育肥猪	销售种猪	销售仔猪	合计出栏
基础母猪								
后备母猪								
合计								

附表 2-2　某猪场某年饲料消耗情况

饲料品种	猪的类别	头数	计算标准与方式	耗料	数量	备注
公猪料	公猪		耗料 1 000 kg/头			2.7 kg/（天·头）
怀孕料	经产母猪		239 d×2.2 kg＝526 kg			239 d＝365 d－怀孕 114 d－断奶至发情 12 d
	年产 2 窝后备母猪		94 d×2×2.2 kg＝413 kg			94 d＝114 d－20 d（怀孕期前 20 d 饲喂后备母猪料）
	年产 1 窝后备母猪		94 d×1 个怀孕期×2.2 kg＝207 kg			
哺乳料	经产母猪		126 d×4.5 kg＝567 kg			
	年产 2 窝后备母猪		55 d×2×4.5 kg＝495 kg			55 d＝产前 7 d 上产床＋28 d 哺乳＋20 d 确定妊娠
	年产 1 窝后备母猪		55 d×1 个哺乳期×4.5 kg＝248 kg			
乳猪料	乳猪（教槽料）		在哺乳期耗料 4 kg/头			
	乳猪（乳猪料）		在保育期耗料 15 kg/头			
小猪料	小猪（15～50 kg）		在保育期耗料 77 kg/头			料重比 1∶2.2
	小猪（15～25 kg）		在保育期耗料 22 kg/头			料重比 1∶2.2
中猪料	中猪（51～80 kg）		中猪耗料 75 kg/头			料重比 1∶2.5

（续）

饲料品种	猪的类别	头数	计算标准与方式	耗料	数量	备注
大猪料	大猪 （81～110 kg）		中猪耗料90 kg/头			料重比1：3.0
后备猪料	年产2窝后备母猪		（365 d－110 d－188 d）×2 kg=134 kg			
	年产1窝后备母猪		（365 d－55 d哺乳期－94 d怀孕期）×2 kg=432 kg			
	培育种猪		料重比3.2：1			
合计						

附表2-3 某猪场某年经济核算指标

项 目	项 目	考核指标	奖 惩	备 注
生产成绩	年存栏基础母猪数（头）	500	—	
	年出栏生猪数（头）	8 809	—	
生产成本	每头母猪年用料（kg）	1 150	—	
	年出栏猪每头平均耗用仔猪料（kg）	31	—	
	年出栏每头猪平均耗用水电费（元）	28	—	
	年出栏每头猪平均药费（元）	14	—	
配种线	年配种头数（头）	1 222	—	年产2.2胎，配种妊娠率90%
	每头母猪平均产活仔数（头）	12.5	—	0.75 kg以上且无畸形为健仔
	配种分娩率（%）	90	—	

（续）

项　目	项　　目	考核指标	奖　惩	备　注
产房线	断奶成活率（%）	95	—	
	28 d 平均断奶头重（kg）	8	—	
保育线	下床成活率（%）	98	—	
	63 d 平均下床头重（kg）	24	—	
育肥线	平均成活率（%）	99	—	
育种线	月测定后备种猪数（头）	120	—	

2. 工资费用　厂内人员配置由责任人根据养殖规模，及时调整和安排，避免资源浪费。责任人承包期内，实行费用包干。费用包含养殖场所有人员的基本工资、社会保险、餐费等。责任人及场内人员工资福利的标准必须严格按企业《企业工资绩效考核体系》给予核发（详见附件），每月根据考核情况，由责任人造表报企业人事部，由企业统一发放。

（四）责任人权利与义务。

1. 责任人对养殖场的经营管理有如下权利

（1）对员工的聘用、工资福利、奖罚、辞退等有决定权。

（2）养殖场的饲料、疫苗、药品全部由企业统一采购，按采购价供应，责任人有定价建议权、质量监督权及使用效果对比权。

2. 责任人义务

（1）必须保证生物资产的保质保量，并严格遵守国家畜牧养殖、环保相关法律法规，保障养殖场的合法运营。

（2）严格遵守财经法规和企业的财务制度，财务部每月对养殖场盘点一次，财务执行收支两条线，不得随意开立银行账户，不得截留收入，且财务账目清晰。

（3）对企业负责，保证养殖场内房屋及各种设备设施完好，保证养殖场资产的安全完整与保值增值，按期完成企业规定的各项经济技术指标和各项附加指标。

（4）建立健全养殖场内部管理制度，报企业通过后实施。

（5）对养殖场的物质文明建设和精神文明建设负总责，对养殖场员工有培训教育的义务，保证养殖人员的思想稳定。

（6）加强养殖场生物安全管理，定期向企业提供生产报表及检测报告；因药品、疫苗使用不当造成的损失（经国家监督部门鉴定）全部由责任人负责。

（7）加强养殖场的场区管理，负责处理生产废弃物品及生产生活垃圾，保持场区干净整洁。企业每月检查一次，视场区环境情况酌情奖罚。

（8）督促外围人员严格管理人、车、物清洗消毒工作和执行企业关于养殖场的污水处理相关制度及污水站操作规程，如因污水超标排放造成的一切损失全部由责任人与外围人员承担。

（9）如因养殖场内部管理不善，造成生猪大量死亡，由责任人负全责，经相关部门鉴定后，追究责任人工资除最低生活保障外停发并追究相关经济责任。

（10）如因责任人管理方面的人为因素导致养殖场整体发生"非洲猪瘟"疫情，由此造成的经济损失由责任人自行承担。责任人平时管理工作有证据证明非人为因素导致"非洲猪瘟"发生的除外。损失不够追究法律责任的，除保障责任人工资最低生活保障外停工资，并追究相关经济责任。

（五）责任制签订一年后，根据企业实际情况再进行双方商定，修订责任制中的相关条款。

（六）责任制一经签订，即具有法律约束力。

（七）本责任制一式二份，企业与责任人各执一份，自××××年××月××日开始执行。

某公司（签字）　　　　责任人（签字）
　　　年　月　日　　　　　　　年　月　日

附录 3　某养殖场员工按劳计酬承包考核细则

（一）配怀阶段

1. 主（副）配　工资：按劳计酬、多劳多得承包制。

2. 配怀饲养员　工资：按劳计酬、多劳多得承包制。

3. 工资结构　工资计算方式：当月工资＝考核业绩工资＋特别奖罚工资＋休假代班工资＋其他计件补助＞基本工资。没达满产过渡期时，除下表中序号 1 不考核，其他都考核，实行基本工资＋绩效工资。

4. 配怀阶段岗位奖惩计算　见附表 3-1。

附表 3-1　配怀阶段岗位奖惩计算

项目	单价/标准	奖惩	备注
健壮仔	7.5 元（头），低于健弱合计比例的 6%～8% 计算	—	健仔数×单价
配种分娩率	≥90%	—	按 7∶3 比例考核配种员与副配种员
胎平活仔数	12.0 头	—	按 3∶7 比例考核配种员与副配种员
饲养数量	母猪：0.15 元（头/d）公猪：0.3 元（头/d）	不考核	按饲养量与饲喂效果考核
药费消耗	1.5 元（头/月）	—	疫苗、消毒药、常规保健（见清单）、驱虫药统一安排除外；奖罚分配比例：饲养员∶主配＝0.4∶0.6；配种员、饲养员同考

（续）

项目	单价/标准	奖惩	备注
低值易耗	0.5（0.1）元（头/月）	—	奖罚分配比例：饲养员：主配＝6：4；配种员、饲养员同考；配怀饲养员低值易耗按0.1元（头·月）计
配种数	根据生产任务完成每月的配种计划	—	只考核主管及副配，按绩效分配比例计算
母猪死亡	死亡标准为存栏母猪0.5%，小数点按四舍五入计数；奖惩单价：200元（头）	—	配种员、饲养员同考
饲料消耗	按标准饲养	—	奖罚分配比例：饲养员：主配＝7：3；配种员、饲养员同考

说明：配种记录必须真实准确，确保生产性能的具体体现，如发现产仔母猪无配种记录，经查实属主观造成，每次罚款100元，配种技术员负责配怀舍的治疗工作，不另外计酬；健仔标准为0.75 kg以上，没有明显的畸形为健仔，计数必须由统计登记为准，当班产房人员和配怀人员三方确认；其他考核主配副配同考。

（二）哺乳阶段

1. 产房饲养员岗位 底薪：按劳计酬、多劳多得承包制。

2. 工资结构 工资计算方式：当月工资＝考核业绩工资＋特别奖罚工资＋休假代班工资＋其他计件补助＞基本工资。没达满产过渡期时，除附表3-2中序号1、2、10、11不考，其他序号内容均纳入考核，实行基本工资＋绩效工资。

3. 哺乳阶段岗位奖惩计算 见附表3-2。

附表 3-2　哺乳阶段岗位奖惩计算

序号	项目	单价/标准	奖惩	备注
1	接产活仔	4元/头	—	窝平均死胎标准0.8头
2	转群健仔	7元/头	—	20日龄转群标准6（kg·头）；定性为弱仔转群，核算重量成绩，不核算数量成绩；哺乳仔猪成活率为90％
3	存活率	95％	—	需达到转群标准6 kg、能食料、无腹泻、无病、阉割、无疝气；弱仔不在计算范围之内；仔猪压死率6‰，5—9月为8‰
4	发情率	87％～90％	—	/
5	药费消耗	0.8元/（头·月）	—	疫苗、消毒药、常规保健（见清单）、驱虫药统一安排除外；奖罚分配比例：饲养员：主管＝0.3：0.7；按出猪数量核算
6	低值易耗	0.1元/（头·月）	—	奖罚分配比例：饲养员：主管＝0.7：0.3；按健壮仔数核算
7	母猪死亡	死亡标准为存栏母猪0.5％，小数点按四舍五入计数；奖惩单价：200元/头	—	每4个月核算一次；生产种猪的月死亡率控制在3‰以内
8	饲料消耗	不低于4.5 kg/（d·头）	—	不得浪费
9	母猪饲养量	0.15元/（头·d）	—	饲养量直接归饲养的人员，技术员不分享

（续）

序号	项目	单价/标准	奖惩	备注
10	水耗	200 kg/（头·d）	—	/
11	电耗	11 月至翌年 4 月电费为 10（kW·h）/头	—	/

说明：防疫执行记录完整及执行剂量，连续 3 个月无差错，另外奖励 200 元；断奶转群标准：23～25 d 断奶，断奶重至少达 6 kg，无病残；转保育标准：6 kg 以上，无腹泻，能食料，无疾病，阉割，无疝气；统一过秤，由统计（场长）、当班产房饲养员、当班保育员签字。

（三）保育阶段

1. 保育饲养员岗位　底薪加按劳计酬，实施多劳多得承包制。

2. 工资结构　工资计算方式：当月工资＝考核业绩工资＋特别奖罚工资＋休假代班工资＋其他计件补助＞基本工资，没达满产过渡期时，除附表 3-3 中序号 1、2、7、8 不考，其他序号内容均纳入考核，实行基本工资＋绩效工资。

3. 保育阶段岗位奖惩计算　见附表 3-3。

附表 3-3　保育阶段岗位奖惩计算

项目	单价/标准	奖惩	备注
保育销售	5 元/头	—	淘汰处理保育猪不计销售核算，计入重量考核
保育转群	5 元/头	—	保育转育肥标准：体重 15～22 kg 以上，无腹泻，无明显疾病、精神好；不合格保育猪转群不参与数量核算，参与重量核算
	5 元/头	—	/
保育转群存活率	97%～98%	—	/

（续）

项目	单价/标准	奖惩	备注
饲料消耗	按标准饲喂	—	均重 10 kg 按（1.3～1.6）∶1，10～15 kg 以上按（1.6～1.7）∶1 核算
药费消耗	/	—	疫苗、消毒药、常规保健（见清单）、驱虫药统一安排除外；个人成绩按 60% 核算，剩余 40% 奖罚比例：饲养员∶技术员＝0.3∶0.7
低值易耗	0.1 元/（头·月）	—	/
水耗	100 kg/头	—	/
电耗	11 月至翌年 4 月电费份为 10（kW·h）/头	—	/

说明：效绩分配比例，主管∶饲养员＝1.5∶1；执行记录完整及执行剂量，连续 3 个月无差错，另外奖励 200 元；统一过秤，由场长、统计、当班保育员、（销售由客户签字并留置电话号码）育肥负责人签字确认。

（四）育肥阶段

1. 育肥饲养员岗位　底薪：按劳计酬、多劳多得承包制。

2. 工资结构　计薪方式：当月工资＝考核业绩工资＋特别奖罚工资＋休假代班工资＋其他计件补助＋年终奖＞基本工资＝基本工资。

3. 育肥阶段岗位奖惩计算　见附表 3-4。

附表 3-4　育肥阶段岗位奖惩计算

项目	单价/标准	奖惩	备注
育肥猪、种猪销售	10 元/头	—	重量标准：育肥猪 110 kg 以上、种猪 50 kg 以上；淘汰猪不计销售，计入重量考核；场所食用计入销售；料重比 2.80～3.10；230 日龄达 100 kg
成活率	99%	—	按照存栏成活率计算

说明：以企业的出栏要求为准，残次的比例按照条例执行；核算以出栏猪数为准。

（五）其他按劳计酬承包考核条款

1. 场长和配种员合同期满后未续签的，各扣留 6 000 元决算工资，作为本员工所配母猪的配种质量保证金，1.5 个月 B 超确定受胎后，根据受胎情况进行发放。如受胎率低于该配种员全年平均水平的 90%，每少 1% 扣 1 500 元，直至扣完。

2. 自承包之日起，原则上不予辞职，如确需辞职者必须提前 1 个月，在辞职期间，出现怠工或旷工，一日扣 3 日工资，3 日及以上算作自动离职，不付任何报酬。正常辞职员工，其承包数值正常核算，发放按照工资发放流程统一发放。

3. 在合同期间，猪场发生国家法定的一类传染病和重大疫情及不可抗拒的自然灾害，所有承包者按照试用期时的基本工资发放。

4. 连续 2~3 个月对比，低于其他同工种员工的承包成绩（达到或好于企业的标准，称达标），给予调岗或优化，或自动请辞。

（六）甲方（某公司）、乙方（全体员工）

双方的主要义务

1. 甲方义务

（1）提供住房、水电，吃住，不常住的不给予补助。

（2）提供栏舍和猪源，保证饲料供应。

（3）提供运输工具、栏舍水电供应。

（4）提供养猪科技，保证疫苗和消毒药品的供应。

2. 乙方义务

（1）按规定的生产指标完成生产任务，并接受奖罚规则。

（2）卫生清扫规定：猪粪清扫最低 2 次/d。每周定时扫除尘埃、蜘蛛网。分娩舍清除粪便必须从仔猪日龄小的栏舍开始。腹泻的稀粪必须及时清理干净并消毒。

（3）饲喂前必须检查和清洁饲槽，喂料 2 h 后必须清扫干净残余饲料。

（4）饲喂母猪次数，原则上每天饲喂 2 次，夏季炎热天饲喂

3～4 次/d。母猪保健包括按要求给予保健料和产仔输液。

① 怀孕前期母猪（85 d 以前）喂怀孕料，怀孕后期（85 d 以后）喂孕后料，空怀期给予孕后料或产仔料。

② 产前后各 1 周（14 d）喂产仔药物料，之后喂非药物料。

③ 产前 3 d 逐渐减料，产后 1 d 内仅喂青料或少量饲料，以后才给与精料并逐天增加，一周后达到自由采食状态。

（5）饲喂仔猪规定，在 10～15 日龄教槽，仔猪在 15 日龄左右学会采食。仔猪保健包括注射铁剂、料服百球清、三针保健。

（6）消毒规定，常规消毒，配怀舍 3 次/周，产房 3 次/周。其他情况下的不定时消毒由甲方安排，栏舍门口消毒池的消毒药水要及时更换。统一消毒剂进行消毒，未经允许不准使用其他消毒剂，否则消毒剂费用由饲养员自负。

（7）配种规定，确定要配种的母猪，每天上、下午各配种 1 次，难配、复配的母猪输精 3 次，严格遵守《人工授精操作规程》。

（8）查情规定，每天必须对断奶母猪进行 2 次的查情工作。同时要留意配种后 1～2 个情期母猪。对配种 18～24 d 必须公猪查情，25～30 d 作妊娠 B 超检测。

（9）转群规定，母猪转产房、断奶转出，主要由相互的饲养员对接及安排，如限位栏猪转产房，配怀人员和产房人员都得参与配合，断奶亦同。根据栏舍使用情况，于产前 7～10 d 转入配怀舍，断奶时间大致在 25 d；小猪转群由场长统一安排。特殊情况除外。转群猪当天不食或疾病的由转群前饲养员负责治疗。大批保育转群或出售保育及育肥猪时，以当时情况确定是否由全场员工参与，一旦确定全部参与必须服从。

（10）遇到紧急疫情而执行紧急免疫或消毒时，由甲方统一部署，全员必须参与。疫苗注射规定，注射母猪疫苗时要帮助换针头和填写母猪档案卡；注射小猪疫苗时要抓猪赶猪并填写仔猪档案卡。仔猪母猪换栏转栏，档案卡必须随猪移动。

（11）常规手术包括去势等，主要是各线饲养员做。疝气等小手术时，饲养员负责抓猪保定。

（12）档案卡管理规定，做好母猪档案卡和小猪档案卡的填写、保管和清洁工作。小猪转保育时，必须按窝将小猪档案卡转交给保育舍。经查实确因档案卡记录胡乱填写而造成疫苗漏注，引起保育猪发病死亡的，母猪饲养员和技术员要各承担一半的经济损失。

（13）设备保养及栏舍维护规定，合同期初，甲方将可移动设备列清单，饲养员点数查验后接收，合同期满甲方进行验收，因保养不善而造成的损坏要照价赔偿。栏舍地面出现破损，饲养员应及时修补；原材料由甲方提供。

（14）加强饲料管理，防鼠、防霉、防变质，散漏饲料或周转猪群后槽中余料都应及时回收。晚上 10 时以后，甲方人员检查时发现料槽中有变质饲料的，料槽外有浪费饲料的，每查实一栏，罚款×××元。

（15）疾病防治规定，发现病畜及时报告，及时用药，服从甲方指导。不服从安排用药的，每发现 1 次罚×××元；所有药品必须从甲方领取，未经甲方同意不得从外面买入，否则每发现 1 次罚×××元。擅自使用违禁药物，造成甲方损失，全部由乙方承担。

（16）处理母猪时必须按时到场，采用正确的方式驱赶处理母猪，要及时搞好装猪台及猪道的卫生消毒工作。以上每缺 1 次罚款×××元。

（17）交猪、接猪的时间及出栏数量，由甲方安排，乙方必须服从，不得无理取闹，否则罚款×××（元/次）。

（18）员工休假规定，休假自行调节，但要告知甲方批准，原则上假期不超过 7 d。超出额定休假时间，未告知甲方或甲方未允许的情况下，承包自动失效.

（19）遵守甲方制订的其他各项规章制度。

（20）如一个员工兼职两个岗位，可以根据实际生产情况和工作量申请发放不超过两个岗位工资总和的工资，但每次审签有效期为 1 个月。工资核算中，所有数据采取复制报表数据。

本细则开始执行时间为　×××× 年 ×× 月 ×× 日。

甲方：某公司　　　　　　　　　乙方：

签章或签名：　　　　　　　　　签章或签名：

　　　　　　　　　　　　　　　　年　　　月　　　日

图书在版编目（CIP）数据

现代生猪养殖场场长基本素质与管理技能 / 王京仁
等著 . —北京：中国农业出版社，2022.3（2023.12 重印）
ISBN 978 - 7 - 109 - 29235 - 2

Ⅰ.①现… Ⅱ.①王… Ⅲ.①养猪场－经营管理
Ⅳ.①S828

中国版本图书馆 CIP 数据核字（2022）第 046088 号

中国农业出版社出版

地址：北京市朝阳区麦子店街 18 号楼
邮编：100125
责任编辑：周锦玉
版式设计：王　晨　责任校对：刘丽香
印刷：北京印刷一厂
版次：2022 年 3 月第 1 版
印次：2023 年 12 月北京第 2 次印刷
发行：新华书店北京发行所
开本：880mm×1230mm　1/32
印张：9.75
字数：300 千字
定价：45.00 元